Systemorganisation und Emergenz in der Medizin

Patrick Finzer

Systemorganisation und Emergenz in der Medizin

Wie wir krank werden

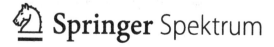

Springer Spektrum

Patrick Finzer
Frankfurt a. M., Deutschland

ISBN 978-3-658-05471-7   ISBN 978-3-658-05472-4 (eBook)
DOI 10.1007/978-3-658-05472-4

Die Deutsche Nationalbibliothek verzeichnet diese Publikation in der Deutschen Nationalbibliografie; detaillierte bibliografische Daten sind im Internet über http://dnb.d-nb.de abrufbar.

Springer Spektrum

Gedruckt auf säurefreiem und chlorfrei gebleichtem Papier

Springer Spektrum ist eine Marke von Springer DE. Springer DE ist Teil der Fachverlagsgruppe Springer Science+Business Media.
www.springer-spektrum.de

Eingewoben sind wir,
in das Netz des Lebens,
eingetaucht
in ein Fluidum aus Welt.
Geflochten
aus elastischen Geweben
durchgleiten wir
den unsichtbaren Äther,
den Elfen gleich.
Umgeben
von der Aura,
strahlend wie das Licht,
sind wir gefährdete Wesen
aus Geist und Energie.

Inhaltsverzeichnis

Prolog 1

1 Krankheiten 7
1.1 Von den Krankheiten 7
1.2 Regulation – Variabilität 14

2 Medizin im Spannungsfeld 17
2.1 Herausforderungen der Medizin 17
2.2 Medizin zwischen Wissenschaft und Klinik 25
2.3 Verbindung von Wissenschaft und Medizin: Beispiel Diagnose 33
2.4 Die Wahl der Medizin 42
2.4.1 Der Wissenschafts-Diskurs 48
2.4.2 Der Medizin-Diskurs 52

3 Wissenschaftliche Grundlagen der Medizin 55
3.1 Selbstorganisation und Rückkopplung 55
3.2 Dynamische und nicht-lineare Systeme 66
3.3 Pathologische Systeme 75

4 Komplexe biologische Systeme 81
4.1 Gene, Genregulation und Epigenetik 85
4.2 Mikroorganismen, Biofilme und Infektionen 100
4.3 Entzündung und Krebs 112
4.4 Netzwerke und Systeme 120
4.5 Komplexität und Organisation 130

5 Eine neuer Blick auf die Medizin 143
5.1 Krankheiten erklären 143
5.2 Krankheitskonzepte 149
5.3 Behandlung und Therapie 154

6   Synopsis **161**

6.1   Veränderungen wahrnehmen – Wahrnehmung verändern 161

6.2   Gesetze, Prinzipien, Modelle 165

6.3   Freiräume und Entscheidungsräume 172

6.4   Resümee 176

Literatur **181**

Abbildungs- und Tabellenverzeichnis **191**

„Der physikalische Einfall geht der Mathematik voraus
und der Vorgang, bei dem man ihn als schlichte Gleichung aufschreibt,
ähnelt dem Festhalten eines Liedes oder eines Gedichts."
R. B. Laughlin[1]

---

[1]   R. B. Laughlin, 2007, S. 137.

kungen zu erklären, ohne ihre Gleichartigkeit und Regelhaftigkeit aus dem Auge zu verlieren. Systeme sind dabei nicht nur von ihren jeweiligen Ausgangs- und Umweltbedingungen abhängig, sondern auch von ihrer eigenen Systemgeschichte, also davon, welche Zustände und Veränderungen sie bisher durchgemacht haben.

In den forschungsorientierten Vorfeldern der Klinik können wir jene Einblicke in die Komplexität und Organisation biologischer Systeme gewinnen, die die Grundlage für die Entstehung von Erkrankungen darstellen. Die Gene stellen dabei ein vorzügliches Beispiel für eine sich verändernde Sicht der Forscher dar: Galten sie bisher als Inbegriff eines deterministisch-reduktionistischen Weltbildes, an denen der Organismus wie eine Marionette an ihren Schnüren hängt, so werden sie inzwischen als Teile komplexer Regelsysteme aufgefasst. Gene, als Sequenzabschnitte auf dem DNA-Doppelstrang, stellen keine aktiven Elemente dar, sondern sie werden erst durch komplexe Mechanismen an- und abgeschaltet. Diese Mechanismen wiederum können durch diverse Stimuli innerhalb oder außerhalb der Zelle induziert werden. Abschaltungen von Genen können beispielsweise durch die Ernährung verursacht werden; sie können über Generationen fixiert und weitergegeben werden (Epigenetik).

Die Fixierung auf das menschliche Genom wird ebenfalls durch die moderne Mikrobiologie erschüttert: Der Mensch benötigt Mikroorganismen in seinem Verdauungstrakt zum Aufschließen der Nahrungsbestandteile. Die Anzahl dieser Mikroorganismen übersteigt die Anzahl der menschlichen Zellen mindestens um das Zehnfache! Die von diesen Organismen bereitgestellten Gene, die für notwendige Verdauungsenzyme kodieren, übersteigen ebenfalls die Anzahl der humanen Gene und bilden ein riesiges Metagenom des Menschen.

Die Mikroorganismen besitzen aber noch weitere überraschende, nämlich emergente, Eigenschaften. Die Eigenschaften, die Bakterien als isolierte Teile besitzen, können sich extrem verändern, wenn sie sich zu Gruppen, so genannten Biofilmen, zusammenlagern. In dieser Formation bilden sie eine Matrix, durch die sie ihre Umweltbedingungen kontrollieren können. In Biofilmen können Bakterien beispielsweise resistent gegen diverse Antibiotika werden. Oftmals ist die Biofilmbildung mit der Entstehung von Krankheiten assoziiert, etwa bei der Parodontitis oder bei den rezidivierenden Entzündungen der oberen Atemwege bei der cystischen Fibrose.

Die durch Erreger oftmals ausgelösten Entzündungsreaktionen können nach einem akuten Krankheitsgeschehen auch chronifizieren; im ungünstigsten Falle können chronische Entzündungen in bösartige Erkrankungen münden. Dies gilt beispielsweise für die entzündlichen Darmerkrankungen, die ein erhöhtes Risiko für die Entstehung von kolorektalen Tumoren aufweisen. Sowohl chronische Entzündungen als auch Tumore werden oftmals von den gleichen Erregern oder Noxen aufrechterhalten, jedoch kommen jeweils andere Organisationsprinzipien zum Tragen. Dabei kommt dem Zufall, der das System – etwa durch Mutationen – in ein anderes Verhalten überführen kann, eine große Rolle zu. Der Zusammenhang von Infektion, Ernährung oder Umweltgiften wie Rauchen und Krebs weist auf die Bedeutung der Umweltbedingungen für die Krankheitsentstehung hin.

Auch die Ausbreitung von Krankheiten ist ein zentrales medizinisches Problem. Für die Infektionskrankheiten ist sie in besonderem Maße untersucht. Obgleich stark vom Zufall abhängig folgt sie Regeln: Die infizierten bzw. erkrankten Personen infizieren wiederum andere Personen und bilden so ein Netz, wobei die Infizierten die „Knoten" bilden. Der Aufbau eines solchen Netzes scheint universellen Gesetzen zu folgen. Die Netz-Metapher trägt auch weitere medizinische Früchte, indem Zellgruppen, Proteine oder funktionelle Protein-Gen-Interaktion als Netz rekonstruiert werden können.

Die Einsicht in die enorme Komplexität der biologischen Systeme und deren Organisationsprinzipien erlaubt einen Blick auf die Krankheiten in Analogie: Die medizinisch relevante Ebene stellt, neben den Teilen, die Organisation dar. Die Organisation kann gegenüber den konstituierenden Teilen emergente Eigenschaften, sprich Krankheiten, generieren. Kleinste Schwankungen bzw. Fluktuationen des Systems können zu Auslösern von pathologischen Zuständen werden. Ihr zufälliges Auftreten lässt die Krankheitszustände des einzelnen Organismus unvorhersagbar erscheinen; die Prognose kann daher nur über große Fallzahlen gewonnen werden und bleibt im Einzelfall grundsätzlich offen. Vor diesem Hintergrund bilden auch Faktoren der Umwelt bedeutende Krankheitsursachen, seien es Mikroorganismen oder Noxen, die wiederum auf der Grundsituation beruhen, dass Organismen offen sind und ständig von einem Materialstrom durchzogen werden. Veränderungen von Systemeigenschaften sind nicht beliebig möglich, sondern können sich nur im Rahmen der Vorgeschichte bzw. Systemhistorie entwickeln. Dies unterstreicht die Bedeutung der Anamnese, also der Erhellung der Vorgeschichte der Erkrankung, um überhaupt die gezeigte, aktuelle Symptomatik des Patienten einordnen zu können.

Zwischen den Teilen auf der einen Seite und dem System auf der anderen Seite lässt sich das Spektrum der Krankheiten verorten. Diejenigen Erkrankungen, die sich auf ein Teil bzw. seine Störung zurückführen lassen, kann man als mereologisch bezeichnen, wie beispielsweise monogenetische Störungen. Am anderen Ende befinden sich die komplexen Krankheiten wie Krebs oder Rheu-

ma, die einzelnen Teilen nur in seltenen Fällen vollständig zugeordnet werden
können und durch das Auftreten pathologischer Ordnungsprinzipien entstehen
und aufrechterhalten werden (emergente Erkrankungen).
Diese Grundlagen gilt es, in den ärztlichen Blick zu bekommen. Es gilt, die
jeweilige diagnostische und therapeutische Ebene zu erkennen und zu berücksichtigen. Der Arzt kann dabei nicht grundsätzlich auf vermeintlich ewige, reduzierende Gesetze vertrauen, sondern muss sich der Komplexität des Organismus
stellen: der Offenheit und Unvorhersagbarkeit der möglichen Systemzustände
und der Suche nach den relevanten Prinzipien im Einzelfall. Dem Arzt wächst
dabei eine große Freiheit zu, aber damit geht auch die Zunahme der Verantwortung einher. Eingedenk der großen Bedeutung der Umweltbedingungen bleibt
Engagement für die Lebens- und Arbeitsbedingungen der einzelnen Patienten
jedem Arzt als zentrale Aufgabe übertragen.

Ein neuer Blick auf die Medizin, der auch bekannte Elemente ärztlichen
Denkens und Handelns in einem neuen Licht und einem neuen Kontext erkennt,
bedarf der Einübung. Nicht nur die Naturwissenschaften selbst stellen dabei ein
relativ neues Phänomen dar, vergleicht man sie mit dem Alter der Medizin –
Jahrtausende vertraute die Medizin auf ganz andere Kräfte; auf Magie, auf Geis-
ter, auf die Natur und ihre heilende Wirkung. Die Naturwissenschaften gar als
die Grundlagen der Medizin anzusehen, ist ein modernes Projekt und aus historischer Perspektive durchaus kein selbstverständliches Unterfangen. Es bedarf also
zunächst eines kritischen Blickes, um ihren Einfluss und ihre Grenzen in der
Medizin zu klären.

Die Medizin der Gegenwart ist aber inzwischen nicht mehr mit einem Blick
zu überschauen. Es besteht eine kaum noch zu überblickende Vielfalt an Methoden, Verfahren und Konzepten: Sie umfassen nicht nur die klassischen „chirurgischen" und „konservativen" Bereiche, sondern integrieren heute alternative
Ansätze wie die Homöopathie oder die Akupunktur. Aber selbst die klassischen
Bereiche sind inzwischen hoch differenziert, sodass ein Fach wie die Innere Medizin in weitere, teilweise unverbundene Teilgebiete zerfällt; wie die Psychosomatik, die Endokrinologie oder die Onkologie. Diese bilden nicht nur unterschiedliche klinische Bereiche und Krankheiten ab; sie stehen teilweise auf
unterschiedlichem wissenschaftlich-historischem Fundament: Eine psychothera-
peutisch orientierte Psychosomatik bezieht sich auf psychologisch-psychoanaly-
tische Grundlagen, wohingegen die Chemotherapie in der Onkologie auf che-
misch-biologischen Voraussetzungen aufbaut. Diese enorme Heterogenität und
Vielfalt lässt den Begriff Medizin sehr unscharf und weich erscheinen. Letztlich

existieren jedoch eine ärztliche Praxis und damit eine für jedermann erfahrbare medizinische Realität.

Neue Blicke auf die Natur und die Krankheiten bedürfen teils langatmiger Entwicklung und benötigen ihre Zeit. Viele Ideen waren lange gedacht und formuliert, bis sie realisiert oder konkret nachweisbar waren. Der Atomismus beispielsweise war bereits bei den alten Griechen entwickelt, lange bevor man in der jüngsten Geschichte mit konkreten Experimenten die Existenz von Atomen zeigen konnte. Auch konnte bereits im Altertum die Entfernung zum Mond und der Umfang der Erde errechnet werden, auch wenn es noch lange dauern sollte, bis man beide in der Wirklichkeit nachmessen konnte. Ideen und Experimente führen dabei keine strikt getrennten Eigenleben, gleichsam isoliert voneinander. Im Gegenteil sind sie aufeinander bezogen, bedingen sich gar gegenseitig: auf der einen Seite die Technik erfinden, um wissenschaftliche Fragen zu beantworten, auf der anderen Seite die Fragen finden, um wissenschaftlich weiter zu kommen. Insofern ist jeder fragende Blick auf die Medizin immer seiner Zeit voraus.

Neben den theoretischen Überlegungen hält die Medizin aber immer ihre Aufgabe im Blick, nämlich dem Wohl der Patienten zu dienen und deren Leid zu mindern, wo es in ihrer Macht steht. Die Beschäftigung mit den Grundlagen der Medizin bliebe damit solange fruchtlos und leer, wie sie den Arzt nicht dabei unterstützt, Begreifender, Begleitender und Helfender der Patienten zu sein. Am Ende macht man einen Schritt in diese Richtung dadurch, dass man das Erblickte und das Gefundene, auch das Erlernte und Eingeübte in eine neue Ordnung bringt. Man versucht, neu zu sortieren, zu strukturieren und zusammenzufügen, damit sich ein neues Bild ergeben kann.

Dies geschieht ähnlich dem eingangs geschilderten Anagramm des Galileo Galilei: In einem späteren Brief an Johannes Keppler arrangierte er die Reihenfolge der Buchstaben neu und formulierte daraus *Cynthiae figuras aemulatur mater amorum* – Cynthias [des Mondes] Schatten eifert die Mutter der Liebe [Venus] nach –, womit er seine Entdeckung Keppler gegenüber offenbarte, nämlich die Monde des Jupiters.

1 Krankheiten

„Alles, was den Menschen quält, nennt man Krankheit"
Hippokrates (Die Winde)[3]

1.1 Von den Krankheiten

Nach einem Afrika-Aufenthalt erkrankte eine Lehrerin plötzlich an heftigen Kopfschmerzen, wurde zunehmend müde und abgeschlagen. Schließlich wurde sie von einem Angehörigen ins Krankenhaus gebracht, wo sie komatös wurde und auf der Intensivstation behandelt werden musste. Im Studentenunterricht haben wir in einigen Seminaren diesen Fall besprochen. Die Studenten mussten die Differentialdiagnose erarbeiten, die Diagnose stellen und eine Therapie vorschlagen. Da die Patientin Kinder unterrichtete, musste natürlich auch darüber gesprochen werden, ob in der Schule Hygiene-Maßnahmen ergriffen werden mussten und ob bestimmte Schüler prophylaktisch mit Antibiotika zu behandeln wären.

Die geschilderte Symptomatik passt sehr gut zu einer Meningitis, einer Entzündung der Hirnhäute. Bei dieser Erkrankung lässt sich differentialdiagnostisch auch an zahlreiche Ursachen denken, aufgrund des Auslandsaufenthaltes auch an eine Malaria, die in unseren Breiten selten diagnostiziert wird. In diesem Fall wurde die Meningitis durch so genannte Meningokokken, *Neisseria meningitidis*, hervorgerufen, kleine, oft paarig vorkommende Bakterien, die sich im Liquor der Patientin nachweisen ließen. In diesen Seminaren kam die Sprache auch auf den Fall eines kleinen Kindes, das eine schwer verlaufende Meningokokken-Meningitis, ein so genanntes Waterhouse-Friderichsen-Syndrom, nur mit schweren Folgeschäden wie Schwerhörigkeit und geistige Entwicklungsverzögerung überlebt hat.

Interessanterweise kann man den Keim, der diese Meningitis-Fälle verursacht hat, auch auf den Schleimhäuten des Nasen-Rachen-Raumes bei gesunden Personen finden, die keine solche Krankheit entwickeln. Am eindrücklichsten ist für mich nach wie vor der Fall einer Meningokokken-Meningitis bei Zwillings-

---

[3] K. E. Rothschuh, 1978, S. 131.

kindern, die zusammen in einem Bettchen geschlafen haben; das eine erkrankte schwer an Meningokokken, das andere zeigte kaum Symptome und überstand diese Keimexposition unbeschadet. Für die Studenten und mich war dabei immer wieder überraschend, dass ein Keim, der solch ein übles Krankheitsbild hervorrufen kann, den Nasen-Rachen-Raum von zahllosen Menschen besiedeln kann, ohne auch nur den geringsten Schaden anzurichten.

Diese Beispiele geben einen, wenn auch extremen, Einblick in die Welt der Krankheiten und Krankheitsverläufe. Sie zeigen die ganze Breite möglicher Reaktionen und Zustände des Organismus, die von Gesundheit bis zu schwersten Erkrankungen mit schnellem Todeseintritt reichen. Auch unsere Vorstellungen von Krankheiten werden dabei herausgefordert und einer nachhaltigen Prüfung unterzogen: Sollte ein so gefährlicher Keim, der von Mensch zu Mensch übertragbar ist, sowohl harmlose als auch tödliche Infektionen anrichten können? Und können diese verschiedenen Verlaufsformen auch noch bei genetisch so ähnlichen Patienten stattfinden wie Zwillingen, die darüber hinaus noch so eng zusammenleben? Können dann überhaupt Krankheiten sinnvoll auf Keime zurückgeführt und durch diese erklärt werden? Oder müssen andere Ursachen gesucht werden, die die Keime in andere Konzepte einbinden?

Zunächst bilden die beschriebenen Beobachtungen schon immer einen Teil der medizinischen Praxis. So werden symptomlose Infektionen als „inapparent" oder Erreger, die sowohl bei Kranken als auch Gesunden gefunden werden, als „fakultativ pathogen" bezeichnet. Offensichtlich müssen neben der Anwesenheit des Erregers, der für die Entstehung der Erkrankung als kausales Agens anzusehen ist, weitere Faktoren und Mechanismen hinzukommen. Im Falle der Zwillinge ist jedoch von hochgradig gleichen Infektionsbedingungen auszugehen. Es müssen also weitere Elemente ins Spiel kommen, etwa besondere situationsbedingte Umstände oder der bloße Zufall. Was auch immer die unterschiedlichen Krankheitsverläufe erklären kann, sie erlangen offensichtlich eine enorme Bedeutung, entscheiden sie doch im vorliegenden Fall zwischen Gesundheit und Tod.

Individuelle und besondere Umstände wurden in den letzten Jahrhunderten erfolgreich durch Kausalketten und molekulare Analysen ersetzt; immer mehr klinische Phänomene wurden auf physiologische, biochemische und molekularbiologische Mechanismen zurückgeführt und damit einer kausalen Therapie zugeführt. Die medizinische Mikrobiologie hat zahlreiche solcher Größen zu Tage gefördert, wie die besondere Beschaffenheit des Keims, seine Virulenz etwa, oder die Infektionsdosis, aber auch die Bedeutung des Immunsystems oder der Allgemeinzustand des Patienten.

Oft ist dies mit der Vorstellung verbunden, dass die individuellen Schwankungen und Besonderheiten eines Tages vom wissenschaftlichen Fortschritt durch exaktes und experimentelles Wissen abgelöst werden wird. Gerade die antibiotische Therapie stellt eine der triumphalen Entwicklungen der modernen Medizin dar, die einen großen Teil des Schreckens von Infektionskrankheiten genommen hat. Krankheiten weisen jedoch im Kontext der wissenschaftlichen Sachverhalt einige Besonderheiten auf: Neben objektivierbaren Veränderungen sind sie im Wesentlichen Zustände des Leidens und des Siechens. Das Leiden kann dabei lediglich subjektiv empfunden sein, ohne dass sich körperlich eine Störung findet, oder umgekehrt gibt es körperliche Veränderungen und Abweichungen, die nicht als krankhafte Störung gedeutet werden können. Die Krankheitsbedeutung und das Krankheitserleben lassen sich also von der Krankheit abgrenzen, auch wenn sie zusammenfallen können.

Medizinisch nun kann die Krankheit gleichsam aus verschiedenen Blickrichtungen betrachtet werden, die sich dabei an drei wesentlichen Fragen orientieren:

■   „Was liegt vor?“,

■   „Wie kam es dazu bzw. was war ursächlich?“

und

■   „Was kann man tun, um zu heilen bzw. zu lindern?“.

Beschäftigt man sich mit der ersten Frage „Was liegt vor?“, dann fragt man nach den aktuellen Beschwerden, aber auch nach dem zeitlichen Verlauf, den die Krankheit bis zu diesem Zeitpunkt gezeigt hat. Die Symptomatik umfasst dabei die ganzen Krankheitszeichen, seien sich vom Patienten empfunden oder vom Arzt wahrnehmbar – etwa Schmerzen, Missempfindungen, Ausschläge, Einschränkungen, Fieber oder Husten. Daraus lässt sich dann, im günstigen Fall, eine Diagnose stellen.

Die Vorgeschichte – die Anamnese – stellt bei diesem Vorgang eine wichtige Informationsquelle für den Arzt dar. Dieser fragt in Abwandlung der ersten Frage „Was lag vor?“. Dabei lässt sich eruieren, welchen Risiken der Patient bisher ausgesetzt war, wie er sich körperlich, sozial oder gesundheitlich entwickelt hat, wie es zur Erkrankung kam und welche Symptome sich zu welchem Zeitpunkt und in welcher zeitlichen Abfolge entwickelt haben. Die Anamnese bildet dabei oftmals den Rahmen zum Verständnis der vom Patienten gebotenen Symptomatik.

Darüber hinaus lassen sich pathologische Befunde auf den unterschiedlichsten Ebenen feststellen, etwa der klinischen, anatomischen, histologischen oder zellulären. So finden sich beispielsweise ein atypisches Herzgeräusch bei einem Herzklappenfehler, eine zu große Leber bei einer Fettleber, eine ungewöhnliche Gewebsformation im histologischen Befund bei Tumoren oder eine Verschattung oder Raumforderung in einem Röntgenbild. Die Krankheit wird über ihre Symptome, die Krankheitszeichen sowie den Befund, wahrnehmbar und bestimmbar. Die Symptomatologie ist damit die Lehre von den für die Diagnose einer Krankheit in Frage kommenden Zeichen. Die Zeichen lassen sich aus der Vorgeschichte der Erkrankung, dem aktuellen Krankheitsbild und der Untersuchung des Patienten gewinnen.

Die Symptomatik beschreibt eine charakteristische Konstellation von Symptomen. Dabei kann die Gesamtheit der Symptome, die ein Patient bietet, sehr komplex und uncharakteristisch sein. Um eine Krankheit mit einer Diagnose zu belegen, sind wiederum nicht immer alle Symptome relevant; es gilt, aus der Symptomatik die Krankheit herauszulesen bzw. herauszuarbeiten. Hilfreich dabei sind die Kardinalsymptome oder pathognomonischen Symptome, also für eine – und nur eine – Krankheit charakteristische bzw. beweisende Symptome. Beispiel hierfür sind die so genannten Koplikschen Flecken, die bei Masern zu finden sind. Andere Zeichen sind mit einer bestimmten Diagnose vereinbar bzw. stehen mit dieser nicht im Widerspruch, sind also uncharakteristisch, ubiquitär oder akzidentiell. Beispielsweise ist die Luftnot sowohl bei Lungen- als auch Herz-Kreislauf-Erkrankungen ein wichtiges Symptom, erlaubt aber keine eindeutige Diagnose, ebenso wie Fieber, das bei vielen, auch nicht-infektiösen Erkrankungen, begleitend sein kann.

Weiterhin hilfreich bei der Diagnosefindung ist es, verwandte oder ähnliche Krankheiten in die Differentialdiagnose einzuschließen, die durch weiterführende Befragungen und Untersuchungen ausgeschlossen werden können.

Da, wo Kardinalsymptome auftreten, kann die Diagnose einfach sein; in vielen Fällen ist jedoch eine klare Diagnose nicht möglich. Entweder, weil die Symptome keine charakteristische Konstellation ergeben oder der Aufwand einer weiteren Diagnostik nicht im Verhältnis zu einem möglichen Erkenntnisgewinn steht; im letzten Fall kann der Patient gar einer Gefahr oder einem Risiko ausgesetzt werden, was gegen einen möglichen Erkenntnisgewinn abgewogen werden muss. Kann ein typisches Krankheitsbild nicht aufgefunden werden, sind Diagnosen allgemein, unbestimmt oder vorläufig.

Abbildung 1: Verlauf
Dem Arzt präsentiert sich die aktuelle Symptomatik, die durch Befunde ergänzt wird. Die Anamnese erfasst dann den bisherigen Verlauf. Der weitere Verlauf ist Gegenstand der Prognose.

Krankheiten zeigen darüber hinaus in ihrer Symptomatik einen Verlauf über die Zeit. Das heißt, dass sich ihre Symptome und deren Ausprägung auf der Zeitachse verändern können. Die eine Zeitachse weist in die Vergangenheit und wird in der Anamnese erfragt. Die andere weist in die Zukunft und bleibt daher unbestimmt und kann nur als Prognose abgeschätzt werden (siehe Abb. 1). Nach einer mehrtägigen Inkubationszeit beginnt beispielsweise beim Typhus normalerweise die Körpertemperatur stufenartig zu steigen. Sie erreicht nach etwa 3 bis 5 Tagen einen Wert von ca. 40 Grad Celsius und verweilt in dieser Höhe über einen Zeitraum von ein bis drei Wochen.

Der Keuchhusten (Pertussis) zeigt ebenfalls einen typischen Verlauf, dessen unterscheidbare Phasen gesondert benannt sind; nach einer Inkubationszeit beginnt das *Stadium catarrhale*, mit Schnupfen, Bindehautreizung und leichten Temperaturen. Es folgt das *Stadium convulsivum* mit den typischen, anfallsartigen trockenen Hustenanfällen. Nach etwa drei bis sechs Wochen nehmen die Anfälle allmählich wieder ab (*Stadium decrementi*). In diesem Fall kann auch der Verlauf der Symptomatik einen Hinweis auf eine bestimmte Krankheit liefern.

Teil des Verlaufes ist auch, dass bei einigen Patienten Phasen verkürzt sind, bei anderen sich protrahieren oder in chronische Verläufe übergehen. Beispielsweise ist die Pertussis-Symptomatik bei Säuglingen oft atypisch und durch Apnoe-Phasen gekennzeichnet.

Bei einigen Krankheiten ist der Verlauf fast zu hundert Prozent gutartig, beispielsweise bei einem normalen Schnupfen. In anderen Fällen kann es sowohl zur Ausheilung als auch zu lebensbedrohlichen Verläufen kommen. Ein Beispiel stellt die bereits beschriebene Meningokokken-Meningitis dar; in Deutschland erkrankt jährlich etwa einer von 100.000 Patienten an einer systemischen Meningokokken-Infektion: Davon verläuft der weitaus überwiegende Teil als Infektion der Hirnhäute (Meningitis), jedoch entwickeln etwa 10–15 % einen extrem heftigen, septischen und schweren Verlauf mit hoher Letalität und raschem Fieberanstieg (Waterhouse-Friderichsen-Syndrom).

Oftmals entwickelt sich aber eine Krankheit aus einer unklaren Symptomatik – z.B. eine Erkältung aus einer Phase mit Müdigkeit und Abgeschlagenheit. Aber auch Tumore oder bösartige Erkrankungen können aus solchen Anfangssymptomen hervorgehen. In einer solchen frühen Phase unklarer Symptomatik kann eine Diagnose nicht gestellt werden; vielfach bleibt nur aufmerksam abzuwarten oder weitere Untersuchungen anzustrengen.

Eine Aussage darüber, wie eine Krankheit statistisch verläuft, gibt in der Medizin die Prognose. Sie sagt, welcher Anteil der Erkrankung nach einem bestimmten Zeitraum ausheilt oder nicht. Bei Tumorerkrankungen ist die Prognose ebenfalls von großer Bedeutung, ob nämlich der Tumor bösartig verläuft und damit ein hohes Risiko daran zu sterben birgt.

Wenn der Patient den Arzt aufsucht, hat in aller Regel die Krankheit bereits begonnen; der Patient schildert dann, was ihm aufgefallen ist und wie sich aus seiner Sicht die Beschwerden manifestierten. In der Anamnese wird vom Arzt nicht nur die konkrete Vorgeschichte der Krankheit erfragt, sondern auch ganz allgemein die Erkrankungen in der Vergangenheit, Risikofaktoren oder die familiäre Situation des Patienten (Sozialanamnese). Die Vorgeschichte des Patienten ist nicht nur zur Exploration der aktuellen Symptomatik notwendig, sondern gibt auch Hinweise darauf, ob das Auftreten einer bestimmten Krankheit beim Patienten wahrscheinlich ist. Ein gutes Beispiel ist die Reiseanamnese der Patientin mit der Meningokokken-Meningitis, die sie aus ihrem Reiseland mitbringen könnte; wenn ein Patient mit Fieber aus dem Urlaub kommt, ist es wichtig zu wissen, in welchem Land er war und welche Krankheiten dort vorherrschen. Ein Reiserückkehrer aus einem tropischen Land mit entsprechender Symptomatik lässt natürlich an eine Malaria oder seltene parasitäre Erkrankungen denken. Liegen in der Anamnese des Patienten beispielsweise Impfungen gegen bestimmte Krankheiten vor, können diese mit gewisser Sicherheit als Ursache eines aktuellen Fiebers ausgeschlossen werden.

Die Vorgeschichte ist für die Diagnosestellung kaum zu überschätzen; sie gibt erste Leitsymptome vor und ermöglicht es, die vorliegenden Symptome in dem Gesamtkontext einzuordnen. Stellt sich beispielsweise ein Patient mit Fieber vor, ist es wichtig zu wissen, ob die Krankheit mit Husten begonnen hat oder mit Müdigkeit, ob eine Zecke ihn gebissen hat oder er Durchfall hatte. In jedem dieser Fälle wird das vorliegende Symptom in einen anderen Kontext gestellt und damit mit anderen Krankheitsbildern verbunden.

Die Befunde, die Symptomatik, die Anamnese und der Verlauf gemeinsam tragen zur Beantwortung der Frage „Was war ursächlich?" bei, um die Krankheit im nächsten Schritt einer Heilung oder Linderung zuführen zu können. Wenn eine klare Diagnose gestellt werden konnte, kann damit die Frage nach der Ursache unter Umständen mitbeantwortet werden. Bei Pertussis ist ein Erreger als verursachendes Agens bekannt. Gleiches gilt bei der Grippe oder Malaria.

In anderen Fällen wird aus der Vorgeschichte die Ursache einer Erkrankung klar. Die einfachste Variante ist ein Sturz oder ein Unfall, der Verletzungen erklärt. Unter Umständen schwieriger ist der Nachweis, dass bestimmte Noxen Erkrankungen ausgelöst haben. Dies kann bei akuten Vergiftungen zumeist einfacher gelingen als etwa beim Zusammenhang von Tabakkonsum und Lungenkrebs. In vielen Fällen jedoch bleibt die Ursache einer Erkrankung unklar, oftmals trotz einer klaren Diagnose. So ist die Ursache der rheumatoiden Arthritis ebenso im Unklaren wie die des Morbus Crohn oder des Morbus Parkinson. Dabei gibt es aber auch Erkrankungen, bei denen die Ursache erheblich variieren kann. Fieber etwa kann durch zahllose verschiedene Keime verursacht werden, aber auch durch Medikamente oder Noxen. In einem nicht geringen Teil der Fieberfälle lässt sich eine klare Ursache nicht finden, weswegen sie auch als Fieber unklarer Genese bezeichnet werden.

Die Kenntnis einer Krankheitsursache ermöglicht in vielen Fällen erst eine Therapie. So kann etwa der Nachweis bestimmter Keime bei Fieber eine antibiotische Behandlung begründen. Auch der Nachweis der Meningokokken in unserem Fall ermöglicht die kausale Therapie mit bestimmten Antibiotika, die in den allermeisten Fällen Erfolg versprechend sind. Die Kenntnis ätiologisch relevanter Agentien bedeutet allerdings nicht, dass sich dann auch in jedem Fall eine kausale Therapie entwickeln ließe. Dies zeigt sich beispielsweise bei chronischen Intoxikationen wie der alkoholbedingten Leberzirrhose, die sich trotz bekannter Ursache und auch bei Alkoholabstinenz nicht wirksam behandeln lässt. Auf der anderen Seite sind aber zahlreiche Erkrankungen bekannt, die ohne ätiologische Kenntnis wirksam behandelt werden können. Dies gilt ganz allgemein für operable Tumorerkrankungen, die durch einen chirurgischen Eingriff heilbar sind.

Diese kurze Diskussion der drei Fragen „Was liegt vor?", „Was ist ursächlich?" und „Was kann man tun, um zu heilen oder zu lindern?" weist zunächst einmal den Facettenreichtum von Krankheiten, ihrer Diagnose und ihren Therapieoptionen auf. Bei der Beantwortung jeder einzelnen Frage sind Besonderheiten der jeweiligen Krankheit, der jeweiligen diagnostischen Schritte und der jeweils geeigneten Therapie zu berücksichtigen. Darüber hinaus ist es zuallererst der Patient, dem der Arzt begegnet, mit seiner besonderen Situation, seiner Motivation und seinen Erwartungen, die den diagnostischen und therapeutischen Prozess mitentscheiden.

1.2 Regulation – Variabilität

Auf den unterschiedlichen Befunden, Symptomen, Krankheitsverläufen und -ursachen wiederum lassen sich klinische Krankheitsbegriffe und -systeme aufbauen. Dies umschließt die Lehre von den Krankheiten, die als Nosologie bezeichnet wird. Die Beschreibbarkeit und Regelhaftigkeit von körperlichen und seelischen Veränderungen hat die Vorstellung befördert, dass Krankheiten eigenständige Wesenheiten darstellen, die, gleich den Pflanzen- und Tierarten, entsprechend biologischer Klassifikationssysteme bestimmt und eingeordnet werden können. In Anlehnung an die biologische Systematik wurde diese Wissenschaft im 18. Jahrhundert zur Blüte geführt, mit Klassen, Gattungen und Arten von Krankheiten.[4] Beispielsweise lässt sich eine Nosologie auf einer Einteilung nach Symptomen aufbauen – dabei lassen sich akute und chronische Krankheiten unterscheiden, die akuten wiederum in einfache Fieber oder entzündliche Fieber.[5] Modernere Einteilungen richten sich zumeist nach den krankhaft befallenen Organsystemen, etwa Erkrankungen der Leber oder Niere, oder nach der Ätiologie, also entzündliche Erkrankungen, degenerative Erkrankungen usw. Das heute gängige nosologische System ist das ICD, ein weltweit gültiges Schema, das Krankheiten nach den betroffenen Organsystemen einteilt. Dabei geht es um die Abgrenzung von Krankheitsbildern gegeneinander, um zu einer klaren Diagnose kommen zu können.

Gleiche Krankheiten zeigen grundsätzlich gleichartige Symptome, Beschwerden und Befunde, über die sie sich einteilen und benennen lassen. Diese Systematik erfolgt jedoch in der Praxis unter Einschränkungen, da die unterschiedlichen klinischen Manifestationsphänomene variieren können, nicht nur von Fall zu Fall in der Symptomkombination und -ausprägung, sondern auch über die Zeit, also in ihrem Verlauf. Es gibt also beides: die Mannigfaltigkeit und

---

[4] Die Wendung hin zu einer neuen Krankheitssystematik wird mit dem Namen Thomas Seydenham verbunden, der strengen klinisch-empirischen Symptomen folgte. Mit seiner Methode gelang ihm die Beschreibung der Pocken, der Masern und des Scharlach (W. U. Eckart und R. Jütte, 2007, S. 325-326).

[5] K. E. Rothschuh, 1978, S. 193.

Individualität der klinischen Erscheinungen und Befunde auf der einen Seite, auf der anderen Seite Regelhaftigkeiten und typische Krankheitsbilder.

Die Gesetzmäßigkeiten und Regelhaftigkeiten hinter den Mannigfaltigkeiten der Klinik aufzufinden, war und ist Ziel von medizinischer Forschung. Dies gilt für die Bereiche der Medizin wie Diagnose und Therapie. Diese so genannte reduktionistische Herangehensweise versucht, Gesetze und Regelhaftigkeit der klinischen Erscheinungen durch Gesetze und Regelhaftigkeiten auf organischer oder molekularer Ebene zu erklären. Dabei zerteilt sie die Ganzheiten und versucht, deren Erklärung über die sie bildenden Teile und ihre Interaktionen zu erreichen. Die ultimative Reduktionsebene stellt in diesem Weltbild die Physik dar, sodass sich letztlich alles auf universelle physikalische Gesetze reduzieren lässt. Es geht also darum, die Regelhaftigkeit der Krankheiten zu reduzieren und hinter den Varianzen und Abweichungen das Werk von Gesetzen und Regelhaftigkeiten aufzufinden. Dieser reduktionistische Ansatz war dabei in der Medizingeschichte sehr erfolgreich, da er zahllose Mechanismen und molekulare Funktionen aufgedeckt hat.

Die Regelhaftigkeit erscheint jedoch als eine graduelle Größe. Neben den unklaren und undefinierten Erkrankungen, denen eine bekannte Diagnose (noch) nicht zugeordnet werden kann, finden sich allgemeine Krankheitsbilder, die nicht näher bezeichnet werden können. Beispiel hierfür sind etwa fiebrige Infekte, bei denen oftmals noch nicht einmal zwischen viralen und bakteriellen Erregern als Ursache unterschieden werden kann, geschweige denn, das kausale pathogene Agens identifiziert werden kann. Zunehmende Regelhaftigkeiten stellen auf dieser graduellen Skala die im Einzelfall klar abgrenzbaren und fassbaren Krankheitsbilder dar. Dazu lassen sich der Scharlach bei Kindern oder das Vollbild der Windpocken zählen. Diese sind bereits klinisch durch eine typische Befundkonstellation charakterisiert und darüber diagnostizierbar. Beim Scharlach kommt es beispielsweise nach wenigen Tagen zum typischen Scharlachexanthem, einem Ausschlag mit dicht stehenden roten Flecken und Rauigkeit der Haut, der am Brustkorb beginnt und den ganzen Körper überzieht, mit Ausnahme der Mundpartie. Bei den Windpocken bildet sich das typische Varizellenexanthem, das charakteristische Phasen durchläuft: zuerst rote Flecken, dann Knötchen, die zu wasserhellen Bläschen werden und schließlich verkrusten; nach einigen Tagen existieren diese Phasen nebeneinander und bilden einen „Sternenhimmel". Auch sind in beiden Fällen die auslösenden Agentien bekannt. Beim Scharlach sind es so genannte A-Streptokokken, bei den Windpocken die Varizelle-Zoster Viren (VZV). Darüber hinaus sind teils detaillierte Kenntnisse der Pathomechanik bekannt: So bilden die Streptokokken typische Toxine, die die

Klinik auslösen. Die Bildung von Antikörpern gegen diese Toxine führt zur Immunität und erklärt, dass der Scharlach zumeist nur einmal im Leben durchgemacht wird, nämlich typischerweise im Kindesalter. (Es gibt zwar drei verschiedene Toxine und damit kann theoretisch jeder Mensch bis zu dreimal an Scharlach erkranken. Zumeist erkrankt er aber nur einmal, weil sich Antikörper gegen alle drei Toxine bilden.)

Der reduktionistische Ansatz ist inzwischen allerdings an Grenzen gestoßen und vermag wesentliche medizinische Probleme nicht zu erklären, z.B. gerade die für die Klinik und die Krankheiten so typische Varianz und Variabilität. Um einen erklärenden Zugang zum Phänomen Krankheit zu gewinnen, ist es unerlässlich, sowohl die Regelhaftigkeit als auch die Variabilität zu berücksichtigen, sowohl die Systematik von Symptom und Befund als auch deren Abweichung von Fall zu Fall und im Verlauf. Es geht also darum, in Ergänzung des reduktionistischen Ansatzes, *Varianzen, Variabilitäten* und *individuelle Verläufe* für die Medizin praktisch und konzeptionell fruchtbar zu machen – also Variabilitäten in den Krankheitsbildern, in deren Entstehung und im Ansprechen auf die Behandlung.

Ich erinnere mich dabei auch an eine der eingangs genannten Fallbesprechungen, bei denen ein Student aus Afrika im Kurs war. Nach dem Durchsprechen der Fallgeschichte mit der Meningitis-Patientin, die nach einem Afrikaurlaub Fieber bekam und schläfrig wurde, war für den angehenden Kollegen klar, dass hier eine Malaria vorlag. Auch differentialdiagnostisch wollte sich der junge Mann nicht irritieren lassen und war sich seiner Sache völlig sicher. Erst als im Liquor der Patientin Meningokokken gefunden wurden, gab er seinen Widerstand auf.

Für mich war das eine lehrreiche Lektion: Genauso wie in Teilen Afrikas die Malaria eine fast alternativlose Diagnose für die beschriebene Symptomatik darstellt, so sind wir uns über die moderne Medizin und ihre grundlegenden Konzepte völlig sicher. In der täglichen Praxis sind wir gerne bereit, uns gegenseitig dieser Vorstellungen zu versichern. Dabei sollten wir aber nicht allzu sicher sein; denn möglicherweise liegt die Wahrheit hinter dem Tellerrand, der unseren Blick behindert.

Die Vielfalt in den Verläufen einer Krankheit und die Unvorhersagbarkeit dieser Verläufe sind die Ausgangspunkte der medizinischen Praxis, die der ärztlichen Kunst bedürfen. Diese Konstituenten und Bedingungen können nicht nur nicht in näherer Zukunft vernachlässigbar werden; ganz im Gegenteil bilden sie den Ausgangspunkt neuer und fruchtbarer Überlegungen und Konzeptionen in der Medizin. Welche Konzepte, welche Begriffe und welche Analogien diese ermöglichen können, werden wir im Folgenden sehen.

2 Medizin im Spannungsfeld

„Zuallerletzt lehrt man mich,
dieses zauberhafte und farbenprächtige Universum lasse sich auf
das Atom zurückführen und das Atom wiederum auf das Elektron.
Das ist alles sehr schön, und ich warte, wie es weitergehen soll.
Da erzählt man mir aber von einem unsichtbaren Planetensystem,
in dem die Elektronen um einen Kern kreisen.
Man erklärt mir die Welt mit einem Bild."
A. Camus[6]

2.1 Herausforderungen der Medizin

Die Medizin konnte im zurückliegenden Jahrhundert gewaltige Erfolge erringen.
Dazu zählen die Behandlung von Infektionskrankheiten durch die Einführung
der Vakzinierung oder antiinfektiver Substanzen wie dem Penicillin. Diese Erfolgsgeschichte wird auch gegenwärtig weitergeschrieben, etwa mit den therapeutischen Optionen in der Behandlung der Immunschwächekrankheit AIDS, die
vor nicht allzu langer Zeit meist tödlich verlief. Ebenso spektakulär waren die
Erfolge der Chirurgie mit der Entwicklung neuer Operationsverfahren, der Einführung der Herz-Kreislauf-Maschine oder der erfolgreichen Transplantation des
Herzens, dem inzwischen die Verpflanzung weiterer Organe – der Leber, der
Lunge, der Hornhaut usw. – folgte. Auch die enormen Fortschritte in der Erkennung und Behandlung zahlreicher Erkrankungen, beispielsweise der Behandlung
der terminalen Niereninsuffizienz durch Dialyse oder die Diagnostik und Therapie der Schilddrüsenerkrankungen. Dazu sind ebenfalls die stürmischen Entwicklungen in der Bildgebung zu zählen, die neben der klassischen Röntgendiagnos-
tik neuere Verfahren wie CT und NMR einsetzt.

Auch die modernen labordiagnostischen Verfahren tragen dazu bei, etwa
die Entwicklung der chromatographischen und immunologischen Verfahren, die
die Bestimmung von Medikamentenspiegeln oder von Noxen ermöglichen. Der
Nachweis von Nukleinsäuren im Blut von Patienten ermöglicht die Sicherung
der Diagnose bei AIDS oder einigen Hepatitiden und erlaubt darüber hinaus, die

---

[6] A. Camus, 1959, S. 22.

Therapieerfolge zu überwachen. Durch die Kenntnisse von Entstehungsmechanismen zahlreicher Erkrankungen ergeben sich zunehmend Möglichkeiten der gezielten Prävention. So bestehen spezielle Vorsorgeprogramme zur Vermeidung verschiedener Tumorerkrankungen, wie dem Dickdarmtumor durch Untersuchung des Stuhls auf Blut bzw. durch die Dickdarmspiegelung. Gleiches trifft für das Cervixkarzinom zu, nach dessen Vorstufen durch gynäkologische Untersuchungen und Abstriche flächendeckend gesucht wird. Ebenso soll durch gezielte Bewegung und richtige Ernährung der Bevölkerung die allgemeine Gesundheit gefördert werden. Diese Liste der medizinischen Fortschritte, die aus den modernen Gesellschaften nicht mehr wegzudenken sind, ließe sich noch erheblich verlängern.

Doch trotz dieser Erfolge sieht sich die Medizin gegenwärtig erheblichen Problemen gegenüber. Zunächst erleben wir eine dramatische Verschiebung des Krankheitsspektrums weg von den klassischen Infektionserkrankungen, wie Tuberkulose oder Diphtherie, hin zu den Tumoren und den chronisch verlaufenden Erkrankungen. Dazu zählen die besonders häufigen Tumoren des Dickdarms und der Lunge, und Stoffwechselerkrankungen wie Diabetes. Hierzu zählen auch die degenerativen Erkrankungen, die von der Arthrose bis zu Alzheimer reichen. Trotz hoher Ausgaben für Gesundheit und Krankenversorgung grassieren als viel diskutierte Ursachen dafür Fehlernährung, Übergewicht, Rauchen, Bewegungsmangel, aber auch Vereinsamung oder Stress. Der Panoramawandel der Krankheiten bedeutet auch, dass chronische Krankheiten zunehmen mit den Begleitproblemen der Multimorbidität und Multimedikation.[7]

Die Verschiebung des Krankheitsspektrums hat auch Auswirkungen auf das Krankheitsverständnis. Nachdem das Paradigma der Infektionserkrankungen große Erfolge in der Diagnose und Therapie ermöglicht hat – die von der Tuberkulose bis hin zu AIDS viele Krankheitsbilder auf einen ursächlichen Erreger zurückführen konnte –, steht für die so genannten komplexen Erkrankungen wie Krebs, Rheuma oder Herzkreislauferkrankungen ein kausales Krankheitsmodell gegenwärtig nicht zur Verfügung. Das Gleiche gilt für die Therapie, der mit dem Einsatz des Penicillins und in der Folge zahlreicher Antiinfektiva noch ein beispielloser medizinischer Erfolg gelungen ist; eine durchschlagende Tumortherapie oder Behandlung von Alzheimer hingegen sind noch nicht in Sicht.

Ansätze, komplexe Erkrankungen zu verstehen, wurden in verschiedenen Fächern entwickelt. In der Genetik versucht man, Krankheiten bestimmten chromosomalen Regionen zuzuordnen. Jedoch bleiben die Ergebnisse vielfach

---

[7] H. Schipperges, 1985, S. 299 f.

deskriptiv und hypothetisch, da kausale genetische Grundlagen bisher nicht sicher erarbeitet werden konnten. Selbst die Entschlüsselung des humanen Genoms, obgleich von großem medialen Interesse begleitet, brachte bisher nicht den erhofften Durchbruch für die medizinische Forschung.

Im Gegensatz zu den komplexen Erkrankungen lassen sich einige Erberkrankungen heute mittels Genuntersuchung sehr zuverlässig diagnostizieren, teilweise sogar bei noch Gesunden vorhersagen. Diese so genannte prädiktive Medizin ist beispielsweise für die Chorea Huntington, eine tödlich verlaufende neurologische Erkrankung, oder die familiären adenomatösen Polyposis coli (FAP), bei der sich tausende Dickdarmpolypen bilden und entarten, möglich. Die prädiktive Diagnose erreicht bei den noch gesunden Personen für die Huntingtonsche Erkrankung eine Vorhersage von nahe einhundert Prozent.[8]

Die FAP stellt eine sehr seltene Entität dar. Das Kolorektale Karzinom (KRK) hingegen ist eine der häufigsten Tumore weltweit.[9] Es ist zumeist erworben und gehört zu den komplexen Erkrankungen, deren molekulare Entstehungsursachen noch nicht hinreichend verstanden sind. Offensichtlich entwickelt sich das KRK aus Tumorvorstufen, den so genannten Adenomen, die als Erhabenheit (Polyp) in das Darmlumen hineinragen können. Diesen Zusammenhang nennt man Adenom-Karzinom-Sequenz, der ebenfalls besagt, dass die Entfernung der Adenome dem Auftreten des KRK vorbeugen kann.

Den genannten Entwicklungsschritten zum Karzinom können verschiedene genetische Veränderungen zugeordnet werden. Diese wesentlichen Veränderungen der Kolonschleimhaut gehen mit unterschiedlichen Mutationen einher (siehe Abb. 2). Das bei der familiären Dickdarmerkrankung (FAP) mutierte Gen (APC) spielt auch bei dieser Form des Kolorektalen Karzinoms (KRK) eine frühe Rolle für die Entstehung des hyperproliferativen Epithels; allerdings müssen hier weitere genetische Veränderungen hinzukommen. Später treten Mutationen auf, die das ras-Onkogen aktivieren. Noch später kommen bei der Entstehung der späten Adenome bzw. Karzinome Mutationen in DCC und p53 hinzu. Obgleich die genannten Mutationen wesentliche Schritte der Karzinogenese darstellen, finden sie sich nicht immer in der gleichen Sequenz und stellen offensichtlich nicht den einzigen Weg zur Entwicklung des KRK dar. Dies hat zur Folge, dass, anders als bei der FAP, die genetische Routine-Diagnostik des KRK bis heute nicht gelungen ist.

---

[8] Die prädiktive Diagnose bezieht sich immer auf den einzelnen Patienten; die Prognose hingegen ist eine statistische Aussage für ein bestimmtes Krankheitsbild.

[9] Der Anteil der FAP an der Gesamtheit der Kolorektalen Karzinome beträgt weniger als 1 % (N. O. Davidson, 2007).

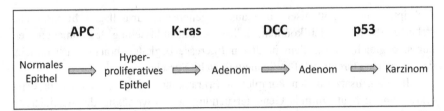

Abbildung 2: Vogelstein-Schema der KRK-Entstehung
Sequenz genetischer Veränderungen bei der Entwicklung des Kolonkarzinoms. Die morphologischen Veränderungen des Epithels, das zunächst hyperproliferativ, dann als Adenom und schließlich als Karzinom imponiert, werden von molekularen Veränderungen begleitet. Dazu zählt die Mutation des APC-Gens im Übergang vom normalen zum hyperproliferativen Epithel ebenso wie die Mutation von p53 im Übergang vom Adenom zum Karzinom. Die Entstehung zum Adenom wird von K-ras- und DCC-Mutationen begleitet (nach E. R. Fearon and B. A. Vogelstein, 1990).

Ein ebenso unklares Bild ergibt sich für das Mammakarzinom. Brustkrebs ist der häufigste Tumor der Frau in der westlichen Hemisphäre; die meisten Formen sind sporadisch, und nur etwa 15 % der Tumore zeigen eine familiäre Häufung; man nimmt an, dass weniger als 30 % des familiären Risikos für Brustkrebs bekannten Genen zugeordnet werden kann.[10] Eine genetische Testung des Brustkrebses zeichnete sich mit der Identifikation zweier Gene ab, den so genannten „breast cancer (BRCA) gene" 1 und 2. Mutationen in BRCA-1 und -2 sind dabei mit einem achtzigprozentigen Risiko assoziiert, bis zum 70 Lebensjahr an Brustkrebs zu erkranken.[11]

Man muss jedoch davon ausgehen, dass heute nicht alle genetischen Faktoren der Brustkrebsentstehung bekannt sind. Darüber hinaus gibt es Mutationsformen in den BRCA-Genen, die von den heutigen Tests nicht zuverlässig erkannt werden.[12] Es gilt jedoch als sicher, dass zahlreiche „nicht-genetische Faktoren", wie Ernährung oder hormonelle Situation, an der Tumorentstehung beteiligt sind und eine prädiktive Diagnose auf genetischer Basis daher heute nicht zuverlässig möglich ist. Für den Brustkrebs ergibt sich daher nur eine Angabe

---

[10]   Garcia and Benitez, 2008.
[11]   Die Spezifität von BRCA-1/-2 Mutationen ist relativ gering; sie finden sich auch bei 10-15 % von Ovarialkarzinomen. Das BRCA-2 Gen ist identisch mit dem Fanconi anaemia (FA)-Gen, das mit einer seltenen Anämie-Form vergesellschaftet ist (S. Thorlacius et al., 1998; D. F. Easton et al., 1995).
[12]   Dies gilt beispielsweise für Mutationen in anderen Genen wie TP53, CHEK2 oder PTEN (T. Walsh et al., 2006).

einer Eintrittswahrscheinlichkeit bei gesunden Personen bzw. eines Erkran-kungsrisikos.[13]

Der Versuch, nicht über Mutationenen oder Regulationen eines oder einiger weniger krankheitsassoziierter, sondern hunderter oder tausender von Genen in die Prognose einzubeziehen, ist technisch durch so genannte Gen-Chips möglich. Auch zur Vorhersage, ob ein Brusttumor metastasiert, wurden mehrere hundert Gene untersucht. Zumeist müssen zahlreiche Gene gleichzeitig betrachtet wer-den, um sensitive und spezifische Aussagen zu erhalten.[14]

Mit der Schwierigkeit, komplexe Erkrankungen auf klare kausale Ursachen zurückzuführen, geht die schwindende Aussicht auf Therapieerfolge einher: So haben sich die Überlebensrate bei lokalisierten Tumorerkrankungen von 50 % vor gut fünfunddreißig Jahren auf 63 % in den neunziger Jahren erhöht; die Überlebensrate bei metastasierenden Tumoren jedoch blieb in den letzten drei Jahrzehnten weitestgehend unverändert.[15] Die Beobachtung, dass Therapien in einigen Fällen greifen, wohingegen sie in anderen Fällen wirkungslos bleiben, entfacht die Hoffnung, Behandlungen eines Tages individuell zuschneidern zu können. Unter dem Begriff der personalisierten oder individualisierten Medizin werden inzwischen Versuche zusammengefasst, die durch entsprechende gene-tische und biochemische Untersuchungen versuchen, diejenigen Individuen zu identifizieren, die von einer Therapie profitieren. Prädiktive Aussagen zum An-sprechen auf Therapien sind heute teilweise möglich. Bei der Mehrzahl der Tu-mor-Therapien bleibt das Ansprechen jedoch offen.[16]

Ob bestimmte Medikamente für Patienten verträglich sind oder in der Dosierung angepasst werden müssen, lässt sich schon heute teilweise vorher-sagen bzw. abschätzen. Beispielsweise unterliegen einige Antiarrhythmika oder Psychopharmaka einer patientenspezifisch veränderten Verstoffwechselung, die sich durch eine Untersuchung von Mutanten der Cytochrom P-450-Gene ab-klären lässt. Ob ein Patient die Therapie mit 5-Fluoropyrimidine (5-FU) beim Kolorektalen Karzinom erhalten kann, lässt sich durch die Bestimmung der Thy-midylate-synthase(TS)-Expression klären. Dadurch kann die Rate an unbefriedi-genden Therapie-Ergebnissen verringert werden und bei einigen Patienten, die

---

[13] Die Bundesärztekammer hat die Manifestationswahrscheinlichkeit für erblichen Brustkrebs bei BRCA-1 oder -2-Mutationsträgerinnen mit 40-80 Prozent angegeben (Anonymus, 2003).

[14] Van't Veer et al., 2002.

[15] C. Leaf, 2004, S. 77-97.

[16] Beim Versuch, bei Brusttumoren das Ansprechen auf eine klassische Therapie vorherzusagen wurden beispielsweise in einem Gen-Expressions-Profil über 90 Gene identifiziert (J. C. Chang et al., 2003).

von der Therapie sowieso nicht profitieren würden, könnten unnötige Nebenwirkungen vermieden werden.

Eine andere Chemotherapie, nämlich die antiinfektive Behandlung, errang noch im letzten Jahrhundert einen Erfolg nach dem anderen. Zunächst gelang mit dem Einsatz von Penicillin die Behandlung der Wundinfektionen und zahlreicher Infektionskrankheiten, der durch die Entwicklung weiterer Antibiotika verstetigt und verbreitert wurde. Ähnlich spektakulär waren die Erfolge in der Behandlung viraler Erkrankungen wie der Immunschwächeerkrankung AIDS oder der modernen Therapie der Hepatitis.

Doch inzwischen sind einige der therapeutischen Waffen stumpf geworden. Die Resistenz von Erregern gegenüber Antibiotika nimmt seit Jahren weltweit zu. Und dies bezieht sich nicht nur auf einzelne Klassen von Antibiotika, sondern einige Bakterien zeigen sich resistent gegen fast alle verfügbaren Antibiotika. Zunehmende Reisetätigkeit und Mobilität führen darüber hinaus zur raschen Verbreitung solcher resistenter Keime, aber auch bis dahin unbekannter Erreger, rund um den Globus. Solche multiresistenten Keime durchkreuzen zunehmend die therapeutischen Strategien in Kliniken, verringern die Aussichten auf erfolgreiche oder schnelle Behandlung und erhöhen die Risiken von Nebenwirkungen und tödlichen Verläufen. Zu nennen sind nicht nur resistente Stämme von Tuberkuloseerregern, sondern auch von Staphylokokken oder Pseudomonaden, die zu Ausbrüchen in Krankhäusern führen können.

Trotz gewaltiger Fortschritte bleibt die Medizin also mit großen Problemen konfrontiert. So scheint sie historisch die akuten, oftmals infektiösen Krankheiten überwunden zu haben, da werden diese schon durch die Tumoren sowie die chronischen und degenerativen Erkrankungen abgelöst, ohne dass eine Renaissance der Infektionskrankheiten zum jetzigen Zeitpunkt ausgeschlossen werden könnte. Die gegenwärtige Forschung liefert zwar zu diesen Problemen eine enorme Fülle an Daten, bis hin zu subzellulären und molekularen Details; deren klinische und therapeutische Relevanz bleibt jedoch häufig fraglich. Darüber hinaus führen diese Daten oft nicht zu einer Lösung von klinischen Problemen, sondern ergeben nicht selten ein komplexes oder gar verwirrendes Bild.

Mit dem Blick auf die Geschichte der Medizin könnte man sagen, dass die jetzige Situation dem Umstand geschuldet ist, dass die Forschung noch nicht alle relevanten Daten und Fakten zu Tage gebracht hat, um in allen Feldern effiziente Therapien zu entwickeln und Resistenzen zu vermeiden. Man könnte argumentieren, dass der entscheidende Durchbruch an der einen oder anderen Stelle noch nicht gelungen ist, aber die entscheidende Entdeckung das jeweilige Problem lösen wird. Der weitere wissenschaftliche Fortschritt werde aber die Teile liefern, um das Puzzle erfolgreich zusammenzusetzen. Und für diese Ansicht liefern gerade die letzten Jahrzehnte wesentliche Beispiele, die zeigen, dass wissenschaftliche und technische Durchbrüche immer wieder gelungen sind, aber ihre Zeit brauchen.

Doch gerade die Geschichte der Antibiotika sollte uns skeptisch werden lassen. Beispielsweise das Penicillin war einmal eine extrem scharfe Waffe und wurde gegen zahlreiche Erreger eingesetzt; heute ist der *Staphylococcus aureus*, ein Erreger teils lebensbedrohlicher Infektionen, dagegen fast vollständig resistent. Die so genannten Chinolone, eine Antibiotikaklasse, gegen die man sich bei ihrer Entwicklung Resistenzen nicht vorstellen konnte, wirken heute bei einem nicht unerheblichen Teil der Erreger nicht mehr. Die Mikroorganismen können sich offensichtlich darauf einstellen und zeigen sich in ihrem Verhalten anpassungsfähig und clever. Einstige Erfolge können also verloren gehen oder revidiert werden. Auch, dass sich der Krebs seine Geheimnisse, trotz großen finanziellen Einsatzes und Jahrzehnten großer Forschungsanstrengungen, nicht vollständig entlocken lässt, trägt zur Skepsis bei.

Ein Beitrag zur Lösung der drängenden medizinischen Probleme mag also nicht einfach im ‚weiter so' liegen. Eine klare Alternative jedoch hat sich in der Medizin bisher nicht herausgebildet. Im Gegenteil ist das Feld der Alternativmedizin geradezu unüberschaubar, angefangen bei der Homöopathie bis zur chinesischen Medizin. Ob solche Alternativen tragfähig sind oder sich sinnvolle neue Konzepte entwickeln müssen, kann sich erst nach einer grundsätzlicheren Analyse erschließen. Erst dadurch lassen sich die Aspekte und Argumente herausfinden, die ein neues Verständnis für die Welt der Krankheiten und der biologischen Systeme ermöglichen. Besonders zu berücksichtigen ist dabei die Komplexität, die bei der Erforschung der gegenwärtigen Volkskrankheiten zu Tage tritt. Sie stellt eine enorme Herausforderung für das Verständnis und die Konzeption dar und fordert zum grundsätzlichen Nachdenken über Krankheiten, deren Biologie, und über biologische Systemen, heraus.[17]

Die Forschung und die moderne Medizin werden ganz offensichtlich durch zahlreiche neue Techniken und Methoden getrieben. Dabei steht die Suche nach kausalen biochemischen Mechanismen im Vordergrund der Forschung, deren gezielte pharmakologische Manipulation eine Heilung oder zumindest Besserung der Krankheit zur Folge haben soll. Im Allgemeinen versucht man dabei relevante Moleküle bzw. molekulare Strukturen in der kausalen biochemischen Kette zu identifizieren, um im zweiten Schritt nach Substanzen zu suchen, die an dieser

---

[17] P. Finzer, 2003.

Stelle konkrete, gegensteuernde Effekte erzielen.[18] Deren Grundlagen wurzeln in einem Denken, das die westliche Welt seit Newton betreibt. Es wurde als mechanisches und mechanistisches Denken bezeichnet, dass die Welt als ein großes Uhrwerk auffasste, das präzise und vorherbestimmt abläuft. Das Ideal von Newton war es dabei, hinter den Naturerscheinungen ewige universelle Gesetze zu suchen. Diese Weltsicht geht von einer reduktionistischen Grundannahme aus; demnach lassen sich komplexe Phänomene durch grundlegende Gesetze erklären, die letztlich physikalischer Natur sind. Damit verbunden ist die Vorstellung, dass das Verhalten eines Phänomens durch seine kleinsten Teilchen bestimmt wird und folglich auch auf diese zurückgeführt werden kann. Dieses reduktionistische Forschungsprogramm hat, wie bereits gezeigt, zahlreiche krankheitsrelevante Teile identifizieren können: Bakterien, Viren, das Insulin (bzw. sein Fehlen), spezifische Enzyme wie die Cyclooxygenasen für die Schmerztherapie, Entzündungsmediatoren oder Antikörper. Aufgrund seiner unbestrittenen Erfolge ist dieses Programm auch weiterhin in vollem Gange.

Allerdings ist es gerade das reduktionistische Konzept, das bezüglich der Vielfalt und Komplexität, besonders in den Biowissenschaften, herausgefordert wird.[19] Gegenwärtig findet sich zwar in der klinischen Praxis ein reduktionistisches Bewusstsein darüber, dass komplexe Phänomene auf Moleküle und pathognomonische Mechanismen zurückführbar sind; vielfach werden sie aber der diffizilen und anspruchsvollen Struktur einer Reduktion nicht gerecht. Das bedeutet dann, dass hochkomplexe Zusammenhänge rein empirisch mit dem Vorhandensein bestimmter Molekülkonstellationen oder Messgrößen korreliert werden. In diesen Fällen bleiben kausale Klärungen aus und der Vorwurf einer Simplifizierung unentkräftet.

Neben dieser Form der Vereinfachung von Komplexität trägt der Reduktionismus allerdings auch eine weitere Form der Simplifizierung in sich. So werden biologische Systeme zumeist zerteilt, und es wird mit den Bestandteilen experimentell gearbeitet. Dabei gehen zumeist der Kontext verloren oder die Bezüge zu weiteren Systemen, Subsystemen oder zum Gesamtsystem, das die einzelnen Teile einmal gebildet haben; wie soll man Ganzheiten untersuchen, wenn man sie zerlegt hat?

---

[18]   Dieses als „drug targeting" bekannte Verfahren ist heute in der Pharmaindustrie weit verbreitet.
[19]   Dies lässt sich an einer Sonderform des Reduktionismus, nämlich dem so genannten genetischen Reduktionismus deutlich aufzeigen: Die Gene sind nicht mehr als Ausgangspunkt eines unidirektionalen Flusses von Information aufzufassen, sondern als Teil komplexer zellulärer Regulationen (M. Carrier und P. Finzer, 2006).

Ein alternativer Ansatz, sich den komplexen Erkrankungen zu nähern, besteht darin, sich mit dem Phänomen Komplexität selbst zu beschäftigen. Dabei zeichnet sich gerade eine Wendezeit ab, die diese Komplexität nicht auf fundamentale Gesetze reduzieren will, sondern diese selbst zum Ausgangspunkt ihrer Forschung und Überlegungen macht. Die klinische Medizin, die sich mit der enormen Komplexität des menschlichen Organismus und dem Einzelfall des leidenden Patienten konfrontiert sieht, ist von dieser Wende besonders berührt, wird gar zur Leitdisziplin dieser neuen Ära. Denn sie kennt schon immer die Beschäftigung mit komplexen und unübersichtlichen Situationen und hat daraus über die Jahrtausende eine Kunst entwickelt. Ihre besondere Stellung zu begründen und ihren Beitrag zu einem neuen Blick auf die Medizin zu formulieren, steht jedoch noch aus und soll hier unternommen werden. Dem Arzt gibt dies ein neues Maß an Freiheit, bürdet ihm aber auch neue Verantwortungen auf, im Dienste der Gesundheit seiner Patienten Althergebrachtes zu hinterfragen und im Einzelfall zu überprüfen.

2.2 Medizin zwischen Wissenschaft und Klinik

Die moderne westliche Medizin hat im Wesentlichen ein naturwissenschaftliches Paradigma angenommen und versucht, den Menschen und seine Krankheiten von seinen physikalischen, chemischen und biologischen Grundlagen her zu verstehen. Beispielsweise konnte der Diabetes mellitus durch den Mangel an Insulin erklärt werden. Dieses Krankheitsbild beeindruckt zumeist durch eine komatöse Episode im Kindes- und Jugendlichenalter. Durch den Einsatz von Insulin in der Therapie können die Patienten gerettet werden. Früher kam das Insulin noch von Tieren, etwa Schweinen; inzwischen wird es biotechnologisch und in der humanen Form hergestellt.

Die moderne Biochemie, Pharmakologie und Biotechnologie haben dabei ein neues Instrumentarium zur Verfügung gestellt und die Medizin zunehmend zu einer wissenschaftsbasierten Technik werden lassen. Die Medizin ließe sich so als wissenschaftlich-technische Disziplin auffassen und damit als eine Wissenschaft bzw. Technik unter anderen. Der für diese Form der Medizin gebräuchliche Begriff ist der der Biomedizin oder biomedizinischen Wissenschaft. Hinter dieser Vorstellung tritt die Annahme zu Tage, dass die klinischen Phänomene und Krankheitsbilder durch wissenschaftliche Erforschung der Grundlagen

zu verstehen sind. Die These ist also, dass die Medizin durch die Naturwissenschaften erklärbar ist. Dieses Verhältnis, das die Medizin mit den Wissenschaften dabei eingeht, wird als Reduktion bezeichnet. Die Medizin wird auf die Naturwissenschaften reduziert. Der auf dieser These fußende Reduktionismus stellt
ein solch wirkmächtiges Denkmodell dar, dass eine Beschäftigung damit unum-
gänglich ist. Diese Diskussion, obgleich zunächst sehr theoretisch, hat weit-
reichende Folgen für das Verständnis von Krankheiten und damit für jeden einzelnen Patienten: Es ist nicht egal und nicht folgenlos, was die Medizin denkt!

Eine Reduktion bezeichnet eine Erklärung, in der ein Sachverhalt aus einem
anderen Sachverhalt bzw. Gesetz folgt und damit auf diesen Sachverhalt bzw.
dieses Gesetz zurückgeführt werden kann. Damit verbunden ist die Vorstellung,
dass sich ein Sachverhalt auf einen fundamentaleren zurückführen lässt und
damit auf Gesetze, die identifiziert und beschrieben sind. Dadurch öffnen sich
die reduzierten Bereiche einer bekannten Begrifflichkeit und werden verständlich und in der Folge gar beherrschbar.

Auf dieser Vorstellung aufbauend wurde in der Mitte des letzten Jahrhunderts ein Programm formuliert, das von einem hierarchischen Schichtaufbau
der Natur ausgeht: Grundlegend sind demnach die Elementarteilchen, die die
Atome bilden, diese bilden wiederum die Moleküle, diese dann die Zellen, aus
denen die multizellulären Lebewesen bestehen, die letztlich soziale Gruppen
bilden. Die jeweils höheren Ebenen sind mit den niedrigeren durch so genannte
Teil-Ganze-Beziehungen verbunden; die niedrigere Ebene, z. B. die Moleküle,
bildet als „Teile" das Ganze der nächst höheren Ebene, also der Zelle. Diesem
Programm zufolge erklärt die niedrigere Ebene die höhere, bzw. umgekehrt die
höhere kann in einer logischen Form auf die Ebene der Teile zurückgeführt, also
reduziert werden. Das führt letztlich zu einer physikalischen Sicht der Welt, da
alles auf die Atome und die Elementarteilchen zurückgeführt und durch diese
erklärt wird. Eingebettet ist dieser Schichtaufbau letztlich in eine Evolutionshypothese, die besagt, dass die höhere Ebene im Verlauf der Erdgeschichte aus der
niedrigeren hervorgegangen ist[20] (siehe Abb. 3).

Aus diesem Konzept lässt sich darüber hinaus ein Modell entwickeln, wie
sich Wissenschaften, Disziplinen oder einzelne Theorien zueinander verhalten
und aufeinander beziehen: Entsprechend dem Schichtaufbau der Welt lässt sich
die Biologie durch die Chemie erklären und diese wiederum durch die Physik.[21]

---

[20]   P. Oppenheim and H. Putnam, 1958.
[21]   M. Carrier, 1995, S. 516.

6	Soziale Gruppe
5	(Multizelluläres) Lebewesen
4	Zellen
3	Moleküle
2	Atome
1	Elementarteilchen

Abbildung 3: Schichtaufbau der Welt
Nach Oppenheim und Putnam ist die Welt in Schichten aufgebaut, ausgehend von den Elementarteilchen bis zu Sozialphänomenen von Gruppen. Die Schichten sind über Teil-Ganzes-Beziehungen miteinander verknüpft, d. h., dass sich die komplexere Ebene durch die Bestandteile der darunter liegenden Schicht erklären lässt. Basis der Schicht stellen physikalische Teilchen dar, womit die Physik die grundlegende Naturwissenschaft darstellt. Eingebettet ist dieses Modell in eine Evolutionshypothese, wonach die höhere Schicht aus der niedrigeren hervorgegangen ist (nach P. Oppenheim and H. Putnam, 1958).

Etwas grundsätzlicher formuliert bedeutet das, dass die Phänomene, Gesetze und Theorien auf der einen Ebene – z.B. der Chemie – durch die einer anderen, fundamentaleren Ebene – z.B. der Physik – erklärt werden.[22] Das so genannte Standard-Modell der Reduktion sieht dabei vor, dass sich natürlich Begriffe der einen Ebene – z.B. der Chemie – den Begriffen oder Konzepten einer anderen Ebene – z.B. der Physik – zuordnen lassen.[23] Hinter diesem Reduktionskonzept befindet sich letztlich ein Modell der Erklärung, wonach ein zu erklärender Sachverhalt dadurch erklärt wird, dass er aus allgemeinen Gesetzen oder theoretischen Prinzipien abgeleitet werden kann.[24] Übertragen auf die Theorienreduktion bedeutet dies, dass eine zu erklärende Theorie aus einer fundamentaleren logisch abgeleitet wird.

---

[22] P. Finzer, 2003, S. 33.
[23] E. Nagel, 1961. Gerade dieser Punkt war heftigen Diskussionen und Kontroversen ausgesetzt. Theorien und wissenschaftliche Fächer grenzen sich gegenüber anderen Fächern auch begrifflich ab oder beziehen sich oft unterschiedlich auf gleiche Begriffe; vielfach sind daher nur näherungsweise begriffliche Verknüpfungen zwischen Theorien möglich (P. Finzer, 2003, S. 31-33).
[24] C. G. Hempel and P. Oppenheim, 1948; C. G. Hempel, 1977. Dieses Modell hat als deduktiv-nomologisches (DN) Modell in die Literatur Eingang gefunden hat, da sich die Erklärung im logischen Sinne als eine Deduktion aus einem universellen Gesetz rekonstruieren lässt.

Als Beispiel für eine erfolgreiche Reduktion wird zumeist die Ableitung der klassischen Thermodynamik aus der statistischen Mechanik angeführt; dabei kann die Temperatur eines idealen Gases durch die mittlere kinetische Energie seiner Moleküle erklärt werden; je höher die Termperatur, desto größer die molekulare Bewegung. Dabei kann diese Eigenschaft von Gasen durch die Bewegung seiner Teile erklärt werden.

Um etwas bisher nur ungenügend Verstandenes genauer verstehen zu können, sind Reduktionen also sehr hilfreich, denn sie stellen damit eine Verbindung zu etwas bereits Bekanntem her. Dadurch tragen sie auch zu einer Vereinheitlichung von Begriffen und Theorien bei. Diese Form der Erklärung wurde daher auch als großer Schrittmacher im Verständnis nicht nur biologischer Systeme, sondern der Natur an sich gefeiert.[25]

Auch Fortschritte in der Medizin wurden dabei häufig über Reduktionen von klinischen Sachverhalten auf die modernen Naturwissenschaften erzielt. Auch die Medizin sieht sich mit der Frage konfrontiert, ob diese Grundkonzeption von Reduktion – Erklärung des Ganzen durch seine Teile bzw. die zugrunde liegende fundamentalere Ebene – auch auf sie und ihr Verhältnis zu den Wissenschaften zutrifft. Der Diabetes mellitus lässt sich beispielsweise durch das Fehlen eines Teiles, des Insulins, erklären; Infektionskrankheiten wie die Tuberkulose lassen sich durch das Eindringen von zusätzlichen Teilen, nämlich den Tuberkuloseerregern, erklären. Eine erfolgreiche Reduktion von Medizin auf Biologie, Chemie und schließlich Physik würde dann bedeuten, dass die Medizin lediglich als ein besonderer Fall der Physik anzusehen wäre.

Dabei haben die Physik, die Chemie oder die Biologie zur Klärung zahlreicher medizinischer Probleme beitragen können. Die Fragestellungen, Methoden und Kenntnisse dieser Fächer können das Wissen der Klinik auf neue Beobachtungen und Erkenntnisse zurückführen. So lässt sich die Erregungsleitung der Nerven über kleine elektrische Ströme erklären, die wiederum durch geladene Moleküle über die selektive Zell-Membran entstehen. Die Wirkung von Drüsen lässt sich über Hormone und diese wiederum durch deren chemische Struktur erklären. Wie verschiedene Botenstoffe und Mediatoren zur Proteinfreisetzung führen, kann durch die Regulation von Genen erklärt werden, die wiederum über die Kaskaden von Regulatorproteinen in verzweigte Signaltransduktionswege erfolgt. Die Erklärung der molekularen Vorgänge liefert für die Medizin nicht nur die Basis, um Krankheiten und Krankheitsprozesse verstehen zu können, sondern auch um sie gezielt therapeutisch zu beeinflussen.

---

[25]   F. Jacob, 1998, S. 9; K. Popper, 1974, S. 259.

Krankheiten, ihre Entstehung und ihre Erscheinungen lassen sich heute in großen Teilen wissenschaftlich erklären, etwa durch die auslösenden Erreger von Infektionserkrankungen wie AIDS oder der Tuberkulose ebenso wie durch die Entzündungsvorgänge oder Reaktionen des Immunsystems. Auch ein Teil der klinischen Begriffe lässt sich inzwischen sehr erfolgreich mit naturwissenschaftlichen Phänomenen verknüpfen: Schmerzen beispielsweise lassen sich nervalen Funktionen und Rezeptoren zuordnen, das Fieber der Wirkung so genannter Pyrogene, die den Körpertemperatur-Regelkreis verändern. Es lässt sich also nicht bestreiten, dass ein Teil der klinischen Symptome und Phänomene naturwissenschaftlich erklärt werden kann.[26]

Diese Erklärungen lassen sich als Reduktionen rekonstruieren. Dabei spielt es eine große Rolle, dass sich die im Reduktionismus-Modell gedachte Teil-Ganzes-Beziehung im Experiment abbilden lässt: denn biologische Systeme sind teilbar. Organismen lassen sich in Organe teilen, diese wiederum in Zellen und die Zellen wiederum in ihre Moleküle. Die Zerteilung von Organismen und die Untersuchung ihrer Teile ist dabei gängige Forschungspraxis: Gene lassen sich in Zellen oder ganze Organismen transferieren oder in diesen abschalten, um deren Funktion zu untersuchen. Proteine lassen sich in Zellen markieren, ihre Lokalisation feststellen und ihr Einfluss auf das Verhalten der biologischen Systeme studieren. Die Teilbarkeit ist auch die Grundlage von Impfungen, denn zur Vermeidung von Infektionskrankheiten werden deren kausale Erreger abgetötet bzw. deaktiviert und verimpft. Von den pathogenen Erregern, gegen die geimpft wird, werden oftmals nur Proteine oder gar Teile von Proteinen in den Wirtsorganismus eingeführt. Diese Teile lösen eine Immunantwort im Wirt aus, die zwar gegen das Protein gerichtet ist, jedoch eine Immunität gegen den ganzen Erreger zur Folge hat. Gleichzeitig können durch diese Teilung des Erregers die pathogenen Teile vom Wirtsorganismus ferngehalten werden; der Wirt muss mit dem ganzen Erreger und seinen biologischen Möglichkeiten nicht mehr in Kontakt treten.

Auch funktionell lassen sich Organe durch spezifische Funktionen ihrer Teile erklären, etwa die Sekretion von Verdauungsenzymen durch die Bauchspeicheldrüse oder die Kontraktibilität von Muskeln durch spezialisierte Muskelzellen. Im Falle der Bauchspeicheldrüse erfolgt die Verdauungsleistung durch spezialisierte sekretorisch aktive Zellen. Die Kontraktierbarkeit von Muskelzellen kann durch ein spezialisierte Proteine, das Myosin, erklärt werden. Biologische Eigenschaften von Zellen wiederum, wie die Zellteilung, Proliferation

---

[26] P. Finzer, 2003.

oder Immunität, lassen sich ebenfalls durch spezifische Proteine erklären: beispielsweise die Phasen des Teilungszyklusses von Zellen durch Cycline und bestimmte Kinasen und die zelluläre Immunität durch ein ganzes Netz von Molekülen, wie Botenstoffe (Zytokine, Chemokine etc.) oder Antikörper.[27]

Bei diesen Reduktionen fällt auf, dass sie nicht streng von einer Ebene, etwa den Organen, auf eine darunterliegende, etwa die zelluläre Ebene, erfolgen; vielfach sind Zellverbände oder Gewebe ebenso für die Erklärung notwendig wie einzelne Moleküle. Beispielsweise reagieren die Bronchien mit einer Entzündung nach Infektion mit einem Erreger. Der Erreger ist eventuell ein Bakterium und damit ein Einzeller; wenn es ein Virus ist, ist es bereits ein subzellulärer Partikel, der am Ort der Infektion zur Sekretion unterschiedlicher Entzündungsmediatoren führt, die meist zu den Proteinen zu zählen sind. Erklärungen umspannen also komplexe Netze von Teilen, die auf unterschiedlichen Ebenen miteinander interagieren. Der Netzwerkgedanke muss also dem Reduktionismus der Biomedizin zur Seite gestellt werden.[28]

Ebenso charakteristisch ist, dass die Kenntnis der höheren Ebene erforderlich ist, um das Geschehen auf der niedrigeren Ebene zu ordnen. Dies gilt beispielsweise für die mikrobiologische Diagnostik. So lassen sich im Labor unter definierten Bedingungen aus einer Vielzahl von Patientenproben und -materialien Keime anzüchten und entsprechend differenzieren. Zur Interpretation, ob ein Keim als Krankheitsursache in Betracht kommt, ist jedoch der Ort der Materialgewinnung und die klinische Situation entscheidend. So besiedelt das Bakterium *Staphylococcus aureus* die Haut und die Schleimhäute des Menschen, kann aber auch Auslöser von teils schweren Wundinfektionen und generalisierten Infektionen sein. Wird *Staphylococcus aureus* jedoch ohne Entzündungszeichen auf der Haut nachgewiesen, kann dieser Befund als medizinisch nicht relevant eingeschätzt werden – diese Konstellation wäre höchstens hygienisch von Bedeutung. Die Reduktion ist damit nicht-eliminierend, das heißt, dass es nicht ausreicht, die Eigenschaften der Teile – hier der Erreger – zu kennen, um die Situation auf der höheren Ebene – hier die Entzündung des Wirts – direkt ableiten zu können. Dabei ist es nämlich nicht so, dass die Kenntnis der reduzierenden Ebene alle Phänomene der höheren Ebene begrifflich oder funktionell erklären könnte.

Der reduktionistische Ansatz führt allerdings zahlreiche Limitierungen und Probleme mit sich, besonders im Kontext der Medizin. So sorgt gerade die Kom-

---

[27] Ebd., S. 43 ff.
[28] Ebd., S. 159 f.

plexität biologischer Systeme dafür, dass die alleinige Betrachtung von Teilen nicht weiterführt. Zunächst stellt die Komplexität eine praktische Begrenztheit unserer Auffassungsgabe dar, nämlich dass die astronomische Anzahl der Teile und deren Interaktionen unter heutigem Kenntnisstand nicht verstanden bzw. erfasst werden können. In diesem Weltbild gilt die Physik als die fundamentale Ebene. Der universelle Anspruch, den die physikalischen Gesetze erheben, lässt sich allerdings für die komplexen Phänomene der Krankheiten nur schwerlich aufrechterhalten. Zu viele situative und empirische Besonderheiten kommen dabei zum Tragen. Biologische Systeme variieren sehr stark und die beteiligten zellulären und molekularen Netzwerke können von Mensch zu Mensch unterschiedlich sein, etwa bezüglich des Geschlechts, des Alters, der Herkunft. Die „Reichweite" der Gesetze und Regelmäßigkeiten in der Biologie sind also erheblich limitiert und eingeschränkt.

Hinzu kommt, dass aus experimentellen Gründen die Teile, um erforscht werden zu können, aus ihrem Zusammenhang gerissen werden, nämlich das Bezugssystem als Ganzes zerteilt wird. Damit soll die Komplexität der Systeme verringert werden, um ein Verständnis von Mechanismen überhaupt erst zu ermöglichen. Jedoch geht gerade dadurch diese zentrale Eigenschaft der biologischen Systeme verloren. So experimentiert man in der Krebsforschung oftmals an so genannten Tumorzelllinien, die dann das Verhalten von Tumoren erklären sollen. Dieser Rückschluss ist jedoch in höchstem Maße fehleranfällig und führt unter Umständen in die völlig falsche Richtung, da Tumore auch aus anderen Strukturen bestehen wie beispielsweise Bindegewebe und Blutgefäßen, die die Wachstumsbedingungen von Geschwüren in vielfacher Weise beeinflussen können.

Im Tier- und Pflanzenreich lassen sich Experimente an ganzen Organismen durchführen. Allerdings ist die Reichweite der dabei gewonnenen Erkenntnisse sehr gering, denn diese lassen sich zumeist nur teilweise auf andere Organismen übertragen. Die Untersuchung von ganzen Organismen, wie etwa einer Maus, bedeutet daher nicht, dass die daran gewonnenen Forschungsergebnisse auf den Menschen übertragbar wären.[29]

Neben der wissenschaftlichen Medizin bzw. Biomedizin lässt sich ein zweiter Bereich abgrenzen, der sich mit der praktischen oder klinischen Medizin beschäftigt und auch im eigentlichen Sinne als Medizin bezeichnet wird. In diesem Bereich geht die Medizin empirisch vor; sie kennt aus Erfahrung die Verläufe von Krankheiten, sie weiß um die möglichen Symptome und Symptomkomple-

---

[29] F. Mazzocchi, 2008.

xe, die für die Beurteilung der Erkrankung und für deren Therapie maßgeblich sind. Ihr Lehrbuch ist die gesammelte und überlieferte Erfahrung. Die klinische Medizin beschäftigt sich nicht mit gleichen Teilen oder gleichen und reproduzierbaren Experimentalsituationen, sondern mit einzelnen Patienten, unterschiedlichen Verläufen und speziellen Konstellationen. Erst aus der Summe der Einzelfälle gelingt es ihr, ein Wissen zu abstrahieren und zu kondensieren, das, aus Erfahrung gereift, Allgemeinheit beanspruchen kann. Beides unterscheidet sich grundsätzlich: Wissenschaft entwickelt sich aus ihrer Methodik und Theorie, die es anhand von langen Messreihen über große Zahlen von Experimenten zu bestätigen oder zu widerlegen gilt. Die klinische Medizin hingegen operiert im empirisch-praktischen Raum und beschäftigt sich mit dem einzelnen kranken Menschen, dem Patienten, dessen Erkrankungen es zu diagnostizieren und zu therapieren gilt. Damit befindet sich die Medizin im Spannungsfeld zwischen Theorie und Empirie, zwischen Wissenschaft und Praxis.

Die klinische Medizin begründet sich dabei aus der Beziehung zum kranken Menschen und versteht ihre Aufgabe darin, das Leid des Patienten zu lindern, ihm zu helfen und ihn zu unterstützen. Diese Einzelfallsituation wird auch als Arzt-Patienten-Beziehung bezeichnet. Sie generiert ihre Erfahrungswerte über die Zeit, mit der der einzelne Arzt Regelhaftigkeiten in den Krankheitsbildern und Verläufen findet. Erst aus dieser medizinischen Grundsituation entwickelt sich die Notwendigkeit, Krankheiten zu ordnen, mögliche Ursachen zu erfragen und Behandlungen durchzuführen. Hier ist sie Tradition, also weitergegebenes Erfahrungswissen, Einschätzungen und Prognose von Krankheitsverläufen sowie Grundregeln im Umgang mit Krankheiten und kranken Menschen. Der Ort oder die Institution, in dem der Arzt dem Patienten begegnet, wird dabei allgemein als Praxis oder Klinik bezeichnet; im übertragenen Sinn ist die Klinik aber der empirische Raum der Medizin, ihr Vollzug und ihre Umsetzung in der täglichen ärztlichen Praxis. Denn neben dem Erkennen und Verstehen von Krankheiten spielt der direkte Kontakt von Arzt und Patient, das Arzt-Patienten-Verhältnis, in der medizinischen Praxis eine zentrale Rolle. Diese Beziehung von Arzt und Patienten ist von Vertrauen geprägt, von der Bereitschaft des Patienten, sich in die Behandlung des Arztes zu begeben. Auf dieser Basis erst gelingt die Schilderung von Beschwerden und Befürchtungen; in dieser Beziehung wird der Wunsch nach konkreter Hilfe und Linderung der Erkrankung formuliert und diese erst ermöglicht.

Wenn die klinische Medizin aus den Naturwissenschaften ableitbar und begründbar wäre, dann wäre sie auch auf diese reduzierbar. Dann müssten entsprechend dem Standardmodell der Theorienreduktion nicht nur die Medizin aus den

Gesetzen und Theorien der Naturwissenschaften ableitbar sein, sondern auch die Begriffe müssten in Medizin und Wissenschaften gleiche Sachverhalte beschreiben und sich zuordnen lassen. Gerade der letzte Aspekt erscheint jedoch unmöglich zu realisieren.

Das Leiden der Patienten und deren Sorgen um ihre Gesundheit, aber auch die Hilfsbereitschaft und Sorge der Ärzte lassen sich kaum vollständig in naturwissenschaftlichen Begriffen ausdrücken. Dabei werden die grundsätzlichen Unterschiede zwischen der Klinik und den Wissenschaften deutlich: Während letztere im Idealfall nach Erkenntnis, Theorien bzw. deren Widerlegung streben, ist die Medizin ein sozial und menschlich motiviertes Unterfangen mit dem Ziel, Leiden zu mindern oder zu heilen.[30] Damit strebt die praktische Medizin nicht nach objektiver Wahrheit, sondern versucht, dem Kranken beizustehen und zu helfen, auch dann, wenn Heilung oder Besserung in einem „objektiven" Sinne nicht mehr möglich ist. Das gilt zunächst für die Therapie, die nicht nur nach objektiven Gründen festgelegt wird. Ihr wirkungsvoller Einsatz bedarf auch der Zustimmung des Patienten, seiner eigenen Entscheidung und seiner Unterstützung. Auch die Diagnosestellung, eigentlich zentrale und erste Aufgabe des Arztes, kann durch diverse Umstände zurückgestellt oder gar aufgegeben werden, etwa dann, wenn der Patient nicht erfahren will, ob er schwer erkrankt ist oder an welcher Krankheit er leidet. Dies ist bei bösartigen Erkrankungen wie dem Krebs immer wieder eine zu respektierende Grenze, die der Patient setzen kann. Hier bewegt sich die Medizin auf ethisch-moralischem Boden und nicht auf naturwissenschaftlicher Basis; die klinische Medizin ist damit keine Wissenschaft wie die Naturwissenschaften und entzieht sich daher auch einer Reduktion auf diese.

2.3 Verbindung von Wissenschaft und Medizin: Beispiel Diagnose

Der Arzt in der Praxis ist kein Wissenschaftler; dazu fehlen ihm wesentliche Voraussetzungen. So befindet er sich nicht in einer experimentellen Situation, in der er die Versuchsanordnung verändern kann und wiederholbare Messreihen durchführt. Er kann nicht das Krankheitsereignis oder die Ursachenkonstellation systematisch verändern und durch Wiederholung bestätigen bzw. widerlegen.

---

[30]   K. F. Schaffner, 1992.

Natürlich kann der Arzt auch Messungen durchführen, die er auch wiederholen kann. Allerdings finden die Messungen nicht unter gleichen Bedingungen statt wie in der Experimentalsituation. Der Arzt tut dies mit dem Ziel, den Verlauf zu beurteilen bzw. das Gesunde vom Pathologischen abzugrenzen. So misst er den Blutdruck, um zu schauen, ob er erhöht oder normal ist, eventuell auch, ob seine Therapie zur Senkung des Blutdruckes Wirkung zeigt. Der bedeutendste Unterschied jedoch ist, dass er es mit einem Einzelfall zu tun hat, mit einem einmaligen Fall, mit einem konkreten Menschen, der seine Praxis aufsucht und gesundheitliche Probleme berichtet oder zeigt. Die Medizin als ärztliche Praxis und Beziehung mit dem Patienten ist nicht reduktionistisch mit den Wissenschaften verbunden, wie bereits gezeigt wurde. Diese Situation bringt jedoch beide Sphären miteinander in Berührung. Wie lässt sich nun das Verhältnis der Medizin zu den Wissenschaften rekonstruieren?

Medizinische Praxis und Wissenschaft treffen beispielsweise zusammen, wenn der Arzt versucht, das Vorhandensein einer bestimmten Erkrankung bei einem bestimmten Patienten festzustellen oder zu widerlegen. Die Institution der Diagnose gilt dabei als derjenige Erkenntnisakt des Arztes, in dem er seine Hypothesen und Annahmen über eine Krankheit im Einzelfall objektiviert und zu beweisen sucht. Hier können klinische Medizin und Wissenschaft aufeinander treffen.

Die Frage, welche Krankheit vorliegt, orientiert sich im Allgemeinen an so genannten diagnostischen Kriterien. Daran lassen sich Krankheiten erkennen und gegenüber anderen Erkrankungen abgrenzen. Die Prüfung durch unterschiedliche Verfahren und Techniken, ob die diagnostischen Kriterien vorliegen, wird als Prozess der Diagnosestellung bzw. als Diagnostik bezeichnet. In diesem diagnostischen Prozess sondert der Arzt zwischen relevanten und irrelevanten Phänomenen aus, sowohl in der aktuellen Symptomatik der Erkrankung, als auch in der Krankengeschichte und Veranlagung des Patienten. In der Diagnose fasst der Arzt die Vielfalt der Symptome, Beschwerden und Befunde zu einem Begriff zusammen. Jedoch bedarf die Medizin nicht immer der Wissenschaften oder der wissenschaftlichen Technik. Einige Krankheiten lassen sich klinisch stellen, alleine aufgrund ihrer Symptome; so der Scharlach oder die Windpocken.

Wird ein Arzt allerdings mit einer bestimmten Symptomatik, wie Fieber, Luftnot oder Durchfall konfrontiert, wird er versucht sein, das Vorliegen einer bestimmten Infektionskrankheit nachzuweisen. Weitere Symptome wie Müdigkeit, Kopfschmerzen oder Schwäche kommen möglicherweise hinzu. Dann wird er die Körpertemperatur messen, nach Entzündungszeichen suchen, gegebenenfalls eine Röntgenaufnahme anfertigen und eine Blutuntersuchung veranlassen.

Bei schweren Krankheitsbildern gründet er seine Argumentation auch auf den Nachweis eines als kausal erkannten Erregers, den er im Labor nachzuweisen versucht. Zum Nachweis wird er methodisch unterschiedliche wissenschaftliche Verfahren nutzen, wie etwa das Erstellen eines Röntgenbildes, die Anzucht des Erregers oder den Nachweis spezifischer Antikörper. Gelingt dem Arzt am Ende dieses Procedere, beim Vorliegen einer Infektionskrankheit einen Erreger nachzuweisen, könnte seine Diagnose lauten: Pneumokokkenpneumonie oder Influenza.

Warum kann der Arzt eine solche Diagnose stellen, hat er doch lediglich einen Keim unter vielen gefunden und einige Symptome, die bei unzähligen Erkrankungen anzutreffen sind? Weil die Diagnose über die sie konstituierenden diagnostischen Kriterien auf etablierte und akzeptierte Krankheitsmodelle bzw. Krankheitskonzepte verweist.[31] Diese werden durch Forschergruppen oder Experten erarbeitet und durch viele Daten und Befunde untermauert.

Ein solches Konzept stellen die Infektionskrankheiten dar. So können Erkrankungen, die mit Fieber und Zeichen einer Entzündung einhergehen, durch Infektionen verursacht werden. Eine Infektionskrankheit sieht dabei als wesentliches Kriterium den Nachweis eines kausalen Erregers vor. Die Kausalität wird dabei oftmals nicht durch Tierversuche erbracht, sondern auch durch Selbstversuche von Ärzten und Forschern, die bei sich das Hervorrufen bestimmter Symptome nach Verabreichung der Erreger studieren. Das beinhaltet weiterhin die Frage, ob der Erreger regelhaft bei bestimmten Krankheiten nachgewiesen wird, jedoch bei Gesunden nicht.[32] Darüber hinaus komplementieren Daten zu den Übertragungswegen und dem Erregerreservoir dessen kausale Rolle. Auch pathophysiologische Daten, beispielsweise wie die Infektion zustande kommt – etwa über Toxine oder über spezialisierte Moleküle des Erregers – tragen dazu bei, dessen Kausalität zu belegen. So wird die Cholera über Vibrionen übertragen, die im Darm des Patienten zur Sekretion von Elektrolyten führen, was

---

[31] Medizinisches Konzept hier im Sinne von K. E. Rothschuh als „Denkbemühungen, das Erfahrungsgut im Umgang mit dem Kranken in eine Struktur allgemeiner Grundsätze und daraus ableitbarer Folgerungen" einzubetten (ebd., 1978, S. XIII).

[32] Kriterien, die die Kausalität von Erregern nachweisen sollen, wurden erstmals von Henle und Koch formuliert. Demnach wird die kausale Rolle von Mikroorganismen bei der Entstehung von Krankheiten durch die Erfüllung der folgenden Postulate belegt: (1.) regelmäßiger Nachweis des Erregers bei einem mit einem bestimmten Krankheitsbild erkrankten Patienten, (2.) Isolierung und Anzucht des Erregers als Reinkultur, mit der (3.) die Erkrankung wieder hervorgerufen werden kann (F. Loeffler, 1884). Auch heute beschreiben diese Kriterien das Ideal des Kausalitätsnachweises in der medizinischen Mikrobiologie.

wiederum den Verlust von Wasser in den Darm und damit die wässrigen Stühle zur Folge hat.[33]

Ist ein solches Krankheitsmodell etabliert, lässt sich in einigen Fällen mit dem Nachweis des Erregers auch die Diagnose stellen. Mit dem Nachweis eines Erregers wird die Krankheit des Patienten nicht nur diagnostiziert, sondern auch gegen andere, klinisch ähnlich verlaufende Krankheitsbilder abgegrenzt und, wenn vorhanden, einer kausalen, anti-mikrobiellen Therapie zugeführt.

Dies zeigt sehr klar, wie Klinik und die Mannigfaltigkeit der klinischen Erscheinungen geordnet werden können: über diagnostische Kriterien, die die Krankheiten voneinander trennen. Dieser Sortierung wiederum können kausale Modelle zugeordnet werden, die dann einer biomedizinischen Reduktion zugänglich sind. Das Krankheitskonzept, also das Wissen und die Vorstellungen darüber, was eine Krankheit hervorruft und unterhält, wird durch die Wissenschaften entwickelt und strukturiert (siehe Abb. 4). Die Beobachtungen und Entdeckungen im Rahmen dieser Forschung können wiederum die Diagnose insofern beeinflussen, als sich daraus neue diagnostische Kriterien ergeben können. Werden beispielsweise ein molekularer Mechanismus einer Krankheit erforscht und ein darin involviertes Molekül bzw. das Verhalten eines solchen Moleküls identifiziert, dann kann der labormedizinische oder histochemische Nachweis dieses Moleküls die Diagnose sichern. Ein Beispiel stellt die Entdeckung der kardialen natriuretischen Peptide (ANP / BNP) dar, die in die Blutdruckregulation involviert sind. Diese werden unter anderem bei der Herzinsuffizienz induziert und ins Blut abgegeben. Die Entdeckung dieses pathognomonischen Zusammenhangs wird nun auch diagnostisch bei Patienten mit Herzinsuffizienz genutzt: durch den Nachweis dieser Proteine – als NTproBNP – im Serum.[34] Das reduktionistische Vorgehen bei diesem biomedizinischen Problem ist deutlich; Teile des biologischen Sub-Systems „Herz-Kreislauf" werden auf kausal bedeutende Teile zurückgeführt und erklärt. Im Umkehrschluss wird beim Vorhandensein dieses diagnostischen Markers das Vorliegen der Krankheit möglich.

Mit der Diagnose wird also die klinische Situation des kranken Menschen mit den Wissenschaften der Krankheiten – Pathophysiologie, Pathobiochemie, Pathologie etc. – in Verbindung gebracht. Und in der Tat verschieben oder verändern sich Diagnosen je nach Veränderungen der wissenschaftlichen Kenntnislage. So ist die Hepatitis, die Entzündung der Leber, klinisch ein eindrückliches

---

[33] H. Brandis et al., 1994, S. 436-449.
[34] L. Thomas, 2005, S. 144-155.

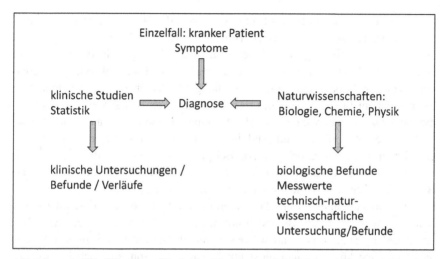

Abbildung 4: Die Diagnose: Wechselspiel zwischen Medizin und Naturwissenschaft
Die Diagnose bildet die Brücke zum einzelnen Patienten. Dieser zeigt eine Konstellation
von Symptomen, die mehr oder weniger typisch ist und die die Grundlage zur Abgrenzung von Krankheitsbildern bildet. Die Diagnose subsumiert dabei verschiedene Symptome und Befunde unter einem Namen. Die Befunde werden dabei auf der einen Seite aus
klinisch-pathologischen Untersuchungen gespeist, die zusammen mit Statistiken und klinischen Studien in die Diagnose einfließen können. Auch Ergebnisse und Erkenntnisse
aus den Naturwissenschaften können Eingang in die Diagnose bzw. die Diagnostik erlangen und werden durch biologisch-chemisch-physikalische Befunde und Verfahren unter-
füttert.

Krankheitsbild und oft mit grippeähnlicher Symptomatik und Ikterus (Gelbfärbung der Haut) verbunden. Im Labor findet sich der Anstieg so genannter
Leberenzyme und des Bilirubins. Die Differentialdiagnose dieser Erkrankung
sah bis in die 1980er Jahre den Nachweis einer Virusinfektion vor, nämlich der
Hepatits A- und B-Viren; eine beträchtliche Zahl von Fällen ließ sich jedoch keinem der beiden Viren zuordnen und wurde daher als non-A-non-B (NANB) bezeichnet. Erst 1989 gelang der Nachweis eines dritten Erregers, des Hepatitis C-
Virus, der hinter einem großen Teil der NANB-Infektionen stand. Inzwischen
sind weitere Erreger in der Differentialdiagnose der Hepatitis bekannt.[35] Wenn
der Nachweis eines Krankheitserregers mit einer Krankheit regelmäßig einher-

---

[35] Das Spektrum der hepatotropen Viren umfasst heute, neben den Hepatitis-Viren (A bis G), auch
verschiedene Herpesviren oder Enteroviren (R. Marre et al., 2000, S. 411-440).

geht, dann ist der Nachweis des Erregers zugleich der Nachweis der Krankheit – Beispiel: das Hepatitis-Virus, das im Blut nachweisbar ist.

Mit der Verbindung von Wissenschaft und Klinik geht in der Diagnostik auch eine Verbindung von Theorie und Praxis (dem Einzelfall oder mehreren Fällen) einher. Dabei werden die mannigfaltigen Erscheinungen und Symptome, die der Patient bietet, unter einer oder auch mehreren Diagnosen geordnet. In diesem Prozess finden eine Einordnung, eine Interpretation, auch ein Puzzle statt, mit dem Ziel, die Befunde und die Klinik in Übereinstimmung mit den diagnostischen Kriterien zu bringen. Als Beispiele sei die Frage aufgezeigt, ob bei Schmerzen in der Brust ein Herzinfarkt vorliegt, eine Reizung der Nerven des Brustkorbes oder eine andere Erkrankung der einzelnen Organe, wie eine Pankreatitis. Dabei geht es oft um die Erfahrung des Arztes oder um die Interpretation von Messwerten und Befunden und welche medizinische Bedeutung dabei den einzelnen Symptomen und Werten zukommt. Die für die Diagnose relevanten Symptome können dabei nicht nur gegenwärtig, sondern auch bereits abgeklungen oder verschwunden sein.

Das Verhältnis von Wissenschaft und Medizin lässt sich dabei sehr schön am Beispiel der Mikrobiologie aufweisen. Die Mikrobiologie ist zweifelsfrei eine zur Biologie zu rechnende Wissenschaft. Sie erforscht die mikrobiotische Welt, ihre Phänomene, Regelhaftigkeiten und Gesetze. Einen bedeutenden Teil stellt dabei die Ordnung der Mikroorganismen, die so genannte Taxonomie, dar. Dabei werden die Organismen in taxonomische Kategorien unterteilt, vom Reich über Abteilung, Klasse, Ordnung, Familie, Gattung etc. Grundlage dieser Einteilung sind systematische Untersuchungen von Verwandtschaftsbeziehungen der Organismen untereinander, beispielsweise gleiche Morphologie, gleiches Wachstumsverhalten, gleicher Zellaufbau, gleiche Stoffwechselleistungen etc.

Trotzdem ist dies von seiner Konzeption und seinem Selbstverständnis ein Fach, das der Medizin zuzuordnen ist; es ist eine diagnostische, überwachende und beratende Instanz: Als klinische Mikrobiologie unterstützt sie Diagnose und Therapie, als mikrobiologische Epidemiologie liefert sie Daten zu Häufigkeiten und Verteilungen von Krankheitserregern.

Darüber hinaus muss die medizinische Mikrobiologie praktikable und eindeutige Ergebnisse erbringen, um der Klinik hilfreich sein zu können. So ist es nicht verwunderlich, dass in einigen Bereichen, etwa der Mykologie, die mikrobiologische Taxonomie mit der medizinisch-mikrobiologischen Einteilung nicht übereinstimmt: So werden in der botanischen Taxonomie Pilze aufgrund so genannter perfekter Formen eingeteilt, wohingegen in der Medizin die Diagnose über die imperfekten Formen erfolgt – dies schon allein deswegen, da für zahlreiche medizinisch bedeutende Pilze die perfekte Form bisher nicht bekannt ist.[36] Dies zeigt sehr deutlich, dass sich die medizinische von der wissenschaftlichen Mikrobiologie wesentlich unterscheidet, obgleich beide mit tèils identischen Gegenständen arbeiten.

Gegenüber der wissenschaftlichen Mikrobiologie ist sie auf die Pole Gesundheit und Krankheit bezogen. Damit ist ihr Gegenstand nicht die Erforschung und Systematik der Mikroorganismen, sondern sie bezieht sich auf die Frage, ob ein nachgewiesener Erreger als krankheitsverursachend anzusehen ist, wie man ihn nachweist und gegebenenfalls therapieren kann. Mit dieser Fragestellung betreibt auch die medizinische Mikrobiologie Wissenschaft und sucht generalisierte Aussagen mit Wahrheitswert. Im Kontext des Einzelfalles jedoch liefert sie Befunde, die in einem komplexen Krankheitsgeschehen mit anderen Daten und Beobachtungen verbunden und vor dem Hintergrund objektiven Wissens und allgemeiner medizinischer Erfahrung interpretiert werden müssen. Beispielsweise stellt sich klinisch die Frage, ob der Nachweis eines bestimmten Erregers in einem bestimmten Material mit dem vorgefundenen Krankheitsbild in Zusammenhang steht, gar kausal für die Krankheit verantwortlich ist. Dazu bedarf es unter Umständen Zusatzuntersuchungen im Labor und der Bildgebung sowie weiteren klinischen Daten. In diesem Bereich ist also die klinische Mikrobiologie eine medizinische Disziplin, die versucht, unter dem Blickwinkel von Krankheit und Gesundheit eine komplexe Individualsituation zu strukturieren und zu verstehen.

Beispielsweise spielt bei der klinischen Interpretation mikrobiologischer Befunde der Ort des Nachweises eines Keimes eine zentrale Rolle. Auf jeden Fall geht von der physiologischen Flora an ihrem Standort keine akute Krankheitsgefahr aus. Die Sachlage kann sich jedoch schlagartig ändern, wenn die Mikroorganismen diese Orte verlassen oder an verletzten bzw. geschädigten Arealen siedeln. Dann können sie medizinisch zu so genannten Krankheitserregern werden. Beispielsweise können völlig normale Besiedler des Darmes zu tödlichen Erregern werden, wenn sie sich in Wunden vermehren, Anschluss an Blutbahnen erhalten oder wenn sie über die Harnwege aufsteigen und zu Harnwegsinfektionen führen.

Die Diagnose schließt einen Erkenntnisvorgang ab, der als diagnostizieren bezeichnet wird. Er wird begründet durch die Ordnung der vorliegenden Symptome (Symptomatologie) und die Kenntnis von Krankheiten bzw. deren Abgrenzungen (Nosologie). Beide theoretischen Vermögen sind unverzichtbar, die Viel-

---

[36] H. Hof et al., 2000, S. 450.

falt der Symptome und Beschwerden zu strukturieren, die nicht nur über die Zeit, sondern auch bei gleichen Erkrankungen von Patient zu Patient variieren. Die Diagnose ist dabei die gedankliche Ordnung der medizinisch-klinischen Phänomene und damit eine mehr oder weniger zu formalisierende Grundtätigkeit des Arztes. In ihr sammeln sich das Wissen und die Erfahrung der Medizin. Dabei ist diese nicht nur eine logische und kognitive, sondern auch intuitive und kreative Leistung des Arztes. Der Arzt ordnet die Befunde und Symptome unter einem Krankheitsbegriff: Wenn die Symptome oder Befunde a_1, a_2, a_3 ... vorliegen, dann liegt die Krankheit A vor.[37] Gleichzeitig liegen die Symptome x, y und z nicht vor und damit auch die Krankheiten X, Y und Z nicht. Die Diagnose ist also ärztliche Erkenntnisleistung, die die Phänomene der Klinik und diverse Befunde mit einer definierten Entität „Krankheit" verbindet.

Durch diese logische Struktur verweist die Diagnose auf eine Krankheit und verbindet mit dieser die Symptome und Beschwerden eines Patienten oder vieler Patienten: Um die Krankheit feststellen zu können, werden die Symptome und Befunde, deren Vorhandensein auf die Krankheit schließen lassen oder diese beweisen, unter einem Begriff – der konkreten Diagnose – geordnet. Eine Diagnose versucht damit, den Einzelfall, den konkreten Patienten, seine Symptome und seine Krankengeschichte, unter einem Krankheits-Begriff zu subsumieren.[38]

Gegenstand der Wissenschaft ist in diesem Zusammenhang die Erarbeitung kausaler Konzepte von Krankheiten. In der Diagnose formuliert die Medizin die Kriterien, mittels derer eine Krankheit praktisch bestimmt werden kann. An der Diagnose lässt sich daher exemplarisch zeigen, wie die Wissenschaft mit der Medizin verbunden ist, nämlich nicht-reduktionistisch.[39] Die Diagnose lässt sich nicht auf die Klinik reduzieren oder umgekehrt. Im Gegenteil stellt sie ein intellektuelles Gerüst dar, mit dessen Hilfe die klinischen Erscheinungen strukturiert werden können.

Die Entwicklung von diagnostischen Kriterien ist dabei ein komplexer Vorgang, der neben wissenschaftlichen Aspekten auch soziale, ökonomische, techni-

---

[37] Dies lässt sich als DN-Schema der Erklärung rekonstruieren (s.o.): Die Symptomatik des Patienten wird erklärt aus einem allgemeinen Krankheitsbild und spezifischen Annahmen.

[38] Auch die Feststellung, dass keine Krankheit vorliegt, ist ein diagnostischer Prozess, der eben ergibt, dass eine Krankheit nicht festgestellt werden kann.

[39] Von Wieland ausgehend, wurde die ärztliche Diagnose als Teil einer praktischen Wissenschaft aufgefasst. Danach sind Diagnosen auf eine Handlung hin ausgerichtet, etwa einem speziellen therapeutischen Vorgehen (W. Wieland, 1975). Die Diagnose ist mit dieser Charakterisierung aber nicht vollständig beschrieben. Sie ist immer auch Ausdruck des ärztlichen Wunsches, die Komplexität der klinischen Situation zu erfassen und mit einem bekannten – und unter Umständen auch handhabbaren – Krankheitsbild zu verbinden.

sche und allgemeine Überlegungen mit einbezieht. Damit solche diagnostischen Kriterien verbindlich werden, durchlaufen sie zumeist vielstufige Abstimmungsprozeduren in Fachgremien, in Fachgesellschaften und Ausschüssen. Gerade dieser Prozess zeigt den Einfluss nicht-wissenschaftlicher Faktoren deutlich. So ist die technische Durchführbarkeit und praktische Verfügbarkeit einer Diagnostik für die Einführung eines diagnostischen Kriteriums ebenso wichtig wie die Finanzierbarkeit dieser Diagnostik durch die Gesundheitssysteme. Darüber hinaus muss es bei den Ärzten und den Patienten auch eine Akzeptanz für eine bestimmte Diagnostik geben, sonst bleibt diese unangewendet; beispielsweise ist die Koloskopie die Methode der Wahl, um das kolorektale Karzinom zu diagnostizieren bzw. um es in einer Frühform zu entfernen (Prävention); dieses Verfahren erlaubt die Erkennung und Entfernung der Vorläuferformen in einem. Allerdings ist die Akzeptanz dieses Verfahrens gering, so dass ein sehr großer Teil der Bevölkerung diese Vorsorgeuntersuchung nicht in Anspruch nimmt; stattdessen wird entweder auf weniger spezifische und weniger sensitive Stuhluntersuchungen zugegriffen.

Darüber hinaus passt oftmals der Einzelfall nicht klar zu einer bestimmten Diagnose. Beispielsweise können nicht alle Kriterien erfüllt sein, die zur korrekten Diagnosestellung notwendig wären. Möglicherweise konnte aber auch die Diagnostik nicht vollständig durchgeführt werden, weil der Patient nicht kooperativ war oder die Diagnostik zu belastend ist – etwa schmerzhafte oder unangenehme Untersuchungen einer Spiegelung. Es ist auch denkbar, dass das diagnostische Procedere nicht funktioniert hat oder der Patient in die weitere Diagnostik nicht einwilligt. Möglicherweise will der Patient aber eine Diagnose gar nicht wissen, etwa wenn es um Tumorerkrankungen geht, deren schlechte Prognose äußerst belastend wirken kann. Auch in einem solchen Fall kann eine Diagnose nicht gestellt werden.

Auf Seiten des Arztes ist natürlich auch von Bedeutung, ob dem Patienten eine Diagnostik zugemutet werden kann und ob die Gewinnung der Diagnose und der damit verbundene Aufwand in einem akzeptablen Verhältnis zu den Nutzen steht; also geht es um die Frage, ob damit unterschiedliche Therapieoptionen entschieden werden können. Es ist auch möglich, dass eine Diagnose im positiven Sinne nicht gestellt werden kann und daher die alternativ in Frage kommenden Differentialdiagnosen ausgeschlossen werden sollen (so genannte Ausschlussdiagnose).

Zusammenfassend gelingt das reduktionistische Vorgehen also nur innerhalb der biomedizinischen Wissenschaften, wenn also das Funktionieren eines Organismus durch seine Teile und die sie beschreibenden Theorien erklärt werden kann. Die klinische Medizin entzieht sich einer Reduktion, da sie eine helfende Tätigkeit darstellt, die den Willen und die Würde des Einzelnen respektieren muss. Darüber hinaus beschäftigt sie sich mit dem konkreten Einzelfall, dessen Symptome und Befunde sie in dem Einordnungsprozess einer Diagnose strukturiert. Die Diagnosen basieren auf unterschiedlichen diagnostischen Kriterien. Die Aufstellung dieser Kriterien wiederum stellt einen komplexen Vorgang dar, der auf wissenschaftlichen Daten und pragmatischen Überlegungen gründet. In der medizinischen Praxis stellt nicht nur der einzelne Arzt eine Diagnose, sondern darüber wird die Medizin auch mit den Wissenschaften verbunden, wie sie in Studien und systematischen Untersuchungen erarbeitet werden.

Die Naturwissenschaften liefern dem Arzt dabei eine Hilfe, die regelhaften und invariablen Elemente einer Krankheit zu verstehen und beim einzelnen Patienten zu bestimmen. Die Pfade und Wege, auf welchen diese Information und Erkenntnisse diskutiert werden, sind präformiert und institutionalisiert. Sie bilden eine Tradition von Wissenserwerb und -verbreitung in der Medizin. Die variablen und einmaligen Anteile, die jeder Einzelfall und jede Krankheit bieten, waren nicht im Focus dieses Ansatzes.

Neue Entwicklungen und Konzepte haben dies jedoch verändert und ermöglichen die Formulierung neuer Ansätze. Dies geschieht nicht nur auf einer abstrakten Ebene der Theorie, sondern auch an konkreten Ansätzen und Beispielen der Forschung und Praxis. Wesentliche Bestandteile dieser neuen Konzeption sind die Selbstorganisationsforschung und die Chaostheorie. Interessanterweise spielen für diese Eigenschaften die Geschichte des Systems ebenso eine Rolle wie die Umwelt, der Zufall oder kleinste Veränderungen im System. All das sind Beobachtungen, die die klinische Medizin seit jeher macht. Daher ist es für die Medizin lohnenswert, sich mit Grundfragen der Natur und der Organisation von Organismen auf einer konkreten Ebene zu beschäftigen, um sie für die Heilkunde nutzbar zu machen und auf ihrer Grundlage einen neuen Blick auf die Medizin zu ermöglichen.

2.4 Die Wahl der Medizin

Die Auffassung darüber, was die Medizin ist und auf welchem Fundament sie steht, wurde in den einzelnen Epochen ihrer Geschichte sehr unterschiedlich beantwortet. Über diese Frage wurde – und wird – intensiv gestritten und diskutiert. Dies geschieht nicht immer bewusst und reflektiert, sondern auch indirekt und emotional.

Im klassischen Sinne lässt sich die Medizin als eine Kunst – eine ärztliche Kunst – auffassen, die den erfahrenen und geschulten praktischen Umgang mit konkreten Dingen und Situationen beschreibt. Für Rudolf Virchow stellte die Medizin dagegen eine Sozialwissenschaft dar, die sich mit den einzelnen Zellen und ihrem Zusammenleben im Organismus, wie in einem staatsgleichen Gebilde, beschäftigt.[40] Allerdings gab und gibt es immer wieder Gegenentwürfe, die psychisch, sozial oder philosophisch-anthropologisch begründet sind. Bewusst gegen das „biomedizinische" Modell gerichtet gilt das „biopsychosoziale" Modell als ganzheitlicher Entwurf.[41] Ein inzwischen weit verbreitetes und klinisch konkretes Konzept ist die psychosomatische Medizin,[42] die eine Brücke zwischen Schulmedizin und Psychologie bzw. Psychotherapie sucht und sich in einigen Spielarten auch auf philosophisch-anthropologische Wurzeln beruft.[43] In der Moderne hat sich im Wesentlichen das naturwissenschaftliche bzw. physikalisch-chemische Konzept durchgesetzt.

Die Medizin kann nicht aus den Naturwissenschaften erklärt und abgeleitet werden, sondern ist mit diesen verbunden und bedient sich dieser, um Linderung und Heilung von Krankheiten zu ermöglichen oder diesen besser nachkommen zu können. Dabei setzt sich die Heilkunde selbstverständlich mit den unterschiedlichsten wissenschaftlichen Strömungen ihrer Zeit auseinander, sichtet diese und wählt in ihrem Sinne die geeigneten aus. In diesem Verhältnis kommt es zur Entstehung von Neuem durch ein Wechselspiel zwischen Medizin auf der einen Seite und Wissenschaft und Technik auf der anderen Seite. Entdeckungen oder Erfindungen führen ebenso zur Erneuerung der Medizin, wie z.B. klinische Neubeschreibungen oder Neukonzeptionen; dabei bedingen sich beide Bereiche oftmals gegenseitig. Neue Techniken ermöglichen neue Diagnosen; neue klinische Befunde oder drängende therapeutische Probleme befördern und motivieren neue technische Lösungen.

Die moderne Medizin ist durch die Naturwissenschaften geprägt worden. Es ist jedoch zu beachten, dass sich diese ursprünglich in völlig anderen Fragestellungen entwickelt haben. Die Mechanik etwa hat sich im Zuge der Maschinisie-

---

[40] W. U. Eckart, 1994. Analog zu Virchows Idee eines Zellstaates hat Peter Sloterdijk die Behausung des Menschen als schaumartig beschrieben: als Konglomerat oder eine stapelbare Menge von bewohnbaren Zellen im Schaum (P. Sloterdijk, 2004; P. Sloterdijk, 2007, S. 231).
[41] G. L. Engel, 1977; G. L. Engel, 1981.
[42] T. von Uexküll und W. Wesiack, 1991.
[43] R. Wiehl, 1990.

rung im Zeitalter der Industrialisierung entwickelt. Über die Physiologie wiederum fand die Mechanik Zugang zur Medizin. In der Neuzeit waren die Physik und in der Folge die Chemie Leitwissenschaften, die die Medizin als Physiologie und klinische Chemie bzw. Biochemie für ihre Fragestellungen transformierten. So wurde die physikalische Mechanik in der Beschreibung von Körpern, Bewegung und Kräften entwickelt und in die Medizin auf die Pumpleistung des Herzens oder den Druck von Körperflüssigkeiten angewendet. Auch die Chemie entwickelte sich aus der Identifikation und Systematisierung der Elemente, der Analyse und Synthese von Stoffen und fand erst danach in der Medizin, etwa der Aufklärung der Struktur der Östrogene oder in der Synthese von Chemotherapeutika seine medizinische Anwendung. Die Biologie weist alleine durch ihren Gegenstand, nämlich die Lebewesen, bereits eine grundsätzliche Nähe zur Medizin auf; die molekulare Biologie moderner Prägung jedoch entspann sich aus den diversen Einzellern, kleinen Würmern und Fliegen und fand über die Mikrobiologie und Virologie Anschluss an die Medizin; über das humane Genomprojekt und die Gendiagnostik hielt sie eindrucksvoll Einzug in die Medizin.

Diese Beispiele zeigen, dass jede Wissenschaft ihre eigenen Konzepte, Modelle, Methoden und Theorien entwickelt hat. Damit erhalten nicht nur die Inhalte und Theorien Eingang in die Klinik, sondern auch die wissenschaftlichen Grundannahmen und Konzepte dieser Fächer – Konzepte und Methoden, die zunächst in den speziellen Kontexten einer Einzelwissenschaft erarbeitet, entwickelt und geprägt wurden. Erst sekundär werden sie auf den Bereich des Menschen und seine Krankheiten angewandt.

Jedes neue Gebiet brachte aus heutiger Sicht einen Fortschritt im Verständnis und der Beherrschbarkeit von Krankheiten mit sich. Das Herz als Pumpe zu beschreiben, ermöglicht, beispielsweise die Herzinsuffizienz genauer und präziser zu verstehen und zu erklären. Die Biochemie und Molekularbiologie wiederum haben das Herz auch als Sekretionsorgan identifiziert, das die Herzinsuffizienz ganz wesentlich mitreguliert. Jedoch zum Verständnis von Herzrhythmusstörungen bedurfte es der Entdeckung der Erregungsleitung des Herzens und des Elektrokardiogramms, das anfänglich von den Klinikern heftig abgelehnt, ja sogar bekämpft wurde.

Wissenschaft und Medizin sind dabei nicht reduktionistisch miteinander verbunden, sondern werden aufeinander bezogen und ineinander integriert (Integrationsmodell). Diese Feststellung hat eine beträchtliche Tragweite: Lässt sich die Medizin nicht auf eine Wissenschaft reduzieren, dann lässt sich die Medizin inklusive ihrer Therapien und Interventionen auch nicht aus den Wissenschaften deduzieren bzw. logisch ableiten. Das bedeutet wiederum, dass ein Fortschritt in der Medizin nicht einfach automatisch aus einem Fortschritt der Wissenschaften folgt. Statt dessen findet ein Wechselspiel zwischen beiden statt: Das Unterfangen „Medizin" integriert die Wissenschaften im Sinne einer Instrumentalisierung; die durch die Wissenschaften und ihre Praxis bereitgestellten Erkenntnisse und Techniken werden in den medizinischen Dienst gestellt, geprüft und bewertet. Die Bedeutung der Wissenschaft und Technik wird dabei nicht mittels Wahrheitsdiskurs, etwa im Sinne eines groß angelegten Experiments, ermittelt, sondern im Sinne der Beurteilung der Effektivität und Nützlichkeit für das medizinische Projekt: Möglichkeiten der Linderung von Leid, der Heilung und der Vermeidung von Krankheiten. Allerdings kann eine Theorie für eine Krankheit nach dem Stand der Wissenschaft wahr sein, eine daraus abgeleitete Therapie aber nicht helfen. Umgekehrt kann eine Therapie helfen, für die keine akzeptierte Theorie besteht oder die gar in Widerspruch zu gängigen Vorstellungen steht. Eine griffige Formulierung für diesen Zusammenhang lautet: Wer heilt, hat recht! Das bedeutet nicht, dass die Medizin auf unwahren Tatsachen aufbaut – das könnte sie nur auf Kosten ihrer Heilwirkung. Also geht es in der Interaktion von Medizin mit den Naturwissenschaften auch um die Frage, wie letztere auf die medizinischen Probleme anwendbar und helfend verwendbar sind.

Damit entscheidet die Medizin aber auch grundsätzlich darüber, ob sie einen wissenschaftlichen Ansatz und dessen Methoden wählt oder nicht. Aus ihrer Sicht ist ein reduktionistisch-wissenschaftliches Vorgehen nicht zwingend; sie kann auch alleine aus der Kenntnis der Klinik und der Krankheiten klinische Diagnostik durchführen oder Therapieentscheidungen treffen. Damit beurteilt sie auch, ob sie sich auf alternative Konzepte beziehen will, wie die Akupunktur, auch wenn es dafür zum gegenwärtigen Zeitpunkt keine wissenschaftliche Erklärung im klassischen Sinne gibt. Die Medizin hat die Wahl!

Diese Situation ermöglicht es der Medizin, eine Wahl der Methodik und der Ansätze vorzunehmen und deren Nützlichkeit zu testen. Als Ergebnis mag sich dabei möglicherweise ergeben, dass die Verwendung einer Akupunktur bei bestimmten Fällen hilft und ein alternatives, wissenschaftlich begründetes Verfahren wiederum in anderen Fällen. Auch die Diagnostik steht nicht in allen Fällen auf der gleichen Grundlage. So können Infektionen im Blut im Allgemeinen über die Bestimmung des C-reaktiven Proteins (CRP), des Procalcitonins (PCT) oder einer erhöhten Leukozytenzahl bestimmt werden; in einigen Fällen bleiben diese Marker allerdings negativ. Dann muss nach anderen Gründen für eine Infektion gesucht werden, beispielsweise nach einer Virusinfektion, Medikamentenwirkungen oder Vergiftungen. Im Zweifelsfall bleibt das Primat der Klinik, das entscheidet, welche Krankheit vorliegt bzw. welche Diagnose die zutreffende ist.

Als Kernbereich der Medizin gilt dabei die Sammlung von Erfahrungen im Umgang mit Kranken. Damit versucht sie, klinische Situationen zu strukturieren und pathologische Vorgänge zu erkennen. Dies geschieht nicht nur in allgemeinen wissenschaftlichen Konferenzen, sondern auch, wenn der Arzt dem Patienten gegenübertritt. Dann ist sie immer auf den Einzelfall oder auf viele Einzelfälle gerichtet, niemals jedoch auf eine abstrakte Gruppe.

Tritt der Arzt einem kranken Menschen gegenüber, begibt er sich in eine individuelle komplexe Situation: Er begegnet einem Patienten mit seiner besonderen Lebenssituation, Vorgeschichte, Symptomatik, seinen Erwartungen, Motivationen und eigenen Möglichkeiten. Die Medizin erlaubt es dem Arzt, diese Situation zu strukturieren und zu ordnen. Er kann sich aber weder bedenkenlos auf die jeweils gültigen Konzepte von Krankheiten und Krankheitsentitäten berufen, noch auf die Wissenschaften oder wissenschaftlichen Ableitungen blind verlassen.

Der Komplexität des Forschungsgegenstandes gilt es dabei zu berücksichtigen. Die Frage, welchen Stellenwert die praktische Medizin in diesem Kontext den Wissenschaften beimessen will, ist eine Ermessenssache: Der Arzt muss abwägen, einordnen, sortieren, einer Hypothese folgen und sie zu begründen oder zu verwerfen suchen – unter Zuhilfenahme der effektivsten Instrumente. Ob diese Instrumente wissenschaftlich begründet und basiert sind oder empirischer Natur, hängt nicht nur vom Stand der Forschung ab. Es ist auch von der korrekten Entscheidung, Vorliebe, Präferenz des Arztes und der Akzeptanz des jeweiligen Patienten abhängig.

Die Medizin kann sich natürlich der Wissenschaft anvertrauen, ohne sich im logischen Sinne aus ihr abzuleiten. Sie billigt der Wissenschaft eine wichtige Rolle zu, strebt gar nach deren methodischem Ideal und sucht nach nutzbaren Ergebnissen der biomedizinischen Forschung.

Diese Anlehnung muss jedoch als solche wahrgenommen und reflektiert werden, denn nichts wäre fataler als anzunehmen, die Medizin könnte sich unbesorgt auf dem Boden der Wissenschaften bewegen. Denn für zahlreiche medizinisch-klinische Situationen gibt es zumeist nur eine dünne wissenschaftliche Grundlage bzw. wenig gesicherte Fundamente im klassischen Sinne.

Das kommt zunächst durch die Individualität des Falles und die damit verbundene Komplexität der Situationen zustande, in denen sehr viele Faktoren zusammengreifen. Darüber hinaus können die zahlreichen Elemente erheblich variieren. Bei der Therapie beispielsweise variieren die Menge eines Medikamentes und der Zeitpunkt seiner Einnahme, gegebenenfalls auch die Kombination mit weiteren Pharmaka, die besondere Stoffwechselsituation mit einer

individuellen Leber- und Nierenfunktion, spezifische Ernährungs- und Trink-
gewohnheiten, eventuell (Über- oder Unter-)Gewicht und möglicherweise verschiedene Vorerkrankungen und Dispositionen. Diese ganzen Parameter sind für
Einzelfälle nicht „wissenschaftlich" geprüft, sondern liegen nur für große Kollektive vor. Die Anpassung an den Einzelfall muss der Arzt erbringen, durch ad-
hoc-Thesen, durch Einschätzungen der gerade vorliegenden klinischen Situation,
aufgrund seines Wissens und seiner Erfahrungen. Hier leistet der Arzt eine
Transferleistung aufgrund von ähnlichen Fällen und erarbeitet Vorstellungen, die
er auf Grund der Fülle seines Wissens oder der Erfahrung seiner Kollegen bildet.
Das Wissen der Medizin ist dabei nicht nur durch die Komplexität der klinischen
Situation limitiert, sondern auch in seiner konkreten historischen Verfügbarkeit;
dass nämlich gewisse Sachverhalt, etwa die kausalen Grundlagen bestimmter
Krankheiten oder präzise diagnostische Instrumente, nicht oder noch nicht verfügbar sind. Selbst wenn der Entstehungsmechanismus für eine bestimmte
Krankheit erarbeitet wird, bleibt es durchaus möglich, dass sich diese wissenschaftliche Vorstellung wieder ändert, teilweise revidiert oder durch neue Befunde wesentlich verändert wird. Es bedarf also der ärztlichen bzw. medizinischen Bewertung, Beurteilung und Prüfung wissenschaftlicher Kenntnisse, um
mit der Komplexität klinischer Krankheitsbilder adäquat umzugehen.

In dieser Situation reagieren die Medizin und der Arzt nicht nur auf einen
Einzelfall und die damit verbundenen wissenschaftlichen Einzelfragen; der Arzt
leistet auch die Einordnung von Wissenschaft für seine Tätigkeit ganz allgemein.

An diesem Punkt ist er natürlich nicht völlig frei, muss er sich doch an Vorgaben und Regeln seines Faches halten. Aber er trifft in diesem Rahmen die
Wahl, ob er seinen Fall vorrangig über medizinische Studien und wissenschaftlich-technische Untersuchungen zu strukturieren versucht oder aber der Fall wesentlich seine Intuition, sein Gefühl und seine Erfahrung fordert. Das mag auch
der Grund für die allgemeine Einsicht sein: „zwei Ärzte, zwei Meinungen", dass
nämlich ein Arzt oftmals nicht zum gleichen Ergebnis gelangt wie ein zweiter
Arzt.

Dass der naturwissenschaftliche Zugang zur Medizin und zu den Krankheiten nicht zwingend ist, belegt die so genannte Alternativmedizin, unter denen
sich die Akupunktur, die Homöopathie oder die traditionelle chinesische Medizin befinden. Diese bauen auf anderen Vorstellungen und Konzeptionen auf,
allerdings kann von ihrer Wirksamkeit in gewissen Bereichen ausgegangen werden. Aus diesen Überlegungen heraus gibt es keine Abkürzung über die Wahr-
heitsfrage, die die Wissenschaften für sich reklamieren. Bezieht sich die Medizin
auf die Wissenschaften, dann akzeptiert sie auch deren Grundlagen. Dazu ge-

hören der Positivismus, die mathematische Methodik und die Quantifizierbarkeit ebenso wie ihre derzeitige reduktionistische Konzeption und ihre theorieförmige Struktur. Diese berücksichtigt der Arzt meist unbewusst und selbstverständlich; in problematischen Fällen auch bewusster und reflektierender. Umgekehrt stehen dem empirischen und intuitiven Vorgehen auch Begrenzungen und Einschränkungen gegenüber, beispielsweise dass nicht immer kontrollierbar und objektivierbar vorgegangen werden kann.

Die Medizin verhält sich zu den Wissenschaften also frei; aufgrund dieser Freiheit kann sie verschiedene Spielarten entwickeln, wie die genannte alternative Medizin. Die Medizin bzw. der einzelne Arzt hat also letztlich die Wahl, immer aber Spielräume, unter welcher Maxime und unter welcher Diagnose er die Krankheit subsumieren will, wenn er das Wohl der Patienten berücksichtigt und erfolgreich behandeln will. Die Begründung dieser Wahl kann nicht – wie bei der Reduktion – als eine erklärende Deduktion erfolgen, sondern nur in einer abwägenden Diskussion, an deren Ende eine begründete Entscheidung steht. Die Freiheit der Medizin besteht auch gerade darin, sich neuen Konzeptionen zuzuwenden, die sich möglicherweise als Erfolg versprechender, effektiver und praktikabler – im Sinne ihrer Zielsetzung der Heilung und Linderung – erweisen als die bisherigen.

2.4.1   Der Wissenschafts-Diskurs

Wie neue Verfahren und ein verändertes Vorgehen zu beurteilen sind, ist Gegenstand der medizinischen Diskussion, die sich zwischen den Ärzten, den Fachgremien und den Wissenschaftlern entwickelt. Hier wird nicht nur darüber diskutiert, wie die Balance zwischen Neu und Alt verschoben werden kann, sondern auch zwischen Wissenschaft und Empirie allgemein, zwischen Schulmedizin und alternativen Medizinformen. Über diese Situationen führt sie das, was man einen Diskurs nennen kann.

Um den Weg des Neuen zu verstehen, ist es sinnvoll, zunächst auf die Naturwissenschaften zu schauen, die den Fortschritt ja gerade zu einer ihrer vornehmsten Tätigkeiten erhoben haben. Die Entwicklung der modernen Genetik ist dafür ein gutes Beispiel. Die molekulare Biologie erfuhr eine Transformation, als Ende der 50er Jahre die Kybernetik und die Informationstheorie gleichsam ihren technischen Kontext – die Steuerung von Geräten und Rechnern – verließen und ihren Weg in die Biochemie fanden. Der Informationsbegriff wurde plötzlich auf biologische Probleme angewendet, wie beispielsweise die Vererbung und die damit verbundene Synthese von Proteinen in einer Zelle. Die Vorstellung dabei war, dass eine Art Computerprogramm die Zelle und ihre Funktionen durch einen Code steuert; diese Information der Steuerung war der so genannte genetische Code. Die Vererbung wurde zur Weitergabe von Information, wie die Abschrift von Genen in RNA. Die Vorstellung war, dass in den Genen die Information für den Aufbau der Proteine hinterlegt ist, die unidirektional fließt. Diese Information wird ebenso von Generation zu Generation weitergetragen bzw. weitervererbt. Diese Konzeption des Informationsflusses wurde dabei nicht primär aus der Biochemie entwickelt, sondern kam aus der Physik und den daran angrenzenden Fächern. Darüber gelangte sie auch in die medizinische Genetik und in die molekulare Diagnostik. Diese Transformation des Informationsbegriffes aus der Technik in die Biologie wurde von einer beachtlichen Anzahl prominenter Wissenschaftler getragen und propagiert. Sie wirkten über verschiedene Forschungslaboratorien, Medien und Zirkel an der Formulierung des „Codierungsproblems" und der Verbreitung dieser Konzeption mit.[44] Interessanterweise wurden die materialen bzw. biochemischen Korrelate des Codes – nämlich die Codierung über Basenpaar-Triplets – erst später entdeckt;[45] die Idee und Konzeption eines genetischen Codes war also gedacht und der wirkmächtige Informations-Diskurs hatte die Biologie elektrisiert, lange bevor es die experimentellen Grundsteine zur Entschlüsselung dieses Codes gab. Umgekehrt haben lange gedankliche und theoretische Vorarbeiten die Experimente ermöglicht und ihre Ergebnisse deutbar und denkbar gemacht.

Die Verbreitung solcher Modelle über den genetischen Code lässt sich zu Recht als Diskurs rekonstruieren, als sprachliche Systeme nämlich zur Produktion und Regulation von Aussagen; sie öffnen die Möglichkeiten, das Auftauchen neuer Gegenstände der Untersuchung oder einen Prozess zu Bewusstsein

---

[44] Nach dem zweiten Weltkrieg wechselten zahlreiche Physiker und Techniker in die aufkommende molekulare Genetik: Prominentester Vertreter dieses Wechsel ist Francis Crick, der den unidirektionalen Fluss der Information von der DNA zur RNA und letztlich zu den Proteinen im zentralen Dogma formuliert hat. Als informelle Foren der neuen Wissenschaft bildeten sich auch Gruppen einflussreicher Forscher wie der „RNA-Krawatten-Club", der von George Gamow ins Leben gerufen wurde. Dieser kam mehrmals jährlich zusammen und einige seiner Mitglieder richteten wissenschaftliche Treffen zum Problem der Codierung aus.
An der Transformation des Informationsbegriffs waren Wissenschaftler wie Norbert Wiener, John von Neumann, Max Delbrück, George Gamow, Francis Crick, Francois Jacob und Jacques Monod beteiligt; die Auffassung, dass der genetische Code Information kodiert, kann als eine Metapher verstanden werden, die zum Verständnis zellregulatorischer Prozesse verwendet wird (L. E. Kay, 2001).

[45] M. Nirenberg and J. H. Matthaei, 1961; J. H. Matthaei and M. Nirenberg, 1961.

zu bringen, der sich gerade vollzieht, um ihn diskussions- und diskursfähig und damit einer Steuerung zugänglich zu machen.[46]

Das Neue bahnt sich dabei über mehrere Wege den Zugang, denn das Neue kann nicht einfach so erscheinen; es müssen Worte gefunden, Vergleiche gezogen und Bilder geschaffen werden, die es ermöglichen, Ungesagtes zu formulieren und Ungesehenes wahrzunehmen. Etwa der Blick durch das Mikroskop führte alleine nicht zu einem neuen Verständnis dessen, was man plötzlich sah; sondern Diskussionen und langwierige gedankliche Arbeit waren notwendig, bis etwas Neues auch wahrnehmbar und formulierbar war.

Da der menschliche Organismus kein primäres Objekt von Physik oder Chemie ist, sind es im Wesentlichen Vorstellungen und Bilder, die man sich vom Körper macht. Die Entdeckung von Neuem orientiert sich daher oft an Metaphern, Modellen und Analogien.[47] Alle diese Denkfiguren verweisen auf eine Ähnlichkeit, die zwischen unterschiedlichen Bereichen gilt. In Analogie zu den Reagenzgläsern der Chemie wurde die Zelle als Gefäß verstanden, in dem chemische Reaktionen in einer wässrigen Lösung ablaufen. In diesem Sinne versteht man beispielsweise das Herz als Pumpe, die Nervenbahnen im Gehirn als Netzwerke von Kabeln (Leitungsbahnen) oder die Gelenke als Scharniere. Die Ähnlichkeit von Pumpe und Herz etwa war sehr wirkmächtig in der Physiologie: Es ließ sich experimentell die Pumpleistung eines Herzens bestimmen und klinisch konnte die Einschränkung dieser Leistung, die so genannte Herzinsuffizienz, mit verschiedenen Symptomen in Verbindung gebracht werden.[48]

Doch Metaphern fallen nicht vom Himmel, sondern entwickeln sich in historischen Situationen und an konkreten Bildern. Auch die Vorstellung vom Herz als Pumpe hat eine gewichtige geistesgeschichtliche und technische Geschichte: Erst nachdem die Medizin versucht hat, den Fluss des Blutes und dessen Kreislauf zu verstehen,[49] erlaubte die physikalische Mechanik die Grundlagenarbeiten der Herzpumpe.

---

[46] Der Begriff Diskurs bezieht sich hier auf die Konzeption von M. Foucault. Dieser diente auch L. E. Kay als theoretische Basis, um die Entwicklung und den Diskurs der modernen Molekularbiologie zu rekonstruieren (L. E. Kay, 2001, S. 69 f.)

[47] E.F. Keller, 1998, S. 9 f.

[48] Im physiologischen Sinne lässt sich die Herzinsuffizienz als eine Verminderung der Auswurffraktion charakterisieren, also eine Abnahme des vom Herzen pro Zeiteinheit weggepumpte Volumen Blut. Klinisch führt die Herzinsuffizienz zur Veränderung des Kreislaufs, Störungen der Atmung (Dyspnoe), der Nierenfunktion, des Elektrolytstoffwechsels und zur Leistungsschwäche der Muskulatur. Sie kann im fortgeschrittenen Stadium bereits in körperlicher Ruhe zu Beschwerden führen, in leichteren Fällen erst unter körperlicher Belastung.

[49] Nach den anatomischen Vorarbeiten von Vesalius beschrieb W. Harvey 1628 erstmals den Blutkreislauf (R. Porter, 2000, S. 213-218).

Es ist aber ein wichtiger Aspekt, dass andere Leistungen des Herzens mit dieser Metapher nicht wahrgenommen oder erforscht werden konnten. Hier musste erst die Biochemie auch in die Kardiologie Einzug halten, und erst eine Ausarbeitung der modernen Kreislaufphysiologie und -regulation ließ das Herz auch als ein sekretorisches Organ in Erscheinung treten. So werden in den Vorhöfen und Kammern Peptide gebildet, die eine Schlüsselrolle in der Aufrechterhaltung des Wasser- und Salzhaushaltes spielen und damit an der Regulation des Blutdruckes. Interessanterweise werden diese Peptide bei verschiedenen pathologischen Zuständen des Herzens ausgeschüttet, etwa der Herzinsuffizienz. Damit lässt sich also ein Krankheitsbild, bei dem die Pumpleistung des Herzens erniedrigt ist, über sekretorische Peptide diagnostizieren.[50]

Üblicherweise werden Metaphern nach ihrer wissenschaftlichen Nützlichkeit und Fruchtbarkeit bewertet – was damit einer Wertung innerhalb eines Diskurses entspricht. Die Informations-Metapher hat in der molekularen Biologie ein enormes Forschungsprogramm initiiert.[51] Der Bestand von Genen ganzer Organismen wurde in der Folge als Genom kartiert, ihre Regulation untersucht und Krankheiten wurden damit in Verbindung gebracht.

Für die Wissenschaften, aber auch für die Heilkunde, sind dabei zwei Wirkrichtungen zu beachten. Eine innerwissenschaftliche Wirkung entfaltet sich innerhalb einer Disziplin, die zur Abgrenzung einer neuen Subdisziplin führen kann. Beispiel hierfür ist die Entwicklung der Molekularbiologie aus der Biochemie. Dabei werden die Erforschung der Gene und der Zellfunktionen durch chemische und biochemische Verfahren betrieben. Damit wurde die chemische Grundlage biologischer und genetischer Beobachtungen erarbeitet. Darüber hinaus ist eine außerwissenschaftliche Wirkung auszumachen, in der ein kultureller und interdisziplinärer Austausch stattfindet. Dies ist der Fall bei der beschriebenen Übernahme der Informationsmetapher von der Technik in die Genetik und dann in die Medizin. Somit steht, wächst und leidet jede Zeit, und damit auch die Medizin ihrer Zeit, an Metaphern und Modellen gleichermaßen, denn die Medizin wird von den Diskursen ihrer Zeit durchströmt und durchflutet, aber auch überflutet und unterspült.

---

[50] Die Rede ist von den kardialen natriuretischen Peptiden ANP und BNP; diagnostisch von Bedeutung sind die so genannten N-terminalen Teile NT-proANP bzw. NT-proBNP (L. Thomas, 2005, S. 148-155).

[51] Das Gen steht dabei mindestens in zwei Diskursen, „ …teils Atom des Physikers, teils platonische Seele" (E. F. Keller, 1998, S. 13).

2.4.2   Der Medizin-Diskurs

Die Medizin bedient sich zahlreicher Modelle, um Krankheiten verstehen zu können und ärztliches Handeln zu begründen. Es geht darum, mit dem wissenschaftlichen Instrumentarium der Zeit ein gültiges und wirkmächtiges Modell für den menschlichen Organismus und die Entstehung von Krankheiten zu konstituieren. So wird die Medizin nicht nur durch neue Methoden und neues Denken bereichert, sondern auch ihr Selbstverständnis und ihr an den Krankheiten ausgerichtetes Wahrnehmen können sich verändern. Die neuen Methoden in der Medizin sind inzwischen unübersehbar, angefangen bei der Bildgebung mit Röntgenstrahlen und inzwischen mittels PET, der Labordiagnostik einschließlich molekularer Diagnostik bis hin zur Gentherapie oder Reproduktionsmedizin.

Die wissenschaftlichen Ideale der Objektivierbarkeit, der Reproduzierbarkeit und Wiederholbarkeit halten durch diese neuen Verfahren ebenfalls Einzug auch in die Klinik und klinische Forschung.

Ideen, Modelle und Metaphern werden nicht nur ersonnen und entwickelt, sondern vorgeschlagen, diskutiert und gegebenenfalls wieder verworfen. Dieser wissenschaftliche Diskurs stellt dabei eine auf sich selbst bezogene Formation dar, der bestimmte Gegenstände einbezieht, andere Themen, Aspekte und Dinge jedoch aussondert. Damit kann niemand zu einem Zeitpunkt über alles reden, was er will, sondern muss sich auf den Diskurs beziehen, um verstanden zu werden.

Der Diskurs verläuft durchaus nicht geradlinig, sondern stößt an Grenzen und ist von Neuem und Widersprüchlichem herausgefordert. Beispielsweise kann die medizinische Genetik einige vererbbare Krankheiten durch Veränderungen einzelner Gene erklären. Der überwiegende Teil der Krankheiten hat sich jedoch einer simplen monogenetischen oder klaren polygenetischen Erklärung bis heute hartnäckig widersetzt. Genau an diesem Punkt läuft die Gen- bzw. Informations-Metapher Gefahr, sich an den Fakten aufzureiben und zum Denkzwang zu verkommen.

Den Diskurs als ein monolithisches Geschehen aufzufassen, scheint dabei selbst ein reduktionistisches Programm zu sein; alles soll auf eine Theorie – etwa die der Genetik – zurückgeführt werden und alle anderen Fächer lassen sich logisch, per Deduktion, aus ihr ableiten. Jedoch ist gerade die Entwicklung des Neuen und damit das Fortschreiten des Diskurses auf Alternativen angewiesen, auf Weggabelungen; diese Alternativen kontrastieren das Bestehende und führen zu Weiterentwicklungen und Verbesserungen; denn nur so können neue Tatsachen und Beobachtungen in bestehenden Vorstellungen Eingang finden.[52] Eine verantwortungsvolle Medizin, die pragmatische und realistische Ansätze entwickeln will, muss daher einen Diskurs anstoßen, der neue und alternative Modelle vorschlägt und prüft.

So meandert der Diskurs durch die Geschichte. Neue und fruchtbare Diskurse streben danach, den rein analytischen Reduktionismus zu überwinden und systemtheoretische und ganzheitliche Ansätze zu entwickeln, die einer neuen Medizin den Boden bereiten können. Dadurch kann es der Medizin gelingen, für zentrale Probleme und Aspekte ihres Gegenstandes wissenschaftliche Begriffe und Konzepte zu suchen und zu formulieren. Es sind dies die Selbstorganisation, die Chaostheorie und Vorstellungen zur Komplexität mit der Entstehung von Emergenz. Diese Begriffe besitzen nicht nur ein hohes erklärendes Potenzial für klinische Probleme, sondern eröffnen dem Arzt einen neuen Blick auf die Medizin. Dadurch vermag er neue Verantwortung wahrzunehmen, aber auch neue Freiräume aufzusuchen, um die ihm anvertrauten Patienten möglichst effektiv unterstützen und ihnen helfen zu können.

Ein solches Projekt lässt sich als Kritik formulieren, die an zwei Seiten angreift. Auf der einen Seite rekonstruiert sie die strukturellen und logischen Verbindungen von Medizin und Naturwissenschaft. Hier hat sich im Bisherigen ein reduktionistisches Verhältnis zu den Wissenschaften gezeigt, die Medizin hingegen, als Unternehmen der Hilfe und des Beistandes. Die Kenntnis dieser Verbindungspunkte erst eröffnet die Option, beide voneinander abzugrenzen und für neue Berührungen und Interaktionen zu öffnen. Auf der anderen Seite ist die wissenschaftliche Basis in der Medizin selbst zu rekonstruieren, um auch hier die Möglichkeiten für Neues, neue Konzepte und Antworten zu erarbeiten. Über diese beiden Ansatzpunkte kann die Medizin die ihr eigenen Grundlagen neu überdenken und ihre Stellung gegenüber den Wissenschaften formulieren. Daraus wird die Autonomie sichtbar, die es der Medizin erlaubt, auf die ganze Breite der modernen Naturforschung zuzugreifen und sie in ihrem Sinne und zu ihrem Nutzen zu verwenden.

Es lohnt also den Versuch, durch eine Diskussion der wissenschaftlichen Grundlagen und inneren Struktur der Medizin, dem originären Bereich der Medizin, nämlich der Klinik und den Phänomenen der Krankheit, wieder freier und offener zu begegnen. Ihre Autonomie ist der Ausgangspunkt der Medizin, die

---

[52] P. Feyerabend, 1986, S. 39 ff. Als Beispiel führt Feyerabend die traditionelle chinesische Medizin an, die eine Alternative zur westlichen Medizin liefern kann. Erst durch den Vergleich beider kann ein Kontrast entstehen, der die beiden bewertbar macht (ebd. S. 65-67).

dem Arzt bei der Begegnung mit dem kranken Menschen zur Seite steht. Sie öffnet den freien und selbstbewussten Blick auf die Klinik, für die Begegnung des Arztes mit dem Menschen und seiner Umwelt und auf die gesamte Breite des Phänomens Krankheit.

3 Wissenschaftliche Grundlagen der Medizin

„Vielleicht ist es ja falsch zu glauben,
dass sich die ganze Logik auf der molekularen Ebene abspielt.
Vielleicht müssen wir über die Uhrwerksmechanismen hinausgelangen."
Sidney Brenner[53]

3.1 Selbstorganisation und Rückkopplung

Ob dem Leben eine besondere Stellung in der Natur zukommt, steht mit der Frage in Verbindung, was das Lebendige vom Unbelebten unterscheidet. Jacques Monod formulierte drei Eigenschaften, die Lebewesen exklusiv aufweisen: zunächst die Teleonomie, nämlich mit einem Plan ausgestattet zu sein, der gleichzeitig durch die eigene Struktur dargestellt und durch die eigene Leistung ausgeführt wird; weiterhin die autonome Morphogenese, die von äußeren Kräften und Bedingungen freie Bildung der Gestalt, und die Invarianz, also die Fähigkeit, sich unverändert zu reproduzieren.[54]

Eine solche Liste wurde in neuerer Zeit wiederholt aufgestellt und nahm an Länge zu. Spezifisch für Lebewesen ist demnach zunächst ein durch Evolution entstandenes genetisches Programm. Darüber hinaus sind es ihre chemischen Eigenschaften, die sich aus den Lebensmolekülen – Nukleinsäuren, Peptiden, Enzymen, Hormonen und Membranbestandteilen – zusammensetzen. Weiterhin sind Regulationsmechanismen, wie Rückkopplungen, ebenso charakteristisch wie die Organisation der komplexen, aber geordneten, belebten Systeme. Die Systeme sind teleonomisch, das heißt zielgerichtet, nehmen in der Welt eine mittlere Größe ein, durchlaufen einen Lebenszyklus und sind offen für Energie- und Materialströme. Diese acht Eigenschaften befähigen Lebewesen zur Evolution, zur Selbstreplikation, zu Wachstum und Differenzierung, zum Stoffwechsel, zur Selbstregulation, zur Reaktion auf die Umwelt und zur Veränderung von Phänotyp und Genotyp.[55] Weiterhin stellt sich die Frage, ob Eigenschaften, die

---

[53] S. Brenner, Zit nach Judson, 1979.
[54] J. Monod, 1985, S. 23-37.
[55] E. Mayr, 1998, S. 44-47.

dem Lebendigen zukommen, nicht aber dem Unlebendigen, naturwissenschaftlich erklärbar sind oder sich einer solchen Erklärung entziehen.

Die Physik war die Naturwissenschaft, die das aufkommende naturwissenschaftliche Weltbild der Moderne nachhaltig prägte. Heute wird die als klassisch
geltende Physik mit dem Namen Newtons belegt. Sie beschreibt mit Begriffen
wie Bewegung, Arbeit oder Energie die Welt als einen großen Mechanismus,
gleich einem großen Uhrwerk. Die Newtonsche Physik wurde darüber hinaus mit
Erfolg auf weitere Fragestellungen angewendet, beispielsweise die Erklärung des
Verhaltens idealer Gase durch die Bewegung und Abstoßung von Atomen. Als
ein Beispiel für eine erfolgreiche Reduktion gilt dabei die Beschreibung thermo-
dynamischer Phänomene wie der Temperatur durch die statistische Mechanik,
also die mittlere kinetische Energie von Molekülen. Die reduktionistischen Be-
strebungen in der Physik, die verschiedenen Kräfte der Elementarteilchen auf
eine einzige zurückzuführen, sind auch heute noch ungebrochen.[56]

Auch die Medizin und die biomedizinische Forschung wurden von der Physik stark beeinflusst, was sich beispielsweise in der Entwicklung der Physiologie
niederschlug. Die prominentesten Vertreter des Physikalismus wollten die Physik zur Grundwissenschaft der Biologie machen und diese auf die Bewegung von
Atomen und den Wechsel von Energie zurückführen. Im 19. Jahrhundert errang
zunächst die Physik für die Biologie große Bedeutung: Die Physikalisten wollten
die Begriffe und Konzeptionen der Physik auf die Biologie übertragen und das
Leben durch mechanische Begriffe wie Arbeit, Kraft und Bewegung erklären.
Die Verdienste dieser Phase der Physiologie sind ein bleibendes Fundament der
Medizin geblieben, etwa die Erklärung der Neuronenaktivität durch elektrische
Potenzialdifferenz.[57]

Allerdings wurde diese Physik zu Beginn des 20. Jahrhunderts selbst durch
die Quantenmechanik erschüttert, die sich mit Atomen und subatomaren Teilchen beschäftigt. In diesem Bereich ergeben Newtons Gesetze keine sinnvollen
Ableitungen, zumal sich Atome nicht als feste Körper beschreiben lassen, sondern Eigenschaften von Wellen besitzen. Allerdings haben die Resultate der physikalischen Forschung nicht aufgehört, Einzug in die Klinik zu halten, sei es in
der Bildgebung (durch die Positions Emissions Tomographie (PET)) oder in der
Strahlentherapie.

Trotz großer Erfolge der Physik rieb sich die Biologie immer wieder an ihr.
Gerade die Mechanik bot sich als Reibfläche an, da ihre Begriffe wie Kraft oder

---

[56]   S. W. Hawking, 1988, S. 95.
[57]   Siehe dazu P. Finzer, 2003, S. 13-15.

Energie einige der biologischen Fragestellungen oft nur wenig erhellen konnten.
Typische biologische Phänomene wie die Entwicklung eines Organismus ließen
sich mechanistisch kaum verstehen. Dies provozierte die Einführung einer spezi-
fischen „Lebenskraft", die sich jedoch gegen die aufkommende Biochemie und
Genetik nicht behaupten konnte.[58] Eine ebenso große Herausforderung für die
Biologie stellte die Thermodynamik dar, die in ihrem zweiten Hauptsatz die Ab-
nahme von Ordnung bzw. die Zunahme von Unordnung – Entropie – über die
Zeit vorsah: Wie sollte es möglich sein, dass sich unter dieser Annahme in der
Evolution immer komplexere und geordnetere Organismen herausgebildet
haben, wenn doch gleichzeitig die Unordnung zunehmen soll?

Im letzten Jahrhundert formierten sich jedoch mächtige Gegenbewegungen,
die sich nicht aus grundsätzlichen oder weltanschaulichen Positionen entwickelten, sondern die aus den Wissenschaften selbst und verschiedenen Experimentalsituationen stammten. Ein zentrales Thema war dabei die Anwendbarkeit wissenschaftlicher Konzepte und Methoden auf die Untersuchung von Lebewesen.
Für die heterogene Gruppe der Vitalisten war die physikalische Betrachtung des
Lebens wenig erhellend. Sie suchten nach lebensspezifischen Eigenschaften von
Organismen, nach einer besonderen Lebenssubstanz oder Lebenskraft. In dem
biologischen Problem der Differenzierung und Entwicklung von Lebewesen sah
man beispielsweise ein vitalistisches Prinzip wirksam. Obgleich der Vitalismus
durch die aufkommende Biochemie zurückgedrängt wurde, blieben Zweifel, ob
eine reduktionistische Konzeption den Phänomenen des Lebens und der Biologie
angemessen ist. Dabei geriet gerade die Vorstellung ins Wanken, dass das Verständnis einer Ganzheit, etwa eines Lebewesens, durch die Beschäftigung mit
seinen Einzelteilen gelingt. Zentrale Vorstellung dabei war, die Bedeutung der
Teile eines Systems anzuerkennen, aber gleichzeitig zu betonen, dass die Verknüpfung der Komponenteneigenschaften nicht aus den Eigenschaften der Teile
selbst abgeleitet werden kann.[59]

Aus der Physik und der Biologie haben sich inzwischen wesentliche Neu-
ansätze entwickelt, die die reduktionistische Konzeption ablösen oder ergänzen
könnten. Beispielsweise stellt die Organisation eines biologischen Systems ein
zentrales Lebensprinzip dar. Die Organisation eines Lebewesens wird durch den
ständigen Austausch mit der Umwelt ja nicht verändert, obgleich die Struktur
des Systems sich ununterbrochen erneuert. Die Organizisten erklären, dass sich
lebende Organismen nicht durch ihre Zusammensetzung erklären lassen, sondern

---

[58]   Ein Protagonist der Lebenskraft-Vorstellung war Driesch, der diese Kraft mit einem aristoteli-
       schen Begriff belegt hat, nämlich der „Entelechie" (H. Driesch, 1894).
[59]   C. D. Broad, 1925.

durch ihre Organisation. Dem Vitalismus ist, ebenso wie dem Organizismus, gemein, dass mechanistische und reduktionistische Erklärungen des Lebens als zu simpel oder ungeeignet zurückgewiesen werden.

Die frühen Organizisten kannten jedoch noch nicht das Konzept der Emergenz, demzufolge ein System durch Ordnungsprinzipien Eigenschaften entwickeln kann, die sich nicht aus der Kenntnis der Bestandteile des Systems ableiten oder erklären lassen. Die belebte Natur gehorcht zwar den Gesetzen der Physik und Chemie; jedoch unterscheidet sie sich von der unbelebten Natur durch hierarchisch geordnete Systeme mit zahlreichen emergierenden Eigenschaften.[60]

Dabei wird der Begriff der Ordnung in der Folge für die Selbstorganisationsforschung zum Schlüsselbegriff. Bei der Untersuchung des Lebens geht es danach um die Entdeckung von Organisationsprinzipien, die in Ganzheiten bzw. Organismen wirken und die biologische Ordnung hervorbringen.[61] Ordnung wird dabei durch das biologische System generiert.

Der Begriff des Systems umfasst in der Biologie und Medizin größere Ordnungszusammenhänge, wie das Kreislaufsystem, das Immunsystem oder, als das größte, das Ökosystem. Gemeint sind damit zusammengesetzte Ganzheiten, die als solche bestimmte Funktionen ausüben. Wissenschaften, die sich mit Systemen und Ganzheiten beschäftigen, sind die Systemtheorie und die Selbstorganisation. Biologische Systeme sind dabei energetisch als offen aufzufassen, sie werden ständig von Energie und Materie aus der Umwelt durch- und umströmt. Dadurch kann sich der Organismus der Entropiezunahme entziehen, beziehungsweise sie für den Aufbau eigener Strukturen nutzen. Lebende Organismen ernähren sich gleichsam durch „negative Entropie".[62]

Für dieses Konzept von Bedeutung ist die Eingebundenheit von Organismen in ihre Umwelt: Wir werden durch die Sonne erhitzt und durch den Winter gekühlt, Wasser und Nahrungsmittel fließen gleichsam durch uns hindurch, Nährstoffe und Abfallstoffe werden ausgetauscht, Bakterien, Viren und andere Mikroorganismen besiedeln uns und können uns unter Umständen durchwandern.

Die Interaktion mit dem „Außen" bleibt nicht folgenlos für unseren Körper; sie steuert unseren Stoffwechsel mit! Sehen wir beispielsweise in hungrigem Zustand etwas Essbares, läuft uns das Wasser im Munde zusammen, die Leber stellt

---

[60]   E. Mayr, 1998, S. 43-44.
[61]   L. v. Bertalanffy, 1971, S. 9-10.
[62]   E. Schrödinger, 1999, S. 124.

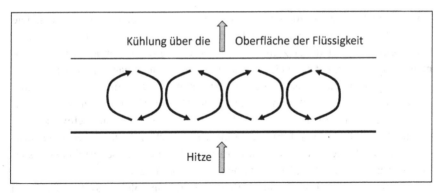

Abbildung 5: Bénard-Zellen
Wird eine dünne, homogene Flüssigkeitsschicht von unten erhitzt, bilden sich typische Strukturen aus, beispielsweise hexagonale Konvektionszellen. Besonders im Randbereich dieser Zellen findet ein Austausch statt zwischen der heißen Flüssigkeit unten und der abgekühlten oben. Die Abbildung zeigt schematisch Bénard-Zellen in der Seitenansicht mit den Austauschbewegungen der Flüssigkeit.

ihren Stoffwechsel auf Nahrungsmittelverarbeitung ein und wir reagieren auf diese Reize durch Handlungen, Stoffwechselaktivität oder Ausschüttung von Hormonen. Die Umweltinteraktion unseres Körpers kann auch mit Krankheit und Gesundheit zusammenhängen. Wir können uns mit Viren oder Bakterien infizieren, wir können Lebensmittelgifte aufnehmen und uns an Feuer oder der Sonne verbrennen. All dies kann nur geschehen, weil wir ein offenes System sind und uns ein so vielfältiger Materiefluss durchströmt, auf den wir so vielfältig reagieren. Und wir sind darauf angewiesen, da wir die Energie dieses Stromes benötigen, um Strukturen und Ordnung des Organismus aufrechterhalten zu können – auch auf die Gefahr hin, dass wir darauf „ungut" und „krank" reagieren.

Ein Modell für die Vorstellung, dass biologische Systeme sich dem „Fließgleichgewicht" hin zur Zunahme von Entropie entziehen, liefern so genannte Bénard-Zellen (vgl. Abb. 5). Dabei werden dünne Flüssigkeitsschichten von unten erwärmt, wodurch die Wärme die Flüssigkeit nach oben durchfließt (Leitfähigkeit bzw. Konduktion). Wird ein kritischer Wert überschritten, entstehen regelmäßige makroskopische Strukturen, die sich zu sechseckigen Konvektionszellen ordnen können. Diese entstehen durch kohärente Bewegung von Millionen von Molekülen, wobei ein „Strom" aufsteigt und der an der Oberfläche gekühlte „Gegenstrom" an den Zellwänden absteigt.

Von Bedeutung bei diesem Modell ist zunächst die Entfernung des Systems vom thermodynamischen Gleichgewicht: Die Flüssigkeit wird erhitzt. Und die

Erwärmung führt nicht zur Unordnung, sondern zu einer neuen Ordnung. Die „Dissipation" – eine Bezeichnung für den Verlust von Energie durch Wärmeübertragung – wird dabei zum Begriff eines neuen Selbstorganisationsphänomens. Die dadurch entstehenden Strukturen – etwa die genannten Bénard-Zellen – werden entsprechend als „dissipativ" bezeichnet.[63] Die Entstehung dieser dissipativen Strukturen stellt man sich durch die Verstärkung kleinster Schwankungen vor, die schließlich das ganze System erfassen. Kleinste Schwankungen schaukeln sich langsam auf, bis sie zu makroskopischen Phänomenen angewachsen sind. Das System ist aber nicht immer empfänglich für Schwankungen, sondern nur an so genannten „Bifurkationen", Verzweigungen.

Auch der Glykolyse-Zyklus verhält sich als ein solches System fern vom thermodynamischen Gleichgewicht. Dieser Zyklus dient zur Energiegewinnung der Zelle aus Zucker, genauer aus Glukose. In diesem Stoffwechselweg wird bei der Zerlegung von Glukose aus dem ADP das energiereichere ATP gebildet wird. Das ATP ist ein zentraler Energielieferant der Zelle, der für zahlreiche Syntheseleistungen der Zelle benötigt wird. Beide Moleküle oszillieren in der Zelle, je nach dem, ob Energie verbraucht wird oder nicht. Charakteristisch für diesen Zyklus ist ebenso, dass er ein Nicht-Gleichgewichtssystem ist; er bildet eine supramolekulare Organisation aus und verhält sich in kohärenter Weise.

In der Nähe des thermodynamischen Gleichgewichtes herrscht ein stationärer Zustand. An den Bifurkationen hingegen wird eine Schwelle überschritten, bei der ein „Zweig" instabil in Bezug auf Schwankungen wird. An diesen Punkten kann sich das Verhalten des Systems grundsätzlich verändern. Das System erhält gleichsam eine Wahl zwischen unterschiedlichen Zuständen.

Die unterschiedlichen Zustände von Systemen können durch die zufälligen Schwankungen einmalig und thermodynamisch irreversibel werden. Dies steht im Widerspruch zur klassischen physikalischen Theorie, wonach physikalische Vorgänge grundsätzlich als umkehrbar gedacht werden. Hinzu kommt, dass interessanterweise der Zustand, der von einem System an einer Verzeigung eingenommen wird, von seinen vorherigen Zuständen abhängt. Damit tritt ein historischer Aspekt zu den Systemeigenschaften hinzu: Die Systemgeschichte entscheidet über die Entwicklung des Systems mit. Das Verhalten der Systeme an den Bifurkationen gilt dabei als unvorhersagbar. Auch die Kenntnis der Systemgeschichte ermöglicht keine Vorhersagemöglichkeit; die Entstehung des neuen Verhaltens bleibt unvorhersagbar.

---

[63]   I. Prigogine und I. Stengers, 1981, S. 150-152.

Dieser Aspekt entwickelt eine enorme Tragweite und entpuppt sich als äußerst folgenreich. Die Selbstorganisationsforschung hält hier ein Modell in Händen, das die Entwicklung von Neuem und Unvorhersagbarem enthält: Systeme sind, entfernt von thermodynamischen Gleichgewichten, offen für Schwankungen und Erneuerungen, die wiederum ihre Energie aus der Umwelt ziehen.

Die Erneuerung, die sich dabei vollzieht, unterscheidet sich grundsätzlich von der klassischen Konzeption, wie es zum Auftreten veränderter Organismen kommt. Sie folgt nicht der Perspektive einer stammesgeschichtlichen Evolution im Sinne Darwins, die auf zufällig erworbenen Mutationen beruht, die wiederum an Nachkommen weitergegeben werden können, wenn sie sich in der Keimbahn ereignen. Die hier gedachten Veränderungen entstehen völlig unabhängig von den Genen. Sie richten sich auf das einzelne konkrete System, das neue Eigenschaft erwerben, genauer gesagt, erzeugen und generieren kann. Dies kann geschehen durch organisatorische Veränderungen, die entweder zufällig entstehen oder durch die Interaktion mit der Umwelt hervorgerufen werden können.

Wie physikalische und chemische Phänomene durch spezifische Organisationsformen modifiziert und moduliert werden können, lässt sich am Laser studieren. Jeder Laser emittiert ein ganz eigenes Licht; es besteht aus einer einzigen kontinuierlichen monochromatischen Welle. Ganz anders ist normales Licht von Lampen, das aus einer ungeordneten Mischung von Wellen verschiedener Frequenzen besteht. Auch beim Laser bedarf es einer Anregung von außen durch Energie und der kohärenten Bewegung von Millionen von Teilchen, der Elektronen. Diese bilden nach einem Übergang die Wellen des Laserlichtes und damit eine neuen Ordnung (vgl. Abb. 6).[64]

Für die Aufrechterhaltung von Ordnung ist ein Mechanismus von zentraler Bedeutung, der als Rückkopplung bezeichnet wird. In einem allgemeinen Sinne bedeutet Rückkopplung, „die Übermittlung von Information über das Ergebnis irgendeines Prozesses oder einer Aktivität an dessen oder deren Quelle"[65]. Dieser Mechanismus bewirkt, dass das Ergebnis eines Prozesses zu dessen Ausgangspunkt zurück übermittelt wird (vgl. Abb. 7). Voraussetzung dabei sind kausal miteinander verknüpfte Wirkungen entlang einer Ereigniskette; durch eine gleichsam kreisförmige Anordnung der Schritte kann die Wirkkette auf ein vorheriges Ereignis einwirken. Eine solche Anordnung wird auch als Rückkopp-

---

[64] H. Haken entwickelte eine selbstorganisatorische Konzeption des Lasers (Light Amplification Through Stimulated Emission of Radiation). Diese Konzeption wurde von ihm in einer allgemeinen Form weiterentwickelt und als Synergetik bezeichnet (H. Haken, 1988).

[65] F. Capra, 1996, S. 72.

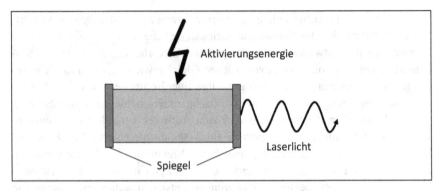

Abbildung 6: Selbstorganisation: der Laser
Schematischer Aufbau eines Lasers. Ein leuchtfähiges Material wird durch Aktivierungs-
energie (Pumplicht) angeregt. Zwischen den Spiegeln wird das Licht reflektiert. Im Inneren bildet sich durch Selbstorganisation eine charakteristische Lichtwelle aus, das Laser-
licht.

lungsschleife bezeichnet. Mittels derartiger Schleifen können Systeme bestimmte
Zustände aufrechterhalten bzw. regulieren, wobei aktivierende Rückkopplungen
als positive, hemmende als negative bezeichnet werden. Eine Disziplin, die sich
mit der Steuerung von Systemen beschäftigt, stellt die Kybernetik dar. Diese beschäftigte sich nicht nur mit der Nachrichtenübertragung und Regelung von
Maschinen, sondern auch mit Organismen; schon der Name – Kybernetes bedeutet im Griechischen Steuermann – macht den Anspruch dieses Forschungsansat-
zes deutlich.

Einen einfachen Rückkopplungskreislauf stellt der Reflexbogen dar, der den
Dehnungsreiz eines Muskels mit dessen Kontraktion beantwortet. Darüber hinaus sind die Rückkopplungen des Blutdrucks bekannt, die über Blutdruckrezep-
toren und Gefäßwiderstände ebenso erfolgen, wie über Hormonausschüttung und
Flüssigkeitsausscheidung durch die Nieren. Auch auf der molekularen Ebene
sind Rückkopplungen über Stoffwechselkreisläufe bekannt, wie der Citratzyklus
oder die Hemmung der Genaktivität durch das synthetisierte Genprodukt. Die
Medizin kennt für das Aufrechterhalten eines gesunden Zustandes den Begriff
der Homöostase, nämlich das regulatorische Gleichgewicht des menschlichen
Organismus, das sich als Ergebnis von Rückkopplungsschleifen einstellt. Rückkopplungsschleifen stellen letztlich Organisationsmuster dar und sind damit
emergente Eigenschaften, die sich durch die Interaktion von Teilen und Teil-
prozessen ergeben. Auch dabei gilt, dass die Teile die Grundlage für Rückkopp-

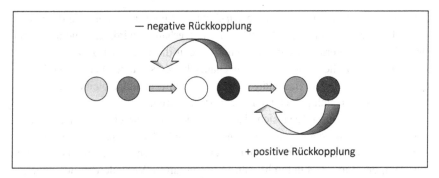

Abbildung 7: Rückkopplungsmechanismus
Schematische Darstellung von Rückkopplungsmechanismen. Bei der chemischen Reaktion zweier Ausgangssubstanzen (Kreise) kommt es zu zwei neuen Stoffwechselprodukten, die in einer weiteren Reaktion erneut chemisch umgewandelt werden. Eines der Produkte der ersten Reaktion wirkt auf diesen Reaktionsschritt hemmend (negative Rückkopplung, etwa durch Hemmung eines Enzyms, das diese Reaktion katalysiert). Im alternativen Fall aktiviert das Stoffwechselprodukt die chemische Reaktion, die zu seiner Synthese führt (positive Rückkopplung).

lungsmuster bilden, aber die isolierte Untersuchung dieser die Organisation der Teile untereinander nicht verständlich machen kann.

Auch für Vorstufen von Lebensformen lassen sich Selbstorganisationskonzepte entwickeln. Schaltet man Moleküle zu einem Zyklus zusammen, entsteht ein sich rückkoppelnder Kreislauf. Ein solcher Kreislauf selbst kann eine Eigenschaft entwickeln, die die Einzelmoleküle nicht hatten; der Zyklus kann insgesamt eine katalytische Funktion ausüben, die die Moleküle per se nicht können.[66] Auch hier entsteht also durch eine Organisation eine neue Qualität.

Selbstorganisierende Systeme weisen noch weitere Charakteristika auf. Der Begriff des Selbstreferenziellen beispielsweise weist auf die Selbstbezogenheit des Systems hin, das mit seinen Aktivitäten – beispielsweise dem Stoffwechsel – sich selbst immer neu erzeugt, erhält und selbst reguliert. In diesem organisatorischen Sinne sind Systeme als geschlossen anzusehen. Diese selbstreferenzielle Organisation konstituiert ihre eigene Einheit und bringt damit deren Eigenschaften erst hervor.

Eine Zelle lässt sich als ein solches System verstehen, das sich durch seine inneren Interaktionen und durch fortwährenden Umsatz von Materie selbst er-

---

[66] M. Eigen, 1977, S. 543.

zeugt und als materielle Einheit verwirklicht.[67] Die Organisation, die durch den fortwährenden Umsatz von Materie aufrecht erhalten wird, entscheidet dabei über die Aufrechterhaltung des Systems – wenn die Organisation zerstört wird, wird auch die Zelle zerstört: Eine mechanische Zerstörung tötet die Zelle, obgleich ihre materiellen Bestandteile in der Summe erhalten bleiben; diese Bestandteile können sich jedoch nicht mehr organisieren.

Die Organisation lässt sich dabei von der Struktur eines Systems unterscheiden, die den gegebenen physischen Bestandteilen entspricht. Die Struktur kann ohne Einheitsverlust des Systems verändert werden – etwa durch den Materiestrom, der durch es hindurchfließt. Die strukturelle Veränderung der Zelle erfolgt durch den Austausch ihrer Komponenten bzw. den ständig stattfindenden Stoffwechsel und führt nicht zum Absterben der Zelle, sondern ist gleichsam Ausdruck des Lebens. Die Organisation der Materie also determiniert das biologische System und konstituiert seine Einheit. Die Offenheit der Systeme für den Energiefluss widerspricht nicht dessen organisatorischer Geschlossenheit, sondern ist dessen Ausdruck. Das bedeutet auch, dass lebende Systeme einer Erklärung und einem Verständnis nur durch den Nachweis der ihnen zugrunde liegenden Organisation zugänglich sind – Biologie und Medizin sind demnach Organisationswissenschaften.

Dies Konzept der Selbstorganisation lässt sich mit vielen Problemen der gegenwärtigen biomedizinischen Forschung in Übereinstimmung bringen. Durch die Erforschung der Bestandteile eines Systems wird zunächst deren strukturelle Basis untersucht, indem Organismen in Organe zerteilt werden, diese wiederum in Gewebe und Zellen und letztere in Organellen, Proteine und Nukleinsäuren. Die Interaktion der verschiedenen Bestandteile ist dabei ein wesentlicher Schlüssel zum Verständnis ihrer Organisation: Zahlreiche Funktionen von Zellen werden durch Bindungen gesteuert, beispielsweise die zwischen Proteinen zur Steuerung von Enzymaktivitäten oder die Protein-DNA-Interaktionen zur Regulation der Genaktivität. Ein Beispiel dafür, dass die Einzelteile alleine über die Organisation von Systemen wenig aussagen, kommt von den Protein-Protein-Interaktionen. Die Beobachtung etwa, dass Enzyme gegenüber ihrem katalytischen Zentrum eine sehr große Oberfläche besitzen, war lange Zeit unverstanden. Eine Erklärung dafür ist, dass sie über unzählige hochspezifische Protein-Protein-Interaktionen ihre Partner und damit ihren Ort in der Zelle festlegen.[68] Dadurch

---

[67]   Diese Selbstorganisationskonzeption wurde von R. Maturana entwickelt, die er als Autopoiese bezeichnet hat. H. R. Maturana, 1985, S. 141.
[68]   P. A. Srere, 1984.

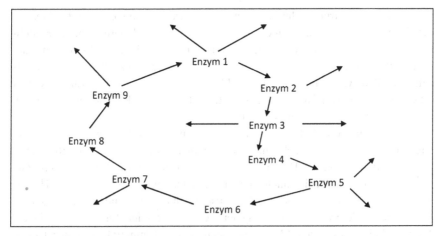

Abbildung 8: Hyperzyklus
Schematische Darstellung eines Hyperzyklus. Die Enzyme 1–9 bilden ein katalytisches Netzwerk aus. Diese können selbstreproduktiv sein (jedes Enzym benötigt zumeist mehrere Enzyme für seine eigene Synthese) und selbstorganisierend (M. Eigen, 1971).

kann das biologische System den Ort der chemischen Reaktion jedes einzelnen Enzyms sehr genau steuern und mit weiteren Enzymen zu ganzen Stoffwechselwegen verbinden (siehe auch Hyperzyklus, Abb. 8).

Im Kontext der Zellbiologie wurden ebenfalls Prinzipien der Selbstorganisation auf zelluläre Vorgänge angewendet. Ein gut untersuchtes Beispiel stellt der Spindelapparat dar. Dieser entsteht am Beginn der Zellteilung, er trennt die dabei gebildeten Chromosomen und teilt sie in die sich bildenden Tochterzellen auf. Der Spindelapparat besteht aus Mikrotubuli und Kinesinen, den so genannten Motoreiweißen. Mikrotubuli bilden sich durch Addition von Tubulin-Bausteinen an bestehende Filamente. Die Assoziation der Teile geschieht schnell. Der Aufbau des Spindelapparates geschieht dabei unter Energiedissipation. Vom Pol des Apparates streben durch dieses Selbstorganisationsverhalten die Mikrotubuli weg und werden stabilisiert, wenn sie die Chromosomen erreichen. Erreichen sie diese nicht, dissoziieren sie ab und werden kürzer. Dadurch ist der Spindelapparat dynamisch und flexibel organisiert.

Selbstorganisation lässt sich auch für andere zelluläre Strukturen aufweisen, so für das Zytoskelett, das etwa an der Migration von Zellen beteiligt ist. Auch der Golgi-Apparat, eine zelluläre Struktur, die an der Synthese von Proteinen beteiligt ist, lässt sich als selbstorganisierendes System beschreiben. In all diesen Fällen wird biologisches Material ständig umgesetzt und dennoch eine mikroskopisch stabile Struktur durch Interaktionen ihrer Komponenten aufrechterhalten.[69] Selbstorganisation ist aber nicht nur auf der molekularen Ebene feststellbar, sondern auch bei mehrzelligen Systemen; ein solches stellt das Immunsystem dar. Es lässt sich als selbstorganisiertes System bezeichnen, dass selbstreferenziell bzw. organisatorisch geschlossen ist, da es zur Erfassung fremder Bestandteile – beispielsweise von Infektions-Erregern – Rezeptoren verwendet, die es auch zur inneren Steuerung nutzt.[70]

Eine Welt von Veränderungen, Schwankungen und Erneuerungen ist der Medizin und ihrer Praxis bekannt. Aber dennoch führen die zahllosen Regulationen zu Ordnung und zur Hämostase, zum Wechselspiel von Krankheit und Gesundheit. Damit findet sich auch eine äußerst wichtige Entsprechung von Theorie und Medizin. Gerade der Aspekt, dass Systeme durch die zufälligen Schwankungen individuelle Systemhistorien generieren, findet seine Entsprechung in der Einmaligkeit eines jeden Menschen, auch in der Einmaligkeit seiner Krankheiten. Dass die Vorgeschichte eines Systems damit auch seinen Ist-Zustand mitentscheidet, ist ebenfalls Erfahrung der Klinik, die oft der Disposition oder Veranlagung von Menschen für bestimmte Erkrankungen zugeschrieben werden. Neben der thermodynamischen Betrachtung der Systeme und ihrer Organisationsformen gilt es, weitere Charakteristika in den Veränderungen ihrer Eigenschaften zu beachten. Das Verständnis von Systemverhalten und den Systembestandteilen ist durch die Beschäftigung mit den so genannten nicht-linearen Systemen weiter verändert worden.

3.2 Dynamische und nicht-lineare Systeme

In wissenschaftlichen Untersuchungen wird im Allgemeinen eine Situation angestrebt, in der die systematische experimentelle Veränderung eines Faktors zu reproduzierbaren Effekten des Experimentalsystems führt. Am einfachsten lässt sich dabei ein lineares Verhalten von Einflussgröße und Systemverhalten untersuchen. Dieses ist dann vorhersagbar, wenn die Veränderung der Einflussgröße regelmäßig zu einer fixen Größenveränderung der Systemeigenschaften führt. Mathematisch lassen sich die Zustände solcher Systeme in einem kartesischen Koordinatensystem darstellen: Ergibt sich über die Zeit eine Gerade, spricht man

---

[69]   T. Misteli, 2001.
[70]   T. Tada, 1997, S. 6.

von linearen Systemen. Dabei beschreibt eine Gerade das Verhältnis zwischen zwei Größen.

Eine solche Beziehung besteht jedoch nicht immer zwischen Faktoren und System; diese können von solchen linearen Charakteristika abweichen und sich chaotisch verhalten oder eine enorme Komplexität erzeugen, die sich einer einfachen linearen Beschreibung entzieht. Solche Systeme können sehr einfache Objekte sein, wie etwa ein Pendel. Sie können aber auch so komplex sein wie das Ökosystem. Die Komplexität von Systemen wird nicht nur durch die Zahl der es konstituierenden Einzelteile bestimmt, sondern auch durch deren Interaktion. Dabei können bestimmte Teile Sub- und Subsubsysteme bilden, die auf andere Teile zurückwirken. Solche Rückkopplungen wiederum können verstärkend auf die einen Teile oder hemmend auf andere Teile wirken.

Solche Systeme lassen sich als dynamisch bezeichnen, da sie ihren Zustand in der Zeit verändern. Dabei gehorchen sie unterschiedlichen Regeln, die entweder einfach oder komplex sein können. Wie die Systeme ihre Zustände ändern, hängt dabei von diesen Regeln und den am Anfang der Zeitmessung geltenden Anfangsbedingungen ab. Im Koordinatensystem, das die Veränderung des Systemzustandes in Abhängigkeit zu einer komplexeren Veränderung abhängiger Faktoren setzt, ergeben sich jedoch keine Gerade – sondern etwa Kurven, Parabeln etc. Diese Systeme nennt man nicht-linear. Bei linearen Systemen lassen sich die Beziehung zweier Variabeln x und y mit Gleichungen beschreiben vom Typ $y = x + 1$, also einer Geraden im kartesischen Koordinatensystem. Besteht aber zwischen x und y die Beziehung $y = x^2$ oder $y = x^3$ etc., dann wird damit ein nicht-lineares System beschrieben (vgl. Abb. 9).

Die nicht-linearen Gleichungen weisen gegenüber den linearen einige Besonderheiten auf. In nicht-linearen Gleichungen finden sich häufig selbstverstärkende Rückkopplungen. Mathematisch lassen sich Rückkopplungen als Iterationen auffassen, als Wiederholungen, die zu nicht-linearen Operationen führen. Rechnet man solche einfachen Iterationen auf Computern durch, führen kleinste Abrundungsfehler dazu, dass die Prozesse zu unvorhersagbaren und damit chaotischen Ergebnissen führen.[71]

Dadurch können kleine Veränderungen oder Abweichungen sehr große Wirkungen erzielen. Das bekannteste Beispiel dazu ist der so genannte Schmetterlingseffekt, wonach der Luftwirbel eines Schmetterlings in China das Wetter

---

[71] Als Beispiel lässt sich die Iteration x → kx (1–x) nennen, die letztlich zu unvorhersagbaren Ergebnissen führt (F. Capra, 1996, S. 146-148).

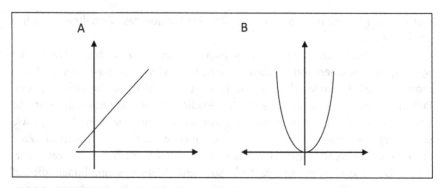

Abbildung 9: Lineare und nicht-lineare Funktionen
(A) Geraden lassen sich im kartesischen Koordinatensystem über eine Funktion beschreiben, wie: $y = x + 1$. Jeder Wert von y ist immer um 1 größer als der Wert von x. (B) Die Parabel ist ein Beispiel für eine nicht-lineare Funktion, wie: $y = x^2$. Jeder Wert y ist das Quadrat von x.

im weit entfernten Amerika beeinflussen kann. Die Beobachtung geht auf Edward Lorenz zurück, der sich mit Wettervorhersagen beschäftigte: Dieser hatte ein Modell der Wetterentwicklung aufgestellt, das er auf einem Computer durchrechnen konnte. Als er das Computerprogramm nicht von Beginn an startete, sondern in der Mitte, kam er zu völlig abweichenden Ergebnissen. Er stellte fest, dass der Computer bei den Rechnungen kleinste Rundungen der Werte durchführte, die offensichtlich ausreichten, zu einem komplett anderen Ergebnis zu kommen. Kleinste Änderungen der Anfangsbedingungen konnten also offensichtlich das Systemverhalten extrem beeinflussen. Das erklärt auch, warum Schneeflocken eine solche unermessliche Vielfalt der Form aufweisen und warum es unmöglich ist, einen Stein von einem Berg zweimal den exakt gleichen Weg hinunter rollen zu lassen.[72] Dies soll verdeutlichen, dass chaotische Systeme hochgradig von ihren Anfangsbedingungen abhängig sind, auch wenn sie über deterministische Regeln gesteuert werden. Daher spricht man auch vom deterministischen Chaos.[73] Bedenkt man, welchen Schwankungen die Umwelt der Lebewesen ausgesetzt ist, kann man sich leicht vorstellen, welche enorme biologische Tragweite diese Feststellung beinhaltet: Schwankungen der Temperatur, der Feuchtigkeit, des Nahrungsmittelangebotes, der biologischen Besiedelung – durch Keime, Konkurrenten, Jäger usw.

---

[72] D. S. Coffey, 1998, S. 883.
[73] Allerdings führt die Abhängigkeit von Anfangsbedingungen nicht automatisch zum Chaos (D. Rickles et al., 2007, S. 934-935).

Das Überraschende an der Chaos-Forschung ist nun aber, dass deterministische, also vorherbestimmende Gleichungen zu chaotischem, also unvorhersagbarem Verhalten führen. Aus der Kenntnis der Anfangsbedingungen und der Systemgleichungen lässt sich jeder Zustand des Systems erklären, jedoch nicht vorhersagen. Die Bezeichnung dafür ist entsprechend ‚deterministisches Chaos'. Die Chaos-Forschung findet also zwischen dem Chaos und der Ordnung einen funktionalen Zusammenhang: Chaos lässt sich durch die Iteration einfacher Regeln erzeugen.[74]

In der Medizin finden sich interessante und überraschende Beispiele von Chaos. Die mathematische Basis der Chaosforschung erleichterte dabei die Beschäftigung mit biologischen Rhythmen. Der prominenteste Rhythmus des Körpers ist der Herzschlag: Seine Regelmäßigkeit gilt im Allgemeinen als Ausdruck von Gesundheit. Allerdings wissen wir auch, dass sich die Herzfrequenz den unterschiedlichsten körperlichen Reizen und Anforderungen anpassen kann. Ruhe und Bewegung beeinflussen die Häufigkeit des Herzschlages ebenso wie Aufregung und Entspannung: Ruhe geht mit einer Abnahme, Bewegung mit einer Zunahme einher. Gleiches gilt natürlich auch für die Atemfrequenz oder den Blutdruck.

Die Elektrophysiologie kann mittels Elektrokardiogramm (EKG) diverse Rhythmen genau aufzeichnen. Dabei fällt auf, dass der Herzschlag nicht konstant und immer gleich ist, sondern merklich variiert, auch ohne physische oder psychische Stressfaktoren.[75] Einerseits lassen sich die Schwankungen als „Hintergrundrauschen" und natürliche ungeordnete Schwankungen biologischer Systeme auffassen. Zahlreiche mathematische Analysen haben jedoch gezeigt, dass der größte Teil der Herzschlagvariabilität (HRV) dadurch entsteht, dass die unterschiedlichen Regulationsinstanzen – die Herzzellen, die steuernden Nervenfasern und Hormone – zusammen ein System mit nicht-linearen Eigenschaften bilden, das sich chaotisch verhält.[76]

In gesunden Erwachsenen scheint die nicht-lineare Dynamik des Herzschlages die normale bzw. physiologische Situation darzustellen. In einer Studie fiel nämlich auf, dass eine reduzierte HRV bei Patienten identifiziert werden konnte, die ein erhöhtes Risiko für einen Herztod nach überstandenem Herzinfarkt aufwiesen.[77] Interessanterweise findet sich eine Abnahme der HRV auch

---

[74]   Im Gegensatz zu Komplexität, die durch einfache Interaktionen zwischen einer großen Anzahl von Teilen und Teilchen entsteht.
[75]   Im englischen Sprachgebrauch als heart rate variability (HRV) bezeichnet.
[76]   C. D. Wagner and P. B. Persson, 1998, S. 257.
[77]   F. Lombardi, 2000, S. 8.

bei weiteren pathologischen Zuständen, beispielsweise bei Patienten nach Herz-
transplantation oder Patienten mit einem „congestive heart failure (CHF)".[78]

Die Beobachtung chaotischen Verhaltens beschränkt sich nicht auf den
Herzschlag; auch im Gehirn findet sich Chaos. So zeigen die Signale im Electro-
encephalogramm (EEG) chaotisches Verhalten. Interessant dabei ist, analog zum
Herzrhythmus, dass dieses bei einem epileptischen Anfall abnimmt; darüber hinaus lässt sich das physiologische Verhalten zahlreicher weiterer biologischer
Systeme als chaotisch beschreiben, etwa die Anzahl der weißen Blutzellen oder
der Gefäßtonus (Vasomotorik).[79]

Zunächst erscheint die Feststellung widersprüchlich, dass chaotisches und
unvorhersagbares Verhalten mit Gesundheit zusammenhängt, denn Gesundheit
wird mit Ordnung und Regelmäßigkeit in Verbindung gebracht und nicht mit
Unordnung. Man kann sich jedoch vorstellen, dass ein chaotischer Zustand von
biologischen Systemen bzw. Subsystemen einen Vorteil besitzt besonders gegenüber starren oder zirkulären Organisationsformen: Dadurch gelingt eine schnel-
lere und effektivere Anpassung an veränderte Anforderungen bzw. Umwelteinflüsse, beispielsweise, weil chaotische Systeme leichter durch sich verändernde Umweltbedingungen beeinflusst werden können. Und es zeichnet ja gerade
kranke und krankhafte Systeme aus, nicht so anpassungsfähig zu sein, was mit
einer Abnahme von Chaos korreliert. Andererseits kann das Chaos, die in den
biologischen Systemen beschreibbare Ordnung nicht per se erklären. Daher ist es
sinnvoll anzunehmen, dass Mechanismen bestehen, die das Chaos beherrschbar
machen oder gleichsam „in Schach" halten. Dies kann offensichtlich durch
Eigenschaften der Komplexität in Systemen geschehen.

In diesem Sinne lassen sich Systeme weiter einteilen in komplex und nicht-
komplex. Komplexe Systeme sind zusammengesetzt aus einer großen Anzahl
interagierender Teile. Dabei verhalten sie sich nicht zwingend chaotisch, sondern
können sich sehr geordnet verhalten. So stellen mechanische Uhren zusammengesetzte Systeme dar, die äußerst komplex aufgebaut sein können und sich dennoch deterministisch verhalten. Die Grundlage für ihr Verhalten ist die Interaktion der Systemteile. Im genannten Beispiel greifen die unterschiedlichen
Räder derartig ineinander, dass ein geordnetes Systemverhalten entsteht. Das
Funktionieren der Uhr und die Bewegung der Zeiger ist mechanistisch und reduktionistisch durch die Teile der Uhr erklärbar.

---

[78]   C. D. Wagner and P. B. Persson, 1998, S. 258. Congestive hear failure (CHF) lässt sich im
       Deutschen mit „Stauungsherzinsuffizienz" übersetzen. Es bezeichnet einen Zustand, in dem das
       Herz nicht in ausreichendem Umfang Blut zu den peripheren Organen pumpen kann.
[79]   R. Pool, 1989; C. D. Wagner and P. B. Persson, 1998.

Allerdings können komplexe Systeme durch die Organisation ihrer Teile neuartige und unerwartete Eigenschaften entwickeln. Diese neuen Eigenschaften lassen sich aus den Teilen selbst nicht ableiten. Die Interaktion der Teile kann dabei beispielsweise zur Bildung von Subsystemen und Subsubsystemen führen, die über Rückkopplung oder weitere Interaktionen verbunden sein können[80]. Eine rein reduktionistische Betrachtung solcher Systeme kann den interessanten Aspekt dabei nicht erfassen, nämlich: die Entstehung von Neuem aus den gleichen Teilen, die das System bilden. Dieses Phänomen bezeichnet man mit dem Begriff ‚Emergenz'.

Wie der Reduktionismus bezieht sich der Emergentismus auf die Eigenschaften unterschiedlicher System- bzw. Ganzheitsebenen. Emergente Eigenschaften kommen dem Ganzen zu, nicht aber ihren Komponenten, was oft in dem Slogen „das Ganze ist mehr als seine Teile" zusammengefasst wird. Zwar geht auch der Emergentismus von einem Schichtaufbau der Natur aus, mit einer hierarchischen Ordnung, bei der die Eigenschaften der höheren Ebene durch die der niedrigeren bestimmt werden; er bestreitet aber, dass die Ganzheitseigenschaften aus den Eigenschaften der Komponenten abgeleitet, erklärt oder vorhergesagt werden können. In diesem Sinne ist Emergenz ein Gegenbegriff zum Reduktionismus: Eine emergente Eigenschaft ist aus den Komponenten des Systems nicht ableitbar und insofern ist ihr Auftreten nicht zu erwarten. Das System weist also Eigenschaften auf, die den Einzelteilen fehlen bzw. aus den für die Komponenten gültigen Gesetze und Prinzipien nicht erklärt werden können. Diese als klassisch bezeichnete Position beinhaltet also zwei Behauptungen: Die Eigenschaften des Gesamtsystems sind zwar durch die Eigenschaften der Systemkomponenten faktisch festgelegt, jedoch können die Einzelteile nicht das Verhalten des Gesamtsystems erklären. Zentrale Beispiele für dieses Konzept stellen chemische Verbindungen wie das Wasser dar; die Eigenschaften des Wassers lassen sich aus den Eigenschaften seiner Komponenten Wasserstoff und Sauerstoff nicht vorhersagen: Wasser ist flüssig, die beiden Komponenten gasförmig. Die Eigenschaften der Ganzheit sind also durch die Eigenschaften der Teile nicht zu erklären.

Gerade die Quantenphysik hat emergentistische Interpretationen dieser Art weiter Vorschub geleistet: Bei bestimmten Paaren von Quantenobjekten bestehen extrem enge Beziehungen zwischen den Eigenschaften der Einzelobjekte, so dass diese Beziehung nicht mehr durch die Wechselwirkung getrennter Objekte

---

[80] Das wurde mit dem Begriff des „edge of chaos" bezeichnet. Das Verhalten des ganzen Systems ist dabei sowohl flexibel und anpassungsfähig, als auch regelmäßig und in gewissen Bereichen vorhersagbar (F. Mazzocchi, 2008, S. 11).

erklärt werden kann. Es ist dabei denkbar, dass die Teile zu einer neuen Gesamtheit „verschmelzen", die die Eigenschaften der Einzelteile verlieren. Die Folgerung aus diesen Überlegungen ist ein Holismus, der aus einer untrennbaren Gesamtheit besteht. Neben solchen emergenten Systemen gibt es natürlich auch nicht-emergente Gebilde, wie die schon genannten rein mechanischen Uhren. Letztere sind sehr wohl durch ihre Komponenten zu erklären, sonst hätte niemand versucht, eine solche Uhr zu konstruieren und herzustellen, um die Zeit damit zu messen.

Um Missverständnisse zu vermeiden, ist dieses Emergenzkonzept klar von einer gänzlich andersartigen Emergenz abzugrenzen, die als „starke" Emergenz bezeichnet werden kann. Dabei sind zwar auch die physikalischen Gegebenheiten für das Auftreten emergenter Eigenschaften notwendig, jedoch sind die Eigenschaften der Gesamtheit nicht aus den Wechselwirkungen der Teile zu erklären, sondern folgen spezifischen Ganzheitsgesetzen und -regeln. Veranschaulichen lässt sich das am Verhältnis von Sinneseindruck, z. B. der Farbe rot, und den neurophysiologischen Zuständen, hier an der Netzhaut und dem Gehirn. Zwischen beiden „Ebenen" gibt es keine Ableitbarkeit, obwohl anzunehmen ist, dass die Sinnesorgane, also etwa die Augen, für die Wahrnehmung der Farbe ‚rot' unerlässlich sind. Zwischen beiden „Ebenen" besteht jedoch eine Nicht-Ableitbarkeit. Damit basieren die Systemeigenschaften nicht auf der komplexen Interaktion der Teile, sondern auf holistischen Gesetzen, die prinzipiell nicht aus den Komponentengesetzen ableitbar sind.

Allerdings ermöglichen die Fortschritte in der Physik, im Besonderen in der Quantenphysik, eine Erklärbarkeit chemischer Bindungen: Den flüssigen Zustand von Wasser kann man inzwischen auf Grund so genannter Wasserstoffbrückenbindungen erklären, die zwischen den beteiligten Atomen bestehen. Damit lässt sich mittels der Quantenmechanik ableiten, dass das flüssige Reaktionsprodukt Wasser aus den Gasen Wasserstoff und Sauerstoff entsteht. Dies hat zur Folge, dass der klassische Emergenzbegriff neugefasst wurde. Eine abgeschwächte Emergenz behauptet nur noch die grundsätzliche Unterschiedlichkeit von Eigenschaften der Ganzheit und deren Komponenten. Emergent sind Gesamtheiten also dann, wenn deren Eigenschaften sich von denen der Teile qualitativ unterscheiden, d. h. dass die Verknüpfung und Verbindung der Teile zum Ganzen neue und andersartige Eigenschaften hervorrufen.[81]

---

[81] Ein Beispiel kommt aus der Physik und betrifft die Entstehung elektrischer Schwingungen: Wenn man Komponenten für einen solchen Schwingkreis getrennt in einen Stromkreis einfügt, entsteht keine Schwingung; erst, wenn man die einzelnen Komponenten gemeinsam einbringt, tritt Oszillation auf. Bei diesem Beispiel ist das Auftreten der Schwingung aus den physikali-

Der schwache Emergentismus stellt außer Frage eine für die Biologie höchst wichtige Konzeption dar. Die Kopplung von faktischer Festlegung von Systemen durch ihre Komponenten bei gleichzeitiger Unerklärbarkeit der Systemeigenschaften aus den Einzelteilen selbst ist auch für biologische Systeme und das Phänomen Leben zutreffend.

Zunächst bejaht sie die Teilbarkeit der Welt und die Festlegung biologischer Systeme durch ihre Teile. Sie betont aber die Komplexität der Teilchen-Wechselwirkungen, die, unter entsprechenden Umständen, zu neuem Verhalten und Eigenschaften führen können. Gerade diesem Systemaspekt widmen sich die lebenswissenschaftlichen Disziplinen, von der Ökologie bis hin zur Systembiologie.

In dieser Konzeption von Emergenz entstehen die neuen und unerwarteten Eigenschaften von Systemen durch die Zunahme von Teil-Wechselwirkungen. Das bedeutet, dass das Verhalten des Gesamtsystems durch völlig andere Mechanismen gesteuert werden kann als durch Eigenschaften der isolierten Einzelteile; jede Vernetzung von Teilen kann somit neue Eigenschaften der Gesamtheit erzeugen bzw. hervorrufen. Die Prinzipien, die für die Gesamtheit gelten, können sich dabei von den Gesetzen, die für die Teile gelten, emanzipieren und diese überlagern.

Dabei entstehen Eigenschaften durch das Zusammenspiel einer großen Anzahl von Teilchen, die bei einzelnen oder wenigen Teilchen nicht zu beobachten sind. Ein prototypisches Beispiel ist hier das Kristallgitter. Dieses ist perfekt regelmäßig und für die Stabilität von Feststoffen verantwortlich. Bricht diese Ordnung des Kristalls zusammen, verschwindet auch die Festigkeit; hinter ihr steht also kein „physikalisch greifbarer Wert".[82] Die entstehenden Phänomene können somit von den Eigenschaften und dem Verhalten der Teilchen auf der mikroskopischen Ebene unabhängig werden.[83] Die Festigkeit der Kristalle ist folglich ein Ordnungsphänomen und zuverlässig und exakt messbar. Die Ordnung erlangt gleichsam Gesetzescharakter. Die kollektiven Bewegungen der

schen Gesetzen erklärbar. Der entscheidende Aspekt für Emergenz ist in diesem Fall, dass die oszillierende Eigenschaft den separaten Komponenten nicht zukommt, nur dem Gesamtsystem, welches durch die Beziehung der Einzelteile entsteht. Damit ist das Ganze mehr als seine Teile, jedoch entstehen die neuen Eigenschaften durch die erklärbaren Wechselwirkungen zwischen den Teilen.

[82] R. B. Laughlin, 2007, S. 64.
[83] Ebd. S. 65. Als weiteres Beispiel sind die unterschiedlichen Phasen und Gesetze der Hydrodynamik zu nennen: Der Auftrieb lässt sich als Ordnungsphänomen auffassen, das Ursache von Gesetzen ist.

Atome dominieren letztlich die mögliche Einzelbewegung der Atome und werden durch die neuen emergenten Gesetze des Kristalls relativiert.

Die Ordnung erscheint in diesem Sinne letztlich als Ursache der Gesetze, wie sie die Newtonsche Physik beschreibt.[84] Allgemeiner formuliert lassen sich die Gesetze der klassischen Physik somit als emergent auffassen: Newtons Gesetze entstehen durch den Zusammenschluss von Quantenmaterie zu makroskopischen Phänomenen wie Flüssigkeiten und Feststoffen; gesteuert werden sie durch kollektive Organisation.[85] Damit stellen, aus der Sicht der Emergenztheorie, die physikalischen Gesetzmäßigkeiten hochpräzise Regeln eines kollektiven Verhaltens dar. Es bedeutet auch, dass die „fundamentalen" Dinge nicht zwingend grundlegend sind, sondern durch neue Interaktionen und Wechselwirkungen relativiert werden können.[86] Diese Überlegungen zeigen also, dass die beobachtbaren Phänomene der mikroskopischen Ebene unbestritten als wahr gelten können. Die makroskopische Ebene entsteht jedoch durch Ordnungen, die die Gesetze der unteren Ebenen relativieren können. Das bedeutet nicht, dass nicht beide Ebenen auf Fakten basieren; beide sind im wissenschaftlichen Sinne wahr. Die untere Ebene trägt jedoch zum Verständnis der komplexeren Ebene nicht zwingend bei.

Dies bedeutet Konsequenzen für die reduktionistische Position: Die Suche nach universalen Gesetzen beschreibt die Welt nicht vollständig, sondern weitere Regeln, nämlich die der Emergenz, kommen hinzu. Das Finden einer ultimativen einzigen Wahrheit zur Welterklärung, aus der sich alles weitere ableiten lässt, ist nicht nur nicht zu erwarten; im Gegenteil können lokale und systembezogene Regelhaftigkeiten auf der makroskopischen Ebene zum Tragen kommen, die dann biologisch und medizinisch Bedeutung erlangen.[87] Es wird damit auch deutlich, dass emergente Ebenen erklärbar sind, nämlich durch die sie konstituierenden Teile und die jeweils herrschenden Ordnungszustände. Eine alleinige Reduktion auf die makroskopische Ebene jedoch erscheint nicht erfolgsversprechend. Die emergente Ebene muss immer als Ordnungsebene mit bedacht werden, da die Teile und ihre Interaktionen als alleinige Ebene vielfach keine vollständige Erklärung liefern können.

Die Vernetzung von Teilen kann zu neuen Eigenschaften des Systems führen. Emergenz in diesem Sinne ist daher die Konsequenz aus einer Zunahme der

---

[84] Ebd. S. 78.
[85] Ebd. S. 58 und 59.
[86] Ebd. S. 124 und 126.
[87] Ebd. S. 127, 304 und 317.

Komplexität. Wegen der komplexen Verbindung zwischen den Teilen ergeben sich also andersartige Eigenschaften des Systems. Emergenz und Reduktion stehen hier nicht im Widerspruch, denn Reduktionen lassen sich verstehen als Zerlegung von Ganzheiten (mereologische Analyse), um zu wissen, wie sich das Ganze zusammensetzt und um einen Ansatz zum Verständnis – und zur Manipulation – in die Hand zu bekommen. Der Reduktionismus in der biomedizinischen Forschung beruht im Wesentlichen auf der Teilbarkeit biologischer Systeme: Zellen können isoliert und vermehrt werden, was die Grundlage von so genannten Zellkulturen darstellt. Auch Organe können vom Gesamtsystem getrennt werden und sogar vom Empfänger auf den Spender übertragen werden. Die Teilbarkeit biologischer Systeme ist also gegeben. Diese Forschungsbewegung ist notwendig und Voraussetzung zum Verständnis dieser Systeme; allerdings können sich in anderen Systemen Teile biologisch anders verhalten.

3.3 Pathologische Systeme

Unser Verständnis lebender Systeme ist grundlegend für unsere Konzeption des kranken Menschen und der Medizin. Es macht einen gewaltigen Unterschied, ob wir diese Systeme als determiniert und starr begreifen, die, von Genen und universellen wissenschaftlichen Gesetzen getrieben, einem Uhrwerk gleich funktionieren. Oder, ob wir das Leben als kreativen, schöpferischen Prozess auffassen. Für das Verständnis von Krankheiten sind die Folgerungen aus dieser Grundannahme außerordentlich weit reichend: Die Ursache, der Verlauf und die Heilung von Krankheiten sind im ersten Fall berechenbar, aber auch unausweichlich. Im zweiten Fall sind sie nicht vorherbestimmt und in Verbindung mit der Umwelt vielfältig, variabel und – in einem gewissen Rahmen – unvorhersagbar. Dies würde erklären, warum der Ausgang sogar von bösartigen Erkrankungen offen ist und warum auch harmlose Krankheiten einen unerwarteten, ja sogar unter Umständen einen tödlichen Verlauf nehmen können. Diese Situation kommt auch dem Grundverständnis des ärztlichen Berufes viel näher, das nicht beansprucht, das Unausweichliche lediglich zu begleiten, sondern aktiv zu beeinflussen und in das Krankheitsgeschehen aktiv gestaltend einzugreifen.

Tabelle 1:   Struktur und Organisation
Die Struktur eines Systems stellt seine materielle Realisierung dar und somit die es konstituierenden Teile. Die Organisation stellt das Funktionieren und die Funktionsweise des
Systems dar, die durch die Interaktionen und Beziehungen der Teile in Raum und Zeit bedingt sind.

Struktur	Organisation
Materielle Realisierung des Systems	Funktionieren des Systems
Aufbau der Teile	Interaktionen und Beziehungen der Teile

Um das Kranke, das Pathologische, erkennen zu können, ist es ein sinnvoller Ansatz, vom Gesunden und Normalen auszugehen. Das pathologische System
unterscheidet sich aber vom gesunden nicht durch die Aufhebung von jeglicher
Struktur und Ordnungsprinzipien, sondern durch dessen Veränderung. Was bedeutet das im Einzelnen?

Zunächst ist offensichtlich, dass biologische Systeme von einem Materialstrom durchflossen werden, den sie nutzen, um sich der Zunahme der Entropie
bzw. der Unordnung zu entziehen; in diesem Sinne sind sie „offen" und in stän-
diger Interaktion mit der Umwelt. Sie ernähren sich gleichsam aus der negativen
Entropie, um ihre eigenen Strukturen aufzubauen, die wiederum durch diese
Energie im Sinne „dissipativer Strukturen" fern vom thermodynamischen Gleichgewicht entstehen und aufrechterhalten werden. Voraussetzung dafür ist das
gleichsinnige Verhalten von Molekülen und Strukturen, die sich selbst organisieren: In diesem Sinne ist Leben als eine Organisationsform der Materie aufzufassen.

In den sich selbst organisierenden Systemen können kleinste Schwankungen
neue Zustände hervorrufen, die auch von der Systemgeschichte abhängig sind.
Diese Zustände können unvorhersagbar sein und dem Zufall unterliegen. Die Zu-
sammenlagerung einer großen Zahl von Molekülen in einer großen Zahl von
Zellen erzeugt dabei eine enorme Komplexität. Zudem bilden sich in Zellen und
Zyklen Subsysteme und Subsubsysteme aus, die durch wechselseitige Interaktionen die Komplexität weiter steigern, was immer wieder emergente und neuartige
Eigenschaften erzeugt. Individuelle biologische Systeme können dadurch Neues
und Unvorhergesehenes generieren, ohne auf die über sehr lange Zeiträume wir-
kende Evolution angewiesen zu sein.

Im Rahmen dieser Grunddeterminanten können die Systeme von ihren physiologischen Zuständen abweichen und sich ins Pathologische hin verändern.
Dies kann im Wesentlichen auf ihrer strukturellen oder ihrer organisatorischen

Basis erfolgen. Die Struktur betrifft dabei die materielle Seite des Systems, den Materialstrom, der es durchströmt und seine Teile ständig austauscht. Änderungen dieses Stroms haben Änderungen des Systems zur Folge; wenn etwa nicht genug Jod in der Umwelt bzw. Nahrung verfügbar ist, kann sich eine Jodmangelstruma bilden und beim Neugeborenen das Bild des Kretinismus. Gegenwärtig steigt das Nahrungsmittelangebot in der westlichen Welt insgesamt an, das darüber hinaus hochkalorisch, nämlich fett- und zuckerreich, ist. Veränderungen der Organismen zu vermehrtem Größenwachstum, aber auch zu Stoffwechselstörungen, wie dem Diabetes mellitus, sind die Folgen.

Der Organismus setzt sich in seiner Lebenszeit aber, neben dem Materialstrom, auch mit biologischen „Teilen" auseinander, die ihm fremd sind. Dies sind nicht nur Allergene verschiedener Art, sondern auch fremde biologische Systeme, wie Viren, Bakterien oder Parasiten. Dies deckt sich mit der Erfahrung, dass Organismen durch Umweltfaktoren beeinflussbar sind. Die biologischen Teile stehen mit dem Körper zunächst an dessen Grenzen in Berührung, etwa als Flora auf der Haut und den Schleimhäuten. Sie können den Organismus aber auch durchwandern und in die Blutbahn oder in das Gewebe eindringen. Ein Eindringen in die Blutbahn kann medizinisch folgenlos bleiben und wäre dann als strukturelles Ereignis zu werten; dies wird dann asymptomatische Bakteriämie genannt. Kommt es jedoch zu Symptomen wie Fieber, spricht man von Entzündung, die „organisatorisch" wirksam wird. Wenn beispielsweise Erreger auf diese Weise inkorporiert werden, entstehen dabei neue Interaktionen zwischen „Erreger-Teil" und Organismus. Der Erreger ist zumeist nicht nur ein neues Teil des Systems, in das er eindringt, sondern besteht wiederum selbst aus Teilen. Die Teile eines Erregers etwa interagieren dabei mit zellulären Bestandteilen des Wirts. So sezernieren Bakterien biologische Moleküle, die beim Menschen als Toxine wirken und Krankheiten auslösen können. Beispiele sind das Tetanustoxin oder die Scharlachtoxine. Darüber hinaus können dies Moleküle sein, die das Immunsystem, das Complementsystem oder die zelluläre Synthesemaschinerie beeinflussen. Wie sich die Teile untereinander organisieren, um eine Krankheit auszulösen – etwa Erreger und Immunsystem –, hängt von zahlreichen Umständen ab: in starkem Maße vom Zustand des Organismus, seiner Vorgeschichte, von möglichen anderen Störungen und Erkrankungen. Dabei kommen aber auch Fluktuationen und kleinste Schwankungen des Systems und seiner Subsysteme zum Tragen. Letztere sind medizinisch gesprochen die Infektionen, die klinisch stumm verlaufen können, aber auch zu schweren, gar tödlich verlaufenden Krankheiten führen können. Welchen Verlauf welcher Erreger bei welchem Patienten nimmt, bleibt unvorhersagbar, weil neue Interaktionen der Teile – der

Erreger und der Systemteile – zu neuen auch emergenten Eigenschaften des Organismus führen können. Diese Unvorhersagbarkeit ist dabei immanent und strukturell.

Ein weiterer Grund liegt darin, dass die biologischen Eigenschaften von Teilen nicht vollständig charakterisierbar sind. Sie sind sehr von dem System abhängig, dessen Bestandteil sie gerade sind; einmal als Bestandteil eines Bakteriums und einmal als Toxin beim Menschen. Das gleiche Molekül verhält sich isoliert in einem Reagenzglas biologisch gleichsam stumm. Dies weist darauf hin, was mit dem Begriff der Emergenz bezeichnet wird: System- und Organisationseigenschaften, die durch das Zusammenwirken von verschiedenen Teilen und Elementen zustande kommen. Emergenz ist damit der nachfolgende synthetische Schritt der reduktionistischen bzw. analytischen Forschungsbewegung – d. h. zu verstehen, wie die Einzelteile zum System emergieren. Beide Ansätze sind damit zwei Seiten der gleichen Medaille. Das reduktionistische Vorgehen zur Analyse komplexer Systeme ist jedoch auch rein pragmatisch durch die Anzahl möglicher durchführbarer Experimente begrenzt, die die astronomischen Kombinations- und Interaktionsmöglichkeiten von Teilen nicht abzubilden vermag. Die Entwicklung emergenter Eigenschaften, die sich bei neuen Interaktionen, aber auch neuen Konstellationen mit Unwelteinflüssen einstellen können, entzieht sich weitgehend einer Vorhersagbarkeit.

Neben der Struktur ist es aber die Organisation, die das Leben konstituiert, und dabei lässt sich Krankheit als Störung dieser Organisation auffassen. Dieser Auffassung entspricht sicherlich die alte Weisheit, dass eine Störung der Harmonie des Menschen auch seine Gesundheit gefährdet. Die Organisation hängt dabei von Fluktuationen und von der Systemhistorie ab: Ordnungsänderungen können mit Krankheiten einhergehen und der Aufweis dieser Veränderungen wird damit für die Medizin von großer Bedeutung.

Da jedes biologische System seine eigene Geschichte hat und es irreversible Systementscheidungen trifft, gleicht kein Mensch einem anderen und auch keine Krankheit einer anderen. Selbst die eineiigen Zwillinge, die die größte Ähnlichkeit untereinander besitzen, sind nicht gleich. Wenn es schon nicht zwei gleiche Schneeflocken gibt, wie sollte es dann zwei gleiche Menschen geben?

Diese Feststellung hat enorme Konsequenzen, wenn man sie nicht in den Hintergrund schiebt, sondern ihr die Bedeutung beimisst, die ihr zusteht: Die Einzigartigkeit und die begrenzende Unvorhersagbarkeit von biologischen Systemeigenschaften stellt die Grundlage zahlreicher klinischer Phänomene dar, seien es individuelle Ausprägungen bzw. das Vorhandensein von Symptomen oder sei es unterschiedliches Ansprechen auf Medikamente oder deren Nebenwirkungen; sie sind nicht nur für viele klinische Varianzen und die Beurteilung individueller Verläufe unentbehrlich.

Es gilt, auf dieser Grundlage einen neuen Blick auf die Medizin zu richten! Eine Medizin, die den offenen Ausgang denkt, die um den Zufall weiß, die die Rolle der Umwelt und der Randbedingungen des Patienten ausführlich studiert, die die Vorgeschichte als wesentliche Disposition und Konstitution von Krankheiten achtet. Eine Medizin auch, die die Komplexität der biologischen Mannigfaltigkeit reflektiert, die Ordnungsprinzipien von Krankheiten untersucht und sich in Anbetracht ihrer klaren und strukturellen Grenzen in Vorsicht und Einfühlung übt.

Nach diesen grundsätzlichen Überlegungen wird zu zeigen sein, wie das in konkreten Fällen biologisch und medizinisch aufgewiesen werden kann.

4 Komplexe biologische Systeme

„Was wir sehen, ist eine Veränderung der Weltsicht,
in deren Verlauf das Ziel,
die Natur durch Zerlegung in immer kleinere Teile zu verstehen,
durch das Ziel ersetzt wird, dass man versteht,
wie die Natur sich selbst organisiert."
Robert B. Laughlin[88]

Wer schon einmal versucht hat, einen kleinen Golfball richtig zu treffen, dass er weit, aber nicht zu weit nach links oder rechts fliegt, oder ihn so zu treffen, dass er nach einer welligen und begrasten Strecke ins Loch fällt, weiß, wie viele Details es für einen guten Schlag zu beachten gibt. Es sind hunderte! Wie halte ich den Schläger, wie schwinge ich mit den Armen, wie bewegt sich die Hüfte, wie stehe ich mit den Füßen, was mache ich mit den Händen an welchem Punkt des Schlages, wie halte ich den Kopf? Die Fragen des Golfspieles sind nicht minder komplex. Wohin versucht man den Ball zu spielen auf welcher Bahn, wie sind die Geländebegebenheiten, wie das Wetter, wie das Gras? Erstaunlich ist, dass das Spiel – über einfache Regeln – am Ende zu einem klar quantifizierbaren Ergebnis führt, nämlich die Schläge pro Bahn. Golf ist also ein Spiel, das trotz komplexester Situationen zu diskreten Ergebnissen führt.

Wer sich nicht mit Golf beschäftigt hat, kennt andere Techniken im Umgang mit Komplexität, die in einigen Kulturen nicht nur zur Kunstfertigkeit, sondern gar zum Raffinement geworden sind. Beispielsweise ist der Weinbau eine Beschäftigung mit komplexen Systemen unterschiedlicher Natur; es sind dies zunächst die Weinstöcke, dann aber auch das Klima, das Wetter, der Boden mit dem umgebenden Ökosystem. All das wird aus Jahrtausende alter Tradition beobachtet, gedeutet und das eigene Handeln darauf abgestimmt. So werden bestimmte Reben in bestimmten Klima- und Bodengebieten angebaut, die Ernte erfolgt zu bestimmten Zeiten und die Reifung im Fass in unterschiedlicher Dauer. Dabei ist es gar nicht das Ziel der Winzer, einen einzigen Spitzenwein herzustellen, sondern verschiedene Weine verschiedener Güte, Geschmäcker und Qualitäten.

---

[88] R. B. Laughlin, 2007, S. 122.

Auch die klinische Medizin kennt zahllose Fälle und Krankheiten, Verläufe und Kuriositäten, Besonderheiten und Regelhaftigkeiten. Die Biomedizin wollte zunächst diese Mannigfaltigkeiten auf ewige Regeln und Gesetze zurückführen und die Krankheiten aus diesen heraus erklären. Im Folgenden lässt sich zeigen, wie in weiten Bereichen der biomedizinischen Forschung zunächst reduktionistische – und aus heutiger Sicht simplifizierende – Modelle entwickelt wurden. Diese sind mit der Zeit, dank weiterer Erkenntnisse und neuer Techniken, immer elaborierter und komplexer geworden. Aber auch die Wahrnehmung und das Verständnis von Komplexität nahm zu: Die Komplexität kann astronomische Größenordnungen erreichen und lässt kaum erwarten, dass sie der reduzierenden Grundlage klinisch-medizinischer Probleme den Weg bereiten kann. Im Gegenteil lässt die enorme Komplexität inzwischen die Variabilität und Offenheit biologischer Systeme erahnen.

Biologische Systeme weisen einige Besonderheiten auf, die es erlauben, diese von einfachen mechanischen Systemen zu unterscheiden. Sie sind offen und nutzen den sie durchströmenden Materialfluss zum Aufbau ihrer eigenen Ordnung. Ihre Struktur können sie dadurch in Entfernung vom thermodynamischen Gleichgewicht aufbauen. Das macht sie gegenüber kleinen und kleinsten Schwankungen anfällig, die an so genannten Bifurkationen zu irreversiblen Systemänderungen führen können. Damit bekommt jeder Organismus eine Geschichte an einmaligen und irreversiblen Systementscheidungen, die nicht nur seine gegenwärtigen Eigenschaften bestimmen, sondern auch seine zukünftigen Möglichkeiten mit festlegen. Das System folgt einer spezifischen Organisation, welche Ausdruck des biologischen Lebens ist. Diese kann mechanistischen Prinzipien folgen, wie etwa beim Beugen eines Gelenkes, sie kann aber auch chaotisch und komplex sein, wie die Schlagfrequenz des Herzens.

Was diese Konzepte für die Medizin bedeuten können, lässt sich zunächst an relevanten Bereichen der Biomedizin studieren. Daraus erwächst gleichzeitig die Hoffnung, dass zentrale Prinzipien der Systemsteuerung begreifbar sind; aber auch, dass Zustände und Eigenschaften der Systeme einschätzbar und für therapeutische Eingriffsmöglichkeiten nutzbar werden. Für die Medizin ergeben sich aus der Beschäftigung mit emergenten Modellen klare Implikationen. Zunächst tritt die Betrachtung des biologischen Systems in den Vordergrund, das als Ganzes anderen Regeln und Ordnungsprinzipien unterliegen kann als das isolierte Teil – dieses Teil kann in anderen Systemen andere biologische Effekte erzielen! Seine Wirkung und Funktion sind unter Umständen nicht übertragbar von einem auf das andere System. Es bedeut aber auch, dass biologische Systeme nicht geschlossen sind, sondern einen regen Austausch mit der Umwelt eingehen, der das System beeinflussen kann.

Klinisch sind diese biomedizinischen Beispiele von Interesse, wenn sie den kranken Menschen auch aus der Dynamik, der Komplexität und der Offenheit seines Organismus verstehen lernen, eingebettet in seine Gewohnheiten und eingewoben seinen Kontext.

Komplexität lässt sich an vielen Aspekten biologischer Systeme studieren. Im Folgenden mit der Genetik zu beginnen, macht deswegen Sinn, weil die Gene gemeinhin als determinierende Prinzipien des Lebens angesehen werden. Allerdings zeigt sich, dass die Gene keine reduzierende Ebene darstellen, sondern im Gegenteil ihre Funktion in einer hochkomplexen Interaktion mit weiteren Subsystemen der Zelle und der Umwelt steht. Die Auseinandersetzung mit der Umwelt vermag sogar den Genen einen zweiten Code aufzuprägen, der heute als epigenetisch bezeichnet wird. Es ließ sich sogar zeigen, dass genetisch fixierte Merkmale durch die Ernährung beeinflusst werden können.

Eine weitere Quelle von Komplexität bilden die Mikroorganismen; das Ausmaß der Komplexität erreicht astronomische Größen. Alleine diejenigen Mikroorganismen, die den Menschen besiedeln, übertreffen die Anzahl seiner eigenen Zellen um etwa das Zehnfache! Darüber hinaus folgen sie in ihrem Aufbau unterschiedlichen Bauplänen; sie lassen sich in Viren, Bakterien, Pilze und Parasiten unterteilen. Die enorme Anzahl und Vielfalt der den Menschen besiedelnden Mikroorganismen relativiert auch die Rolle des humanen Genoms, denn die Kleinstorganismen besitzen zusammengenommen vermutlich einen größeren Genpool als den Mensch selbst; seine Verdauungs- und Stoffwechselleistungen wären ohne die Mikroorganismen gar nicht möglich. Die Mikroorganismen interagieren darüber hinaus in vielfältiger Weise mit dem menschlichen Organismus. Veränderungen der Darmflora etwa stehen mit unterschiedlichen medizinischen Problemen in Zusammenhang. Interessant dabei ist die Beobachtung, dass sich Bakterien beispielsweise zu emergenten Organisationsformen zusammenschließen können, den so genannten Biofilmen, die auch emergente Systemeigenschaften generieren.

Folge einer Auseinandersetzung des Wirtes mit Mikroorganismen können Entzündungen sein. Diese stellen nicht nur per se ein medizinisches Problem dar; sie sind offensichtlich auch mit verschiedenen chronischen Erkrankungen verbunden, wie den rheumatischen Erkrankungen oder einigen Formen des Krebs. Lange wurden Krebserkrankungen als ausschließlich genetisch verursacht aufgefasst. Die Infektion mit Mikroorganismen kann jedoch auch einen Mehrstufen-Prozess der Tumorentstehung initiieren. Wenn die dabei entstehende Entzündung nicht nach einer gewissen Zeit wieder abklingt, sondern chronisch verläuft, kann sie in die Entstehung von Tumoren münden. Im Zuge dessen kommt es zu Mutationen, die tumorhemmende Funktionen (Tumorsuppressor-Gene) zerstören oder Zellen zu ungebremstem Wachstum (Onkogene) treiben.

Neben den Infektionen stehen weitere Umweltbedingungen in Verbindung mit der Tumorentstehung. Die bereits seit langem bekannten, so genannten Karzinogene lösen mit einer bestimmten Wahrscheinlichkeit Tumore aus. Dazu gehören chemische Produkte im Zigarettenrauch, chemische Stoffe in Lebensmitteln oder physikalische Karzinogene wie radioaktive Strahlung. Aber auch die Übergewichts-Epidemie, die die westliche Welt erfasst hat, legte einen Zusammenhang von Ernährung und Tumorentstehung nahe. Das so genannte metabolische Syndrom beschreibt dabei Abweichungen im Fett- und Glukose-Stoffwechsel mit Übergewicht. Es ist assoziiert mit einem erhöhten Risiko für chronische Erkrankungen, wie Diabetes, und Tumoren, wie dem Kolonkarzinom.[89]

Dies zeigt nicht nur die komplexe Interaktion von Organismus und Umwelt, sondern auch die Relevanz des Gesamtsystems, dass sich nicht auf die Gene reduzieren lässt. Die Untersuchung von Systemen und Subsystemen ist, nicht nur bei der Entzündungs- und Krebsforschung, heute technisch möglich geworden. Sie liefert Einsichten in die Struktur der biologischen Systeme und liefert die Grundlagen, Nutzen und Organisationsformen sichtbar zu machen. Dabei lassen sich allgemeine Netzwerkgesetze aufweisen, die medizinisch – sei es für die Diagnostik oder für die Therapieforschung – relevant sind.

---

[89] Pathogenetisch ist diese Veränderung mit einer Insulin-Resistenz und einem proinflammatorischen Phänotyp (IL-6, TNF etc.) vergesellschaftet (S. Cowey and R. W. Hardy, 2006).

4.1 Gene, Genregulation und Epigenetik

Die Gene gelten gemeinhin als die determinierenden und vorherbestimmenden Entitäten biologischer Systeme: Gleichzeitig mit unserer Zeugung werden wir unwiderruflich und unentrinnbar mit unseren Genen ausgestattet. Dabei besteht die Vorstellung, dass wir, gleichsam wie Marionetten an den Fäden, durch unsere Gene gesteuert werden. Damit verbindet sich die naturphilosophische Vorstellung, dass die Determiniertheit der unbelebten Welt, wie sie durch die Gültigkeit ewiger und universeller Gesetze der Physik gesteuert wird, in der belebten Welt durch die Gene bedingt ist. Die Genetik, die Wissenschaft von der Vererbung, ist ein zentrales Beispiel dafür, wie einfache reduktionistische Konzepte durch neue Entdeckungen an Komplexität zunehmen und ihre reduzierende Basis verlieren.

Mit der Wiederentdeckung Mendels ließen sich phänotypische Eigenschaften wie die Blütenfarbe von Erbsen, aber auch klinische Phänomene wie die Blutgruppen bestimmten Vererbungshäufigkeiten zuordnen (s. Abb. 10). Diese Häufigkeitsmuster ließen sich wiederum genotypischen Muster zuordnen. Aus genetischer Sicht bestimmen die Gene den Phänotyp eines Organismus: paarweise verbundene Merkmalsträger, die dominant bzw. rezessiv Ausprägungen bewirken können. Mit der Entdeckung der Chromosomen und der DNA als Träger der Vererbung fanden sich auch das Substrat der Gene und damit die Grundlagen der Mendelschen Erbgänge. Die Zuordnung von Proteinen zu Genen als deren Produkte erlaubte schließlich die Formulierung der „Ein-Gen-ein-Protein-Hypothese", die den Weg vom Gen zum Phänotyp beschrieb. Die Entschlüsselung des genetischen Codes letztlich eröffnete ein Verständnis dafür, wie auf molekularer Ebene die Gene aufgebaut sind. Der Code stellt sich nicht nur als wirkmächtig dar, sondern auch als universell im Reich der Biologie. Damit hatte man eine detaillierte molekulare Vorstellung, wie die biologische Vielfalt festlegt, ein Bauplan in jeder Zelle hinterlegt und an die Nachkommen weitergeben wird, entwickelt.

Die Konzeption eines genetischen Codes fand dann in den 50er Jahren des letzten Jahrhunderts statt und wurde von dem Ziel mitbestimmt, steuerbare und kontrollierbare Strukturen der Welt zu identifizieren und zu nutzen.[90] Wie die genetische Information fließen muss, damit aus den Genen ein Phänotyp hervorgehen kann, formuliert das so genannte ‚zentrale Dogma' (Z.D.).[91] Es behauptet,

---

[90] L. E. Kay, 2001.
[91] D. Thieffry and S. Sarker, 1998.

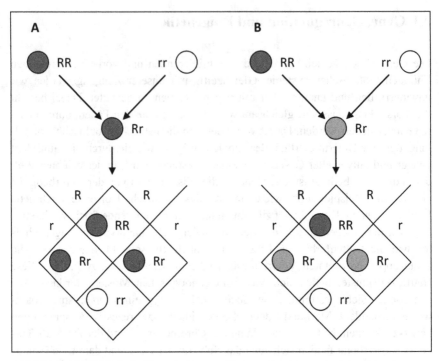

Abbildung 10: Mendelsche Vererbungsregeln
Mendel erkannte statistische Regelmäßigkeit in der Vererbung und formulierte diese in
denen nach ihm benannten Mendel-Regeln oder -Gesetzen. Danach erhält man bei der
Kreuzung zweier Linien, die sich in einem Merkmal unterscheiden, in der Tochtergeneration (F1-Generation) einen einheitlichen, uniformen Phänotyp. Kreuzt man wiederum die
F1-Hybride, spalten sie sich in der nächsten Tochtergeneration (F2-Generation) phänotypisch in einem bestimmten Zahlenverhältnis auf: bei einem dominant-rezessiven Erbgang
im Verhältnis 3:1, bei einem intermediären Erbgang im Verhältnis 1:2:1. A: rezessiv-do-
minanter Erbgang. B: intermediärer Erbgang. Buchstaben: R: dominantes Merkmal für die
Farbe ‚rot'; r: rezessives Merkmal für die Farbe ‚weiß' (nach G. Czihak et al., 1981)

dass diese Information, die in der DNA in Form des genetischen Codes nieder-
gelegt ist, in einer Kopie, der messenger-RNA (mRNA), hinterlegt wird (Transkription). An den Ribosomen wird mit Hilfe dieser mRNA dann die Aminosäuresequenz der Proteine erzeugt (Translation). Das bedeutet, dass die Information in einem unidirektionalen Prozess von der DNA zu den Proteinen fließt.
(siehe Abb. 11).

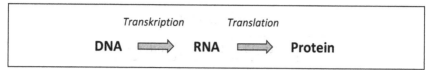

Transkription   *Translation*

DNA ⇒ **RNA** ⇒ **Protein**

Abbildung 11: Das „zentrale Dogma"
Das so genannte zentrale Dogma wurde von Francis Crick als Hypothese formuliert. Es beschreibt einen unidirektionalen Informationsfluss von der DNA zur RNA und schließlich zu den Proteinen. Den ersten Schritt nennt man Transkription, den zweiten Translation. Die Information kann auch durch die Replikation von DNA zur Neusynthese der DNA fließen.

Die Konzeption des zentralen Dogmas passt zu einer Vorstellung, wonach die Gene alle biologischen Prozesse und Strukturen determinieren. Biologische Vorgänge oder Phänotypen auf die Gene zurückzuführen, wird als genetischer Determinismus bezeichnet. Er enthält insofern eine Reduktionsthese, als er behauptet, dass die komplexen Vorgänge in Organismen und Zellen auf die Gene reduzierbar und durch diese erklärbar sind. Diese inzwischen als klassisch geltenden Konzepte sind durch die neuere genetische Forschung nicht nur herausgefordert, sondern in weiten Bereichen auch revidiert worden. Im Wesentlichen sind dabei drei Felder auszumachen, die dies bewirkt haben und immer noch bewirken. Dies sind die Einsichten in die RNA-Prozessierung, dann in die Genregulation und die sie steuernde Signaltransduktion und schließlich in die Epigenetik, die die Gene endgültig aus ihrem determinierenden Dunstkreis lösen. Im Gegenteil werden die Gene in die Wechselwirkung des Organismus mit seiner Umwelt eingefügt.

Bestandteil einer reduktionistischen genetischen Konzeption ist es, dass von der Gen-Ebene die darüber liegende Zell- oder Proteinebene eindeutig abgeleitet werden kann, wie es das Z. D. suggeriert. Dies muss nicht „eins-zu-eins" erfolgen; es lassen sich auch Phänomene der höheren Ebene durch mehrere Fakten und Mechanismen der niedrigeren erklären („Viele-eins-Zuordnung"). Verhält es sich jedoch umgekehrt, schließt dies eine Reduktion aus („Eins-viele-Zuordnung"): Denn wenn aus einem grundlegenden Mechanismus, etwa auf der molekulare Ebene, mehrere Phänomene auf der höheren zellulären Ebene folgen, sind letztere natürlich nicht mehr eindeutig ableitbar bzw. erklärbar. Eine Ableitung also wäre möglich, wenn das Protein einem Gen oder mehreren Genen zugeordnet werden kann. Folgen jedoch aus einem Gen mehrere Proteine, dann kann

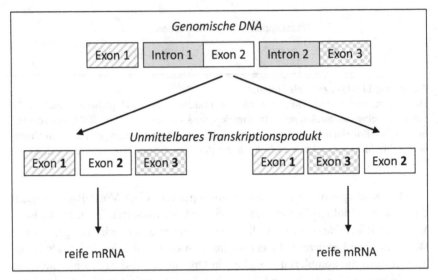

Abbildung 12: Splicing
Schematische Darstellung des Splicings. Eukaryotische Gene sind in Exons und Introns aufgeteilt. Die Introns werden aus dem mRNA-Vorläufermolekül durch einen Proteinkomplex, das so genannten Spleißosom, herausgeschnitten. Danach werden die transkribierten Exon-Sequenzen entweder in der genomischen Reihenfolge (Exon 1–3, linke Seite) zusammengefügt oder neu kombiniert (rechte Seite: Exon 1, 3, 2). Letzteres nennt man alternatives Splicing.

das Protein eben nicht mehr eindeutig aus dem Gen abgeleitet werden.[92] Obgleich aus dem zentralen Dogma eine eindeutige Ableitbarkeit von Proteinen aus den Genen postuliert wird, sind seit längerem Beispiele aus der Genetik bekannt, die genau dieser Forderung des genetischen Reduktionismus widersprechen.

Eines dieser Phänomene wird als Splicing bezeichnet und fällt in den Bereich der RNA-Prozessierung. Grundlage für dessen Verständnis ist, dass die DNA-Sequenz von Eukaryonten in für Proteine kodierende und nicht kodierende Regionen unterteilbar ist. Erstere nennt man Exons, letztere Introns (s. Abb. 12). Beim Vorgang der Transkription nun wird eine vorläufige mRNA vom Gen abgeschrieben und diese dann weiter bearbeitet. Dabei können die von den Exons abgeschriebenen Bereiche untereinander kombiniert werden, wodurch verschie-

---

[92]   P. Finzer, 2003, S. 37-39.

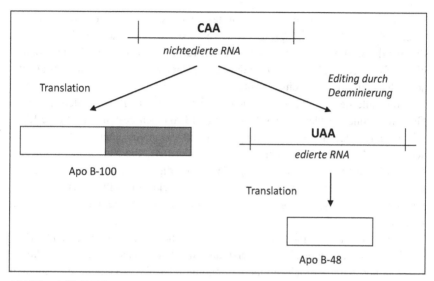

Abbildung 13: Editing
Schematische Darstellung des RNA-Editing am Beispiel des Apolipoprotein B. Durch chemische Veränderung eines Cytidins, das dadurch in ein Uridin umgewandelt wird, entsteht ein Stopcodon. Dadurch wird die Abschrift der RNA in das korrespondierende Protein (Translation) an dieser Stelle der Sequenz beendet. In Folge entsteht, bei unverändertem Cytidin, ein langes Protein (Apo B-100), durch das Editing eine verkürzte Version, das Apo B-48. Das kürzere Protein wird vornehmlich im Dünndarm produziert, die Langversion hingegen in der Leber (nach L. Stryer, 1996).

dene mRNA-Moleküle entstehen, die wiederum für Proteine unterschiedlicher Aminosäuresequenz kodieren. In diesem Beispiel entstehen also aus einer primären DNA-Gen-Sequenz mehrere Proteine. Dies erlaubt keine eindeutige Ableitbarkeit bzw. Reduzierbarkeit, was der Forderung des genetischen Reduktionismus widerspricht.

Ein weiteres bedeutendes Phänomen im Rahmen der RNA-Prozessierung, das als Editing bezeichnet wird, läuft ebenfalls dem zentralen Dogma entgegen (s. Abb. 13). Bekanntlich bilden immer drei Basenpaare ein Codon und kodieren für eine Aminosäure; die Veränderung einer Base kann damit bereits zum Einbau einer veränderten Aminosäure in das jeweilige Protein führen. Danach kann die Sequenz einer RNA durch chemische Umwandlung einzelner Basen verändert werden. Dies ist der Fall, wenn die Veränderung eines Codons zur Bildung eines Stopsignals (Stopcodon) führt, das wiederum die Beendung des Proteinsynthesevorganges an diesem Punkt nach sich zieht. Dann entsteht statt des kompletten

Proteins durch das Editing ein verkürztes, zweites Protein. Dies lässt sich beispielsweise für das Apolipoprotein B gewebsspezifisch im Darm nachweisen, wo
durch Editing die zweite, verkürzte Proteinvariante entsteht. Auch hier können
einer DNA-Sequenz mehrere Proteine zugeordnet werden, was mit dem genetischen Reduktionismus nicht vereinbar ist.

Im Falle des Editing und Splicing können mehrere Proteine dem gleichen
Gen zugeordnet werden – zwischen Gen und Proteinen besteht damit eine Eins-
Viele-Beziehung, die die Reduktion unterläuft: Wenn aus einem Gen völlig verschiedene Proteine folgen, können Organismus bzw. die Zellen nicht auf ihre
Gene reduziert werden. Dann besagt das Gen lediglich, dass mehrere Möglichkeiten auftreten können, dass also ein gewisses Spektrum an Proteinen, Enzymen
und damit Phänotypen vom jeweiligen biologischen System erzeugt werden
können.

Die klassische Vorstellung, dass die Gene die determinierenden und unver-
rückbaren Strukturen des Lebens darstellen, wurde inzwischen weiter erschüttert.
Gene stellen nämlich nicht einfach autonome oder aktive Gebilde dar, sondern
sie sind passiv und müssen aktiv abgeschrieben (transkribiert) werden. Nur durch
die aktive Abschrift der Gene – zur Herstellung von RNA – kann es zur Protein-
synthese und damit zur Ausbildung eines bestimmten Phänotyps kommen
(Z. D.). Gerade ihre Expression ist fein reguliert. Das Phänomen hinter dieser
Forschung wird als Genregulation bezeichnet. Inzwischen sind zahlreiche Faktoren bekannt, die die Expression von Genen beeinflussen können, wie etwa Nährstoffe, Botenstoffe, aber auch Bakterien oder Viren.

Um ein Gen „anzuschalten" bzw. um es abzuschreiben (transkribieren), ist
eine beachtliche molekulare Maschinerie notwendig, der so genannte basale
Transkriptionsapparat. Dieser enthält neben der Polymerase, die die RNA synthetisiert, weitere Transkriptionsfaktoren.[93] Zahlreiche solcher Faktoren sind bekannt, die an ganz bestimmte DNA-Sequenzabschnitten – zumeist vor einem
Gen – binden, mit dem Transkriptionsapparat interagieren und dadurch die
Transkription steuern können. Über diese sequenzspezifische Bindung kommt es
dazu, dass einige Transkriptionsfaktoren die Expression biologisch eng untereinander verbundener Gene reguliert; es wird sozusagen ein ganzer Fächer von
Genen über einen bestimmten Transkriptionsfaktor gesteuert.

Der Transkriptionsapparat steht über seine Proteine mit weiteren Systemen
der Zelle oder der Zelloberfläche in Verbindung. In letzterem Fall spricht man

---

[93]   B. Lewin, 1994, S. 860.

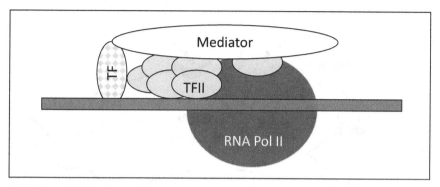

Abbildung 14: Genregulation
Schematische Darstellung der Genregulation in Eukaryonten. Der so genannte basale Transkriptionsapparat transkribiert das Gen, bestehend aus RNA-Polymerase II (RNA Pol II) und den assoziierten Transkriptionsfakoren TF II. Zusätzlich spielen genspezifische Transkriptionsfaktoren (TF) eine Rolle bei der Regulation, ebenso wie weitere Mediatoren, die Signaltransduktionskaskaden integrieren können. Die DNA ist als dunkler Balken dargestellt (nach B. Lewin, 1994).

von Signaling, das heißt, dass die Aktivierung von Rezeptoren an der Zelloberfläche über Protein- und Enzymkaskaden die Expression von Genen auslösen kann.

Zu einer ganzen Familie von Transkriptionsfaktoren, die von Rezeptoren der Zelloberflächen aktiviert werden, zählt der so genannten Nukleare Faktor kappa B (NF-kB). Dieser wiederum kann durch zahlreiche Stimuli aktiviert werden, wie bakterielle und virale Infektionen, und ist an verschiedenen zellulären Aktivitäten beteiligt, wie Entzündungsreaktionen oder der Immunantwort. In letzter Zeit wurde seine Beteiligung an der Tumorentstehung herausgearbeitet, durch Proliferationssteigerung und Unterdrückung des programmierten Zelltodes (Apoptose). Wird beispielsweise im Rahmen einer Infektion das Cytokin TNF freigesetzt, bindet es an seinen entsprechenden Rezeptor und es kann über eine Signalkaskade zur Aktivierung (Transkription) von Genen kommen, die wiederum über den Transkriptionsfaktor NF-kB reguliert werden (siehe Abb. 14).

Die Regulationskaskaden von der Zelloberfläche zur Transkription zeigen sehr schön, wie sich die Interaktion von Genen mit der Umwelt, etwa bei einer Infektion, abspielen; Gene sind also nicht starre, determinierende Einheiten, sondern Elemente, die einer komplexen Regulation durch zahlreiche externe und interne Faktoren ausgesetzt sind. Dies ist ein Gegenbeispiel zu der Vorstellung,

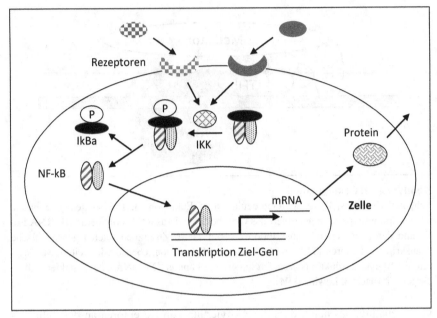

Abbildung 15: NF-kB-Signaltransduktion
Schematische Darstellung einer Zelle mit Zellkern. An der äußeren Zellwand befinden
sich Rezeptoren, an die Zytokine binden können, wie beispielsweise der Tumor-Nekrose-
Faktor-alpha. Eine solche Bindung führt zur Aktivierung eines Enzymkomplexes namens
IKK. Dies führt wiederum dazu, dass der Faktor IkBa phosphoryliert wird. NF-kB liegt
als Dimer vor, besteht also aus zwei Untereinheiten. Die Phosphorylierung des Kofaktors
IkBa erlaubt, dass NF-kB in den Kern wandert und dort spezifische DNA-Bindungsstellen
besetzt, was wiederum die Expression spezifischer Gene induziert. Dadurch werden die
Transkription der Gene und schließlich die Synthese der korrespondierenden Proteine eingeleitet, was dann biologische Aktivität entfaltet.

dass die Gene Informationen tragen, die in nur eine Richtung fließen (Z. D.).
Umgekehrt nämlich kommunizieren die Proteine, also die Genprodukte, untereinander, um die Transkription und Translation zu bewerkstelligen.

Dabei werden auch Umwelteinflüsse verarbeitet und bis auf die Ebene der
Genregulation vermittelt. Es zeigt sich dabei auch, dass der genetische Determinismus nicht zuletzt deshalb nicht trägt, weil Gene ihre eigene Regulation nicht
bewerkstelligen, sondern auf „gen-fremde" Faktoren, nämlich auf Proteine, angewiesen sind. Sie kodieren lediglich für die Aminosäuresequenz und stellen
selbst keine Effektoren ihrer eigenen Regulation dar. Entsprechend sind es große

Proteinkomplexe, die neben der Transkription das Splicing und Editing bewirken. Die Gene sind also mit den Proteinen aufs Engste verwoben, eine Verbindung, die sich als hochgradig komplex darstellt und durch den genetischen Reduktionismus nicht abgebildet wird.

Die Situation wird dadurch weiter kompliziert, dass die DNA, die für die
Proteine codiert, aber auch einen Bindungspartner für regulatorische Proteine
wie Transkriptionsfaktoren darstellt, in der Zelle nicht frei vorliegt. Die DNA-
Doppelhelix wird im Zellkern an unterschiedliche Proteine gebunden. Den
größten Anteil bilden dabei kleine Proteine, die so genannten Histone, die sich
wiederum zu Komplexen zusammenlagern. Die DNA, gebunden an Histonen-
Komplexe, wird als Chromatin bezeichnet.[94] Das Chromatin steht dabei mit der
Genexpression in Verbindung. Dabei werden kleine Moleküle wie Acetylreste an
die Histone gebunden bzw. wieder entfernt; die Acetylierung von Histonen wird
im transkriptionell aktiven Chromatin (Euchromatin) gefunden, die Deacetylierung im inaktiven (Heterochromatin). Entsprechend zur Aktivierung von Genen
durch Histon-Acetylierung kann die Genaktivität durch Entfernen der Ace-
tylgruppen unterdrückt werden.

Die Acetylierung von Histonen wird in den Zellen subtil gesteuert; das
Gleichgewicht zwischen Acetylierung und Deacetylierung variiert dabei zwischen verschiedenen Zellarten und -aktivitäten. Dies wird durch Proteinkomplexe bewerkstelligt, die auch in Signaltransduktionswege eingebunden sind.[95] Das
Netzwerk der Acetylierung erfasst aber nicht nur die Histone, sondern bezieht
weitere Proteine und deren Aktivierung mit ein, wie beispielsweise das p53, ein
Protein, das die Entstehung von Tumoren unterdrückt.[96]

Veränderungen der Histone durch Acetylierung, Phosphorylierung oder Methylierung wurde als „Code" gedeutet, der als so genannter „histone-code" unabhängig von dem genetischen Code verfasst und gelesen wird. Da dieser dem
DNA-basierten Code gleichsam aufgesetzt ist, wird er auch als „epigenetischer
Code" bezeichnet und das damit beschriebene wissenschaftliche Gebiet als Epigenetik.[97] Auch dabei zeigt sich, dass die Vorstellung der klassischen Gene ohne

---

[94] Etwa 200 bp der DNA und ein Histonkomplex werden als Nukleosom bezeichnet; dies wieder-
      holt sich als repetitive Struktur des Chromatins (B. Turner, 2001).
[95] Diese Proteinkomplexe werden als Histon-Deacetylasen bezeichnet und lassen sich pharma-
      kologisch hemmen. Diese Enzyme spielen in zahlreichen Vorgängen der Zelle – Transkription,
      Signaltransduction etc. – eine Rolle. P. Finzer et al., 2001; P. Finzer et al., 2002; P. Finzer et al.,
      2004.
[96] Y. Tang et al., 2008.
[97] T. Jenuwein and C. D. Allis, 2001.

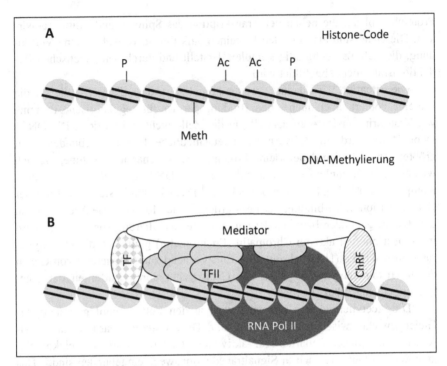

Abbildung 16: Epigenetik
Genregulation durch Acetylierung, Phosphorylierung von Histonen und Methylierung der
DNA. Histone sind als hellgraue Kugeln dargestellt, um die die DNA „herumgewickelt"
ist (schwarze Linie). (A) Histone können nach ihrer Synthese phosphoryliert oder acety-
liert werden, die DNA wird methyliert. Dies geschieht an unterschiedlichen, spezifischen
Proteinresten bzw. DNA-Sequenzen, wodurch eine Art epigenetischer Code entsteht (Jenuwein and Allis, 2001; Turner, 2007). (B) Faktoren, die Gene aktivieren, so genannte
Transkriptionsfaktoren (TF), können direkt oder indirekt acetylierende bzw. deacetylie-
rende Enzyme binden (ChRF); dabei „öffnet" sich das Chromatin und RNA kann durch
Polymerasen (PolII) gebildet werden. Wie Abb. 14, jedoch mit schematischer Darstellung
der chromatinisierten DNA.

ein regulatorisches Netz aus Proteinen – Histone, Transkriptionsfaktoren usw. –
nicht auskommt, ohne seine biologische Wirksamkeit und Bedeutung einzu-
büßen (vgl. Abb. 16).

Der Inhalt des zentralen Dogmas, der den Informationsfluss von der DNA
zur RNA und schließlich zu den Proteinen beschreibt, lässt sich in diesem Sinne

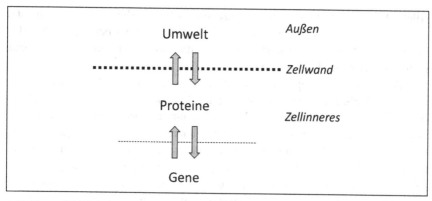

Abbildung 17: Nicht-determinierende Genetik
Schema: „nicht-determinierende Genetik", bei der die verschiedenen Ebenen wechsel-seitig aufeinander bezogen sind. Obgleich das zentrale Dogma die Ableitung von Protei-nen aus der DNA beschreibt, bildet doch die „Protein-Ebene" diejenige Ebene, die mit den Umwelteinflüssen interferriert – über Signaltransduktionen, Regelkreisläufe, Signale, die über Rezeptoren in die Zelle gelangen. Auf der anderen Seite werden Proteine und Zellprodukte an die Umwelt abgegeben. Die Proteine greifen ihrerseits auf die Gene zu-rück, indem sie ihre Expression steuern, und umgekehrt werden die Proteine von den Genen abgeschrieben.

erweitern. Denn die translationierten Proteine lagern sich zu Komplexen und Stoffwechselwegen zusammen. Die dadurch ausgebildeten Ebenen bzw. Sub-systeme können sich durch Rückkopplungsschleifen oder Interferenzen gegen-seitig beeinflussen oder steuern.

Die Epigenetik ist deswegen so interessant, weil sie eine Verbindung zwi-schen Umwelt und Vererbung darstellt; Einflüsse und Reize, die auf den Orga-nismus treffen, können fixiert und als Information auch an die nächste Genera-tion weitergegeben werden. Ein Beispiel dazu kommt aus dem Tierreich und lässt sich als Umwelt-Epigenetik bezeichnen; es zeigt, wie ein vererbbares Merk-mal durch die Nahrung festgelegt wird.[98] Dazu muss man wissen, dass die Fell-farbe von Tieren eine genetische Basis besitzt. Die so genannte Wildfarbe und der entsprechende Genlocus werden dabei als „agouti" bezeichnet, nach einem südamerikanischen Tier namens Agutis. Über dieses Gen wird die Verteilung schwarzen und gelben Pigments bei seiner Haarbildung gesteuert, die zur typischen hellen und dunklen Bänderung führt. Dabei wird durch das dominante

---

[98] D. C. Dolinoy and R. L. Jirtle, 2008.

Allel „A" die gelbe und durch das rezessive Allel „a" die schwarze Haarfarbe codiert. Das Agouti-Gen verschlüsselt das Agouti signaling peptide (ASIP), das zusammen mit dem Melanocortinrezeptor 1 die Verteilung von schwarzem und gelbem Pigment des Haares steuert.

Bei Hausmäusen gibt es zusätzliche Zuchtformen, die von hellen bis schwarzen Farben reichen. Eine bestimmte Mutation nennt sich „viable yellow" (vy). Mäuse, die vom Agouti-Gen ein Allel für schwarze Farbe und eines für viable yellow aufweisen (A^{vy} / a), können interessanterweise eine gelbe Farbe aufweisen oder aber schwarz aussehen wie ihre Mütter, die homozygot für a sind (a/a). Die gelben Tiere mit dem Genotyp (A^{vy} / a) sind größer, übergewichtig, zeigen vermehrte Insulinausschüttung und sind empfänglicher für Krebserkrankungen und umgekehrt: Sind die Mäuse dunkel (pseudoagouti), sind sie schlank, gesund und leben länger als ihre gelben Geschwister[99].

Welchen Phänotyp – von gelb bis schwarz – diese Mäuse entwickeln, kann überraschenderweise durch die Art der Nahrung der Mutter in der Schwangerschaft beeinflusst werden. Bekommen nämlich a/a-Mütter während der Tragezeit eine Ernährung, die reich an Folsäure und Betainen ist, dann werden ihre A^{vy}/a-Nachkommen vermehrt braunes Fell haben; das Gleiche gilt für den Soja-Bestandteil Genistein.[100] Umgekehrt führen Gaben von Bisphenol A (BPA) zur Zunahme der gelben Fellfarbe.[101] Bestimmte Substanzen in der mütterlichen Ernährung führen also zu Veränderungen der genetisch festgelegten Fellfarbe der Mäuse.

Inzwischen weiß man, dass diese Beobachtung durch epigenetische Mechanismen erklärt werden kann: denn das Agouti-Gen kann durch die Methylierung der entsprechenden DNA blockiert werden.[102] Bei diesem als Imprinting bekannten Mechanismus werden einzelne Methylgruppe an die DNA gehängt, nämlich an die so genannten CpG-Inseln. Bei Nachkommen von Mäusen, die Folsäure oder Genistein in der Nahrung hatten, wird das Gen A^{vy} methyliert und das a-Allel abgeschrieben, also das Fell schwarz bzw. braun. Bisphenol A hingegen führt nicht zur Methylierung des Gens, womit es abgeschrieben werden kann. Damit ist wiederum die Gelbfärbung des Mausfelles verbunden.

Dieses Programmieren der Tiere erfolgt in einem engen Fenster der Embryonalentwicklung. Es wurde vielfach darüber spekuliert, wieso es einen sol-

---

[99] G. L. Wolff et al., 1998.
[100] D. C. Dolinoy and R. L. Jirtle, 2008.
[101] D. C. Dolinoy et al., 2007.
[102] Ebd.

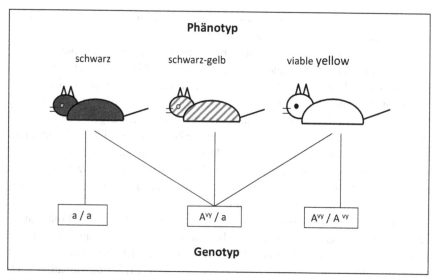

Abbildung 18: Agouti-Mäuse
Agouti-Mäuse können diverse Färbungsvarianten ihres Fells hervorbringen: Sie reichen von schwarz, schwarz-gelb bis gelb. Die gelben Tiere können darüber hinaus verfetten, verstärkt Insulin ausschütten oder häufiger Krebserkrankungen entwickeln. Diesen Phänotypen können unterschiedliche Genotypen zugrunde liegen. So können schwarze Tiere sowohl homozygot für das rezessive Allel a sein, als auch heterozygot für die Mutation A^{vy} (viable yellow), die für die gelbe Farbe kodiert. Der Grund liegt in diesem Fall in der epigenetischen Ausschaltung des Alles A^{vy} (viable yellow). Interessanterweise kann letzteres durch die Auswahl der Nahrung für das Muttertier begünstigt werden (siehe Text).

chen Mechanismus gibt. Zunächst ist es gut nachvollziehbar, dass die Ernährung der Mutter auf ihre Nachkommen Einfluss nimmt. Dadurch kann der jeweilige Genotyp auf die durch die Mutter vermittelten Umweltbedingungen angepasst werden, durch die Ausbildung des jeweils geeigneten Phänotyps. Außerhalb dieser sensitiven Perioden ist der Umwelteinfluss auf diese Plastizität der Entwicklung nur gering (vgl. Abb. 18).[103]

Das Beispiel zeigt aber auch, dass selbst genetische Merkmale modifiziert und verändert werden können, auch wenn das zeitliche Fenster, in dem das geschehen kann, sehr eng ist. In jedem Fall aber lassen sich die Gene nicht mehr als unveränderliche Instanz der biologischen Entwicklung verstehen; die „genetische Information" muss also als ein Text aufgefasst werden, der auf eine „Interpreta-

---

[103] P. Bateson et al., 2004.

tion" durch die Umwelt angewiesen ist. Diese setzt im Text Marken und Hinweise, entsprechend den Angaben in einer Notenpartitur über das Tempo oder die Lautstärke, die einem Musikstück überhaupt erst Ausdruck verleihen.

Die Epigenetik besitzt auch für medizinische Probleme Relevanz. So ist offensichtlich auch das menschliche Ungeborene nicht in einer durch die Mutter isolierten Plazenta von der Umwelt abgeschirmt, sondern diese ist durchlässig für Reize aus der Umwelt. Es fanden sich beispielsweise Ergebnisse, dass Erwachsene, die an koronarer Herzkrankheit erkrankten, bei ihrer Geburt klein waren und auch im Alter von zwei Jahren schmal, jedoch danach schnell an Gewicht gewannen. Dies korrelierte wiederum mit einer Insulinresistenz und dem Entstehen von Diabetes.[104] Schwerere Babies zeigen hingegen ein deutlich geringeres Risiko für diese Erkrankungen.[105]

Eine mögliche Erklärung dafür könnte darin bestehen, dass die Ernährungssituation der Mutter das Baby in eine bestimmte Richtung „trimmt". Ist die Ernährung der Mutter ungenügend, etwa aufgrund schlechter Ernten oder widriger Umweltbedingungen, wird das Ungeborene auf diese Ernährungssituation nach der Geburt eingestellt bzw. vorbereitet. In einer solchen „nährstoffarmen" Welt ist ein geringes Körpergewicht und ein angepasster Stoffwechsel evolutionsbiologisch gesehen zum Vorteil des Kindes.[106] Eine schlechte Ernährung der Mutter in der Schwangerschaft führt zu Nachkommen, die ein geringes Geburtsgewicht aufweisen. Im Umkehrschluss ist es aber ebenso vorstellbar, dass diese Kinder, wenn sie entgegen ihrer Programmierung auf eine sehr reichhaltige Ernährung nach der Geburt treffen, in metabolische Probleme geraten können, wie beispielswiese Glukose-Intoleranz und Diabetes.[107]

Diese uterine, pränatale Prägung lässt sich auch auf molekularer Ebene zeigen. Ein Beispiel dafür stellt eine Phase großen Hungers dar, wie sie im Winter 1944/1945 in den Niederlanden geherrscht hat. Die Mütter, die in dieser Zeit in einer frühen Phase schwanger waren, brachten Kinder zur Welt, deren epigenetisches Muster noch heute, also sechzig Jahre später, nachweisbar ist. Dabei wurde das IGF2-Gen untersucht, das während der Schwangerschaft eine große Rolle spielt. IGF sind insulinähnliche Wachstumsfaktoren, die eine hohe Ähnlichkeit

---

[104] D. J. P. Barker et al., 2005.
[105] P. Bateson et al., 2004.
[106] Ebd., S. 420. Gegen eine solche Erklärung spricht jedoch, dass das geringe Geburtsgewicht auch mit weniger Körperzellen und eingeschränkten funktionellen Möglichkeiten einhergeht. Dadurch kommt es auch zur reduzierten Anzahl von Nephronen, was wiederum mit der Entstehung von Bluthochdruck in Verbindung steht.
[107] S. E. Ozanne and C. N. Hales, 2004. Im Tierversuch hat sich gezeigt, dass schlecht ernährte Mäuseembryos kürzer leben, um so reichhaltiger ihre Ernährung nach ihrer Geburt war.

im Aufbau mit Insulin aufweist. Sie werden in zahlreichen, auch fetalen Geweben, gebildet. Der Methylierungsgrad des IGF-2-Gens war geringer bei Kindern hungerexponierter Schwangeren als bei deren Geschwistern, die nicht dem Hunger ausgesetzt waren.[108] Dies zeigt sehr deutlich, dass Umweltbedingungen in der frühen pränatalen Phase zu epigenetischen Veränderungen führen, die das ganze Leben wirksam sein können.

Auch wenn evolutionsbiologische Überlegungen hier spekulativ sind, so zeigen die Beispiele doch sehr deutlich, dass Gesundheit und gesundes Verhalten sehr mit der Vorgeschichte des individuellen Organismus verbunden sind. In der Terminologie der Systemtheorie lässt sich sagen, dass die Systemhistorie den Ist-Zustand und die Veränderungsmöglichkeiten festlegt. Dabei hat ein Kind mit geringem Geburtsgewicht bereits eine andere Entwicklungsgeschichte hinter sich als ein normalgewichtiges Neugeborenes. Damit aber beide nicht krank werden, wären unterschiedliche Verhalten notwendig. Das niedriggewichtige Kind sollte möglicherweise niedrigkalorisch ernährt werden, dass Normalgewichtige scheint gegenüber hoher Nährstoffzufuhr toleranter.

Die Gene bilden also keine reduzierbare Ebene, aus der alles erklärbar ist. Obgleich sie auf die Nachkommen übertragen und an sie weitergegeben werden, stellen sie dennoch nicht das determinierende Prinzip dar, das man lange Zeit in ihnen zu sehen geglaubt hat. Sie werden aktiv abgeschrieben, da sie an sich passiv sind, und dieser Vorgang wird aufwändig reguliert. Er ist offen gegenüber den Umweltbedingungen und kann durch sich ändernde Situationen angepasst und verändert werden.

Auch die Organisation des Genoms, der Gesamtheit der Gene eines Organismus, lässt sich im Sinne der Selbstorganisation beschreiben. Das Genom ist offensichtlich nicht zufällig organisiert, sondern bildet typische Strukturen, die beispielsweise davon abhängen, welche Gene gerade abgeschrieben werden. Sind für die Expression eines Gens co-regulatorische Gene oder regulatorische Sequenzen notwendig, bewegen sich die Chromosomen bzw. Chromosomregion relativ zueinander. Dabei befinden sich „genreiche" Chromosomen in der Mitte des Kerns, wohingegen sich „genarme" Abschnitte in der Peripherie aufhalten.[109] Die Genregulation, obgleich hochkomplex reguliert, ist auch für zufällige Schwankungen anfällig; so ist die stochastische Genregulation, also die zufällige Aktivierung von Genen, beschrieben worden und damit prinzipiell für den Zufall

---

[108] T. H. Bastiaan et al., 2008.
[109] T. Misteli, 2009.

offen.[110] Auch dies untergräbt das deterministische Konzept der klassischen Genetik und stellt sie auf eine Stufe mit den übrigen Subsystemen des Organismus.

Wie andere mikroskopische Zellstrukturen auch lassen sich Bestandteile des Zellkerns, der Aufbewahrungsort des Genoms, als selbstorganisiertes System beschreiben.[111] Prinzipien der Selbstorganisation lassen sich auch für die Bildung des Chromatins postulieren, das Träger epigenetischer Regulationen ist. Das Chromatin ist eine hochdynamische Struktur, deren Bestandteile in Verbindung mit dem Nukleoplasma ständig ausgetauscht werden. Auch Transkriptionsfaktoren interagieren nur kurzzeitig und vorübergehend mit ihren Zielsequenzen in der DNA.[112]

Reduktionistische und simplifizierende Konzepte der Genetik werden durch komplexe und dynamische Modelle ergänzt, die auf selbstorganisatorischen Grundlagen aufbauen. Nicht nur die Systeme sind für ihre Umwelt offen und veränderbar, auch ihre Zukunft und Weiterentwicklung ist nicht determiniert, sondern prinzipiell offen und unvorhersagbar.

4.2 Mikroorganismen, Biofilme und Infektionen

Einer der großen Erfolge der Biologie war es, eine systematische Botanik entwickelt zu haben, die auf den makroskopischen Eigenarten der verschiedenen Lebewesen beruhte. Die Mikrobiologie hingegen ist eine im Vergleich noch junge Disziplin, deren Entwicklung eng an die Erfindung des Mikroskops gekoppelt ist; erst dadurch konnte der Mikrokosmos sichtbar gemacht und entsprecht morphologisch eingeteilt werden.

Auch wenn die Existenz von Mikroorganismen schon im 16. Jahrhundert aus dem Verlauf verschiedener Epidemien postuliert wurde, gelang der Nachweis erst im 17. Jahrhundert durch A. van Leeuwenhoek. Er sah durch ein Mikroskop „kleine Tierchen", kleiner als Würmer oder Algen. Diese Entdeckung blieb in der Medizin längere Zeit unbeachtet, da diese Mikroorganismen nicht mit Krankheiten in Verbindung gebracht wurden. Es galt weiterhin die Lehre

---

[110]   W. J. Blake et al., 2003.
[111]   T. Misteli, 2001. Dies wurde für den Nukleolus vorgeschlagen, einem Subkompartiment des Zellkerns.
[112]   A. Wolffe and J. C. Hansen, 2001.

von der Urzeugung – *generatio spontanea* –, der Vorstellung, dass Leben direkt aus toter Materie entstehen konnte, etwa wie aus altem Käse plötzlich Maden hervortreten können. Der Nachweis, dass Mikroorganismen Erreger von Infektionskrankheiten darstellen, wurde erst zwei Jahrhunderte nach der Entdeckung der Bakterien erbracht.[113]

Erste große Erfolge waren der Nachweis des Tuberkulose-Erregers und die Entwicklung antibiotisch wirksamer Substanzen. Weitere Erreger wurden in der Folge identifiziert und mit bestimmten Krankheitsbildern in Verbindung gebracht. Große Volkskrankheiten und Seuchen wie die Cholera, die Diphterie oder die Pocken konnten auf definierte Keime als kausales Agens zurückgeführt werden. Diese Entdeckungen erst ermöglichten die heute routinierte Diagnose zahlreicher Erkrankungen durch den Nachweis spezifischer Erreger und die Entwicklung gezielter antiinfektiver Substanzen. Bis zum heutigen Tage ist diese Entdeckungsphase noch nicht zu ihrem Abschluss gekommen, wie man an der Identifizierung von HIV oder Hepatitis C in der jüngeren Vergangenheit sieht.

Mit der zunehmenden Kenntnis und Erfahrung im Umgang mit Mikroorganismen vervielfältigte sich auch das Wissen um deren gigantische Vielfalt.[114] Das betrifft nicht nur die Anpassungsfähigkeit an ihre Wirte oder die kurzfristige Veränderung im Verhalten gegen antiinfektive Substanzen, die so genannte Resistenz. Lange Zeit war auch die Besiedelung des Menschen durch Mikroorganismen unbekannt. Erst allmählich entwickelten sich die Techniken und Methoden, um diese Kleinstlebewesen anzuzüchten und zu unterscheiden. Nahezu die gesamte Oberfläche des menschlichen Körpers ist mit Mikroorganismen besiedelt; mit Pilzen, Bakterien und Viren. Diese so genannte physiologische Flora bildet sich im Wesentlichen auf der Haut und den Schleimhäuten. Dabei überschreitet die Zahl der Mikroorganismen die Anzahl menschlicher Zellen mindestens um das Zehnfache. Auf der Haut rechnet man mit 10^{12} und in der Mundhöhle mit etwa 10^{10} Organismen.[115]

Diese gigantische Menge an Mikroorganismen gehört unterschiedlichen Arten an und enthält eine enorme Anzahl an Genen, die als Mikrobiom bezeichnet werden. Dabei dürften die im humanen Genomprojekt identifizierten ca. 20.000 bis 30.000 Gene von denen des Mikrobioms um ein Vielfaches überschritten werden.[116] Damit wird erneut deutlich, dass der Mensch eine Art Su-

---

[113] H. G. Schlegel, 2004.

[114] So ist die Nomenklatur bzw. die Systematik der Pilze bis heute lückenhaft, da bei vielen Arten die sexuellen Formen, auf denen die Bestimmung basiert, nicht bekannt sind.

[115] H. Brandis et al., 1994, S. 181-188.

[116] P. J. Turnbaugh et al., 2007.

perorganismus darstellt, bestehend aus den eigenen Zellen und den auf ihm le-
benden Mikroorganismen; dessen Genbestand setzt sich dabei aus unterschiedlichen Organismen im Sinne eines Metagenoms zusammen.

Über die Bedeutung und Funktion der menschlichen Flora wurde vielfach
spekuliert; teils wurde sie als nutzlos angesehen, dass sie bestenfalls dazu da ist,
die Besiedelung gefährlicher Keime zu verhindern. Teils zeigen Untersuchungen
an, dass sie an einigen Leistungen des menschlichen Organismus beteiligt ist.
Entsprechend bezeichnet man das Verhältnis von Gast – der Flora – und dem
Wirt – nämlich dem Menschen – als Kommensalismus oder Symbiose. ‚Kom-
mensalen' bezeichnet Keime, die vom Zusammenleben profitieren, ohne den
Wirt zu schädigen, bei der Symbiose ziehen beide Nutzen. Die Keime des Darms
profitieren vom Zusammenleben mit dem Menschen ganz offensichtlich durch
die Versorgung mit Nährstoffen; allerdings ist diese Gemeinschaft nicht ohne
Vorteil für den Wirt: So sind die Bakterien des Darmes an der Verwertung der
Nahrung beteiligt, an der Synthese von essentiellen Aminosäuren und Vitaminen
und der Verstoffwechselung von potenziell giftigen Stoffen.[117] So verdauen sie
beispielsweise die für den Menschen unverdaulichen Polysaccharide – die auf
unserem Planeten am meisten verbreiteten biologischen Polymere – und wandeln
die entstehenden Monosaccharide in Fettsäuren um.[118] Darüber hinaus beeinflussen sie auch die Entwicklung des Immunsystems und die Energiebilanz des Gesamtorganismus.

Um eine Vorstellung von dieser Stoffwechselleistung der Mikroorganismen
zu erhalten, ist es hilfreich, sich den Darm als einen riesigen schlauchartigen,
oben und unten verschlossenen Bioreaktor zu denken. Der Darm eines Erwachsenen misst etwa acht Meter in der Länge; wenn man seine gefaltete Oberfläche,
die durch so genannte Zotten und Mikrozotten gebildet wird, ausbreiten würde,
ergäben sich etwa 200 Quadratmeter![119]

In diesem großflächigen Schlauch finden zahlreiche Stoffwechselleistungen
statt. Im Dünndarm finden sich etwa 10^{13}–10^{14} einzellige Mikroorganismen,
mehr als das 10-Fache des ganzen Zellbestandes des humanen Organismus.[120]
Die Darmflora erfüllt aber nicht nur eine Stoffwechselfunktion. Sie ist auch
enorm anpassungsfähig und in hohem Maße plastisch. Dieses mikrobielle
System ist nämlich in der Lage, sich selbst zu replizieren bzw. zu vervielfältigen.
Durch die hohe Replikationsfähigkeit der Mikroorganismen kann sich das Sys-

---

[117] S. R. Gill et al., 2006.
[118] F. Bäckhed et al., 2005.
[119] R. F. Schmidt und G. Thews, 1987, S. 764-765.
[120] F. Bäckhed et al., 2005.

tem in hohem Maße anpassen. Die Anpassung erfolgt dabei nicht nur im Hinblick auf die Nahrungssituation und das Nahrungsangebot in der Umwelt. Das System kann sich auch gegenüber dem Wirt und seinem Stoffwechsel adaptiv verhalten und sich in diesem Sinne co-evolutiv entwickeln.

Sehr grob können auf der taxonomischen Ebene die Dickdarmbakterien etwa hälftig in ‚Firmicutes' und ‚Bacteroides' eingeteilt werden; individuell kann dieses Verhältnis erheblich abweichen.[121] Detailliertere Untersuchungen der Darmflora legen die Konzeption nahe, dass es sowohl ein humanes Kernmikrobiom des Darmes gibt, das bei fast allen Menschen anzutreffen ist, als auch ein variables Darmmikrobiom gibt, das nur in kleinen Gruppen oder einzelnen Individuen gefunden werden kann.[122] Das variable Mikrobiom hängt offensichtlich von zahlreichen Faktoren des Wirtes ab, wie der Immunlage, dem Immunsystem oder den Lebens- und Essgewohnheiten.

Die Zusammensetzung der Flora des Verdauungstraktes stellt ein sehr interessantes Beispiel dar, wie die komplexen mikrobiellen Interaktionen eine einfache und distinkte physikalische Größe, wie das Körpergewicht, beeinflussen. Übergewichtige Menschen weisen eine Verschiebung der Darmflora auf, weg von den Bacteroides hin zu den Firmicutes; auf der anderen Seite nehmen die Firmicutes wieder zu, wenn Übergewichtige wieder an Gewicht verlieren.[123] Im Tierversuch fanden sich darüber hinaus weiterführende Zusammenhänge: Überträgt man die Darmflora von übergewichtigen Mäusen auf keimfreie Mäuse, die auch keine Darmflora besitzen, bekommen diese eine signifikant höhere Zunahme des Körperfetts als Mäuse, denen das Mikrobiom von dünnen Tieren übertragen wurde.[124] Wie genau die Darmflora das Körpergewicht reguliert, ist noch nicht bekannt. Möglicherweise hängen das Körpergewicht und die Darmflora mit einer Veränderung der Energieausnutzung aus der Nahrung zusammen; das Mikrobiom von dicken Mäusen ist reich an Genen, die für Verdauungsenzyme kodieren.[125] Dies mag darauf hinweisen, dass die Bakterien von übergewichtigen Tieren offensichtlich dem Wirt helfen können, zusätzliche Kalorien aus der aufgenommenen Nahrung zu extrahieren.[126]

---

[121] L. Dethlefsen et al., 2007.
[122] P. J. Turnbaugh et al., 2007.
[123] R. E. Ley et al., 2005, R. E. Ley et al., 2006.
[124] P. J. Turnbaugh et. al., 2006.
[125] Ebd.: Das betrifft offensichtlich Polysaccharidasen, die der Wirt nicht synthetisiert.
[126] M. Bajzer and R. J. Seeley, 2007. Bei diesen Experimenten bleibt die Frage offen, welche zusätzliche physiologische Bedeutung dem Verlust von Leptin bei den übergewichtigen Mäusen zukommt.

Dabei scheint die Darmflora selbst direkt Einfluss auf den Wirt nehmen zu können. Die Darmflora beeinflusst beispielsweise die Aufnahme von Monosacchariden aus dem Darmlumen und die Regulation von Wirtsgenen, die die Freisetzung von Fett in Fettzellen fördern.[127] Darüber hinaus können Bakterien bzw. deren Bestandteile wesentliche biochemische Regulationsvorgänge in den infizierten Zellen beeinflussen und manipulieren, wie etwa die Aktivierung von diversen Genen.[128]

Dass man den Menschen nicht auf sein Genom reduzieren kann, wird am Beispiel der Mikrobiologie ebenfalls deutlich; ein Großteil von Stoffwechselleistungen, auf die der Mensch angewiesen ist, ist in den Genen seiner mikrobiellen Besiedler kodiert. Aus den humanen Genen können also biochemische Fähigkeiten der Verdauung nicht vollständig erklärt werden. Dies stellt jedoch keine grundsätzliche Einschränkung der Reduktionsthese dar, denn Verdauungsleistungen des Menschen lassen sich ja von denen der Mikroorganismen gut trennen. Es handelt sich also um eine Einschränkung hinsichtlich der Vollständigkeit der Reduktion auf menschliche Gene; mit anderen Worten: Der Mensch muss noch fremde Organismen mit sich herumtragen, um die Nährstoffe der Umwelt für sich optimiert verwerten zu können.

Gleichzeitig zeigt es auch, wie die Mikroben Randbedingungen für das biologische System Mensch bilden; die Veränderung der mikrobiologischen Flora im Darm hängt mit einem veränderten Phänotyp – hier dick versus dünn – zusammen. Seine medizinische Relevanz (beispielsweise Übergewicht) wird daran deutlich, dass dieses Mikrobiom ganz offensichtlich an der Entstehung von Krankheiten beteiligt ist. Diese Beeinflussung lässt sich als gegenseitig bezeichnen, denn sowohl die Mikroflora als auch der Mensch erbringen Stoffwechselleistungen. Auf der anderen Seite führt der Mensch die Nahrung durch Essen zu und ernährt so sich und die Flora. Darüber hinaus ist davon auszugehen, dass das menschliche Verdauungssystem auch den Ort der Mikroben und ihre Aktivität mitsteuert und kontrolliert: So verändert sich die florale Zusammensetzung zwischen Magen, Dünn- und Dickdarm erheblich. Es findet also eine äußerst komplexe Interaktion und Vernetzung beider Systeme statt. Diese Komplexität erreicht, in Bezug auf mikrobielle Zellmasse, Genzahl und interagierende Teile, eine astronomische Größenordnung.

In Anbetracht der hohen Besiedlungsdichte des Darmtraktes kann es nicht verwundern, dass auch im Mundraum eine kaum zu überblickende Anzahl von

---

[127] F. Bäckhed et al., 2004.
[128] A. P. Bhavsar et al., 2007. Die Aktivierung dieser Gene kann über den NF-kB- oder den MAP-Kinase-pathway erfolgen (s. o.).

Keimen siedelt; derzeit hat man etwa 500 verschiedene Spezies identifiziert.[129] Ein großer Teil dieser Arten kann durch die traditionelle Nachweismethode der Anzucht nicht nachgewiesen werden, sondern aktuell nur durch molekularbiologische Methoden; die derzeitige bakteriologische Bestandsaufnahme ist daher aufwendig und keineswegs vollständig. Der Komplexität, die in diesem Biotop zu Tage tritt, kann unsere gegenwärtige Diagnostik daher noch nicht Rechnung tragen. Denn wir suchen medizinisch aus diagnostischen Gründen nach einigen wenigen Keimen im Mundraum, von denen wir wissen, dass diese mit einer Entzündung oder Veränderung einhergehen können. Dies ist beispielsweise für Streptokokken und das Krankheitsbild der Angina belegt.

Im Mundraum lässt sich aber auch ein weiteres, faszinierendes Phänomen mikrobiologischen Lebens direkt studieren; das sind die Zahnbeläge oder auch Plaques. Diese bestehen aus Mikroorganismen und einer Matrix aus Eiweiß und Kohlenhydraten.[130] Die bakteriellen Zellen entstammen dabei der normalen, physiologischen Mundflora und können sich auf den Grenzflächen der Zähne ansiedeln.

Um das Phänomen „Biofilm" zu verstehen, ist es ratsam, den Blick über die medizinische Mikrobiologie hinaus zu richten (vgl. Abb. 19). Die Bildung von Biofilmen ist nicht auf den Mundraum begrenzt, sondern stellt die überwiegende Lebensform von Mikroorganismen in der Natur dar. Sie finden sich in Böden und Gestein ebenso wie in Öltanks und an Schiffswänden. Grundsätzlich können alle Grenzflächen von Biofilmen überzogen werden, wobei nicht nur Bakterien daran beteiligt sein müssen, sondern auch Pilze oder andere Einzeller, wie Amöben oder Flagellaten. Allerdings können sich auch Teile davon ablösen und Kolonien an anderen Orten ausbilden. Die Biofilm-Matrix bildet dabei keine homogene Masse, sondern wird von Poren oder Kavernen durchzogen, die vielfältige Interaktionen mit der Umwelt zulassen.

Obgleich Mikroorganismen vornehmlich in Biofilmen leben, können sie sich offensichtlich in unterschiedlichen Lebensformen befinden; alleine, im so genannten planktonischen Zustand, oder eben in Gemeinschaft in Biofilmen organisiert. Dabei weisen beide Lebenszustände deutliche Unterschiede auf. Durch den Kontakt mit der Grenzfläche werden beispielsweise unterschiedliche Gene an- bzw. abgeschaltet. Gleichzeitig können die Bakterien Gene, beispielsweise Resistenzgene gegen verschiedene Antibiotika, auf benachbarte Bakterien

---

[129] J. A. Aas et al., 2005, S. 5721.
[130] Der Bakterienanteil beträgt etwa 15-20 %, wohingegen die Matrix (Glycocalyx) die restlichen 75-80 % ausmacht (S. S. Socransky and A. D. Haffajee, 2002, S. 14).

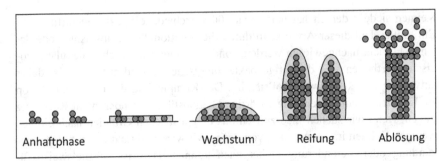

Abbildung 19: Biofilm
Schematische Darstellung der Reifungsphasen eines Biofilms. Zunächst heften Bakterien
(graue Kugeln) an eine Oberfläche, wobei die Anheftung durch diverse Moleküle – sowohl der Bakterien, aber auch des Wirts – erleichtert wird. Bei der Reifung können Bio-
filmstrukturen wachsen, die schließlich abreißen und möglicherweise neue Oberflächen
kolonisieren (nach Otto, 2009).

übertragen, was als horizontaler Gentransfer bezeichnet wird. Darüber hinaus erlaubt die Biofilm-Matrix einen veränderten Stoffwechsel, da dabei Enzyme gebunden werden können, Schadstoffe ferngehalten oder die Wirkung von UV-
Strahlen gemindert werden. So schirmt die Schleim-Matrix die Mikroorganismen
auch gegen Antibiotika und deren antimikrobielle Wirkung ab. Ein weiterer Mechanismus des geänderten Stoffwechsels – und auch der Resistenz gegen Antibiotika – besteht offensichtlich darin, dass einige Zellen des Biofilms sich in
einer Ruhephase befinden, in der sie gesättigt sind und einen reduzierten Stoffwechsel betreiben. Die Organismen innerhalb eines Biofilms können durch Zusammenwirken auch Stoffe abbauen, deren Verstoffwechselung ihnen im planktonischen Zustand nicht gelingt; dies ist eine Eigenschaft, die in der Selbstreini-
gung von Gewässern eine Rolle spielt.[131]
     Um auf die Mundbakterien zurückzukommen, ist deren Assoziation mit
dem Biofilm offensichtlich nicht zufällig, sondern nur bestimmte mikrobielle
Gruppen sind an der Filmbildung beteiligt. Es lassen sich heute sechs solcher
Gruppen unterscheiden, die man mit unterschiedlichen Farben bezeichnet hat,
um ihre medizinische Bedeutung auszudrücken. Bakterien, die die Zahnoberfläche in einer frühen Phase der Plaquebildung kolonisieren, sind zumeist Strep-

---

[131] L. Hall-Stoodley and P. Stoodley, 2009; L. Hall-Stoodley et al., 2004, S. 100; S. S. Socransky
     and A. D. Haffajee, 2002, S. 19-20.

tokokken und Actinomyceten.[132] Ihr Wachstum geht zumeist dem zweier weiterer Gruppen voraus, zum einen den Keimen des so genannten orangen Komplexes,[133] zum anderen denen des roten. Der orange Komplex wird in der späteren Phase der Biofilmbildung zahlreicher, ebenso der rote. Darüber hinaus spielt ersterer wahrscheinlich eine Rolle in der Besiedlung durch Keime der roten Gruppe; so findet man beispielsweise extrem selten Bakterien des roten Komplexes, ohne Keime aus der orangen Gruppe gleichzeitig nachweisen zu können. Jedoch kann man Aktinomyceten sehr oft ohne gleichzeitige Identifikation von Keimen des roten Komplexes finden. Diese Assoziation von bestimmten Bakterien in Plaques wird oftmals in Form einer Pyramide dargestellt, die die schichtweise Abhängigkeit der Besiedlung durch bestimmte Keimarten darstellen soll. Es ist nicht ungewöhnlich, dass in Plaques dreißig und mehr unterschiedliche Bakterienarten gefunden werden, was ihre Komplexität sehr deutlich werden lässt; diese Biofilme bilden somit Ökosysteme, die über die Schleim-Matrix zusätzlich ihr Milieu bzw. ihre Umwelt beeinflussen und regulieren können.[134] Aber, Biofilme können sich mit der Zeit ändern: So werden frühe kolonisierende Keime durch andere Arten begleitet oder gar ersetzt.

Die Bildung von Plaques steht mit der Entstehung der Parodontitis in Verbindung, einer Entzündung des Zahnhalteapparates (Parodontium), die im weiteren Verlauf auf dessen irreversible Zerstörung hinauslaufen kann. Beim Gesunden haftet das Saumepithel des Zahnfleisches am Zahnschmelz und bildet somit eine kontinuierliche Oberfläche. Bilden sich Biofilme zwischen Zahnfleisch und Zahn, kann dieser mit der Zeit die Entzündung des angrenzenden Gewebes bedingen, die auf den gesamten Zahnhalteapparat übergreift. Auch wenn die Plaquebildung beim Krankheitsgeschehen im Vordergrund steht, können Risikofaktoren wie eine schlechte Mundhygiene, genetische Dispositionen, Rauchen oder Stoffwechselstörungen wie Diabetes mellitus die Entstehung und Entwicklung der Erkrankung begünstigen.

In den Plaques von Zahnfleischgesunden findet man hauptsächlich Actinomyceten – die Basis der „Pyramide". Erhöhte Anzahl und Anteil von Keimen der orangen und roten Gruppe findet man hingegen bei Patienten mit Parodontitis.

---

[132] .... und weitere Keime wie *Capnocytophaga, Actinobacillus actinomycetemcomitans, Eikenella corrodens* und *Campylobacter soncisus* (S. S. Socransky and A. D. Haffajee, 2002).

[133] Zum orangen Komplex zählen beispielsweise Fusobakterien, Campylobacter, Prevotella oder *Peptostreptococcus*, zum roten *Porphyromonas gingivalis, Tannerella forsythia* und *Treponema denticola* (S. S. Socransky and A. D. Haffajee, 2002).

[134] S. S. Socransky and A. D. Haffajee, 2005.

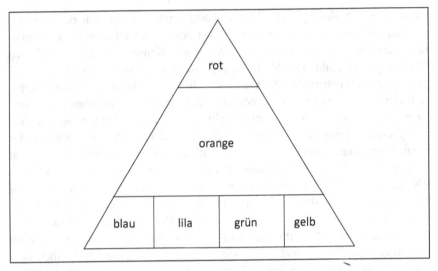

Abbildung 20: Parodontitis-Pyramide
Assoziation von subgingivalen Bakterienspezies (nach Socranska and Haffajee, 2002).
Die Basis (blau, lila, grün und gelb) bilden Bakterien, von denen man annimmt, dass sie
die Zahnoberfläche kolonisieren und sich dort in einer frühen Phase vermehren. Die Spezies des orangen Komplexes werden in einer späteren Phase der Plaque-Bildung zahlreicher; der rote Komplex charakterisiert die späte Phase.

Dabei wurde für eine Handvoll Keime eine kausale Rolle für die Entstehung
parodontaler Erkrankungen zugeschrieben (vgl. Abb. 20).[135]
    Die bei Parodontitis üblicherweise angewendete Therapie, nämlich die phy-
sikalische Entfernung der Plaques, auch unterhalb des Zahnfleischrandes durch
Küretten oder mittels schall- und ultraschallbetriebener Geräte, kann die Entzündung unterbinden und bestätigt damit deren pathogene Bedeutung. Bei aggressi-
ven, schnell verlaufenden Formen kann eine antibiotische oder desinfizierende
Behandlung sinnvoll sein.
    Die Parodontitis ist nur ein Beispiel für den Zusammenhang von Biofilmen
und Erkrankung; gegenwärtig wird geschätzt, dass mehr als 60 % aller mikrobiellen Infektionen durch Biofilme verursacht werden.[136] Unter den ersten Biofilmen, die als medizinisch relevant erkannt wurden, waren die, die sich auf Kathetern bilden. Dabei werden die Wände dieser Schläuche, die zumeist durch die

---

[135] Ebd., S. 28-29.
[136] K. Lewis, 2001, S. 1002.

Haut in ein Blutgefäß gelegt werden, mit einem Bakterienfilm überzogen. Liegen diese Katheter eine längere Zeit in Arterien, Venen oder der Harnröhre des Patienten, können sie so genannte katheter-assoziierte Infektionen auslösen, mit Fieber und Entzündungszeichen. Ähnliche Infektionen können durch chirurgische Implantate verursacht werden, die heute zunehmend als künstliche Hüfte oder Knieprothese eingesetzt werden. Auch Wundinfektionen können durch die Bildung von Biofilmen auf der verletzten Haut kompliziert und mit Entstehung von Fieber verlaufen. Biofilme sind auch an weiteren Grenzflächen des Körpers zu finden, beispielsweise an der Haut und im Darm.[137]

Aber auch zahlreiche weitere Erkrankungen können mit Biofilmen in Verbindung stehen. Ein wichtiger Aspekt dabei ist, dass es im Rahmen der Reifung von Biofilmen zur Ablösung bzw. Abschwemmung von Teilen und Fetzen des Films kommen kann, die wiederum andere Organe und Strukturen des Körpers kolonisieren können. Klinisch spricht man dann von wiederkehrenden Bakteriämien, also dem wiederholten Nachweis von Bakterien in der Blutbahn, was mit Fieber einhergehen kann und sich gar zur Sepsis mit tödlichem Verlauf weiterentwickeln kann. So können bei der Entstehung der bakteriellen Endokarditis Bakterien der Haut oder des Mundraumes in die Blutbahn gelangen und in der Folge die Herzklappen kolonisieren. Bakterien sind normalerweise kaum in der Lage, sich an intaktes Epithel, der Innenauskleidung von Herzklappen, anzuheften. Die Besiedelung dieser Strukturen erfolgt daher meist nach Schädigungen, bei Herzfehlern oder nach dem chirurgischen Einsatz von Klappenersatz. Die als Vegetationen bezeichneten Biofilme bestehen dabei aus Bakterienaggregaten, Blutplättchen und Substanzen der Blutgerinnung. Auch klinische Probleme in der Therapie weisen auf die Bildung von Biofilmen hin, denn die wirksamen Antibiotika müssen in sehr hohen Konzentrationen und über längere Zeit eingesetzt werden.[138]

Die cystische Fibrose ist in ihrer klinischen Symptomatik ebenfalls wesentlich durch die Bildung von Biofilmen geprägt. Dies trifft zu, obgleich dieser Erkrankung ein genetischer Defekt zu Grunde liegt – nämlich die Mutation im CFTR (cystic fibrosis transmembrane conductance regulator)-Gen. Der Gendefekt führt zu einer Dysfunktion im Elektrolytstoffwechsel, damit in der Folge zu einer erhöhten Zähflüssigkeit des bronchialen Schleims und zum verzögerten Abtransport des Schleims. Klinisch problematisch und gefürchtet sind hingegen die bronchialen bakteriellen Infektionen, die leicht in chronische Verläufe über-

---

[137] L. Hall-Stoodley and P. Stoodley, 2009.
[138] L. Hall-Stoodley et al., 2004, S. 103; R. M. Donlan and J. W. Costerton, 2002, S. 175-176.

gehen. Die Bronchien bilden dabei eine riesige Grenzfläche, die mit Schleim überzogen ist, und auf diesem Boden können im Falle der cystischen Fibrose Biofilme entstehen und sich ausbreiten. Die dort siedelnden Keime sind oftmals resistent und therapeutisch kaum beherrschbar.

Die Liste der Infektionskrankheiten, in deren Entstehung Biofilme involviert sind, lässt sich weiter verlängern. Dazu zählen die Wundinfektionen ebenso wie die chronische Mittelohrentzündung bei Kindern und die chronische bakterielle Prostatitis.[139] Die Biofilm-Forschung des Darmes steht erst an ihrem Anfang, obgleich Biofilme im Darm und auf Speiseresten nachgewiesen wurden; ihre Bedeutung im Krankheitsgeschehen, etwa bei den entzündlichen Darmerkrankungen, wird sich erst erweisen müssen.[140]

Das heißt aber auch, dass Infektionskrankheiten weiter differenziert werden müssen. Im Allgemeinen denkt man bei diesen Erkrankungen an akute Verläufe und stellt sich dabei Erkältungen, Grippe, Scharlach oder Windpocken vor. Diese Erkrankungen werden typischerweise durch exogene Erreger verursacht und zeigen einen raschen Beginn mit einer Ausheilung innerhalb von Tagen oder Wochen. Auch chronische Verläufe sind bekannt und lassen uns an die Tuberkulose denken, die zwar auch durch exogene Keime verursacht wird, aber langsam beginnt und erst längere Zeit nach dem Eindringen der Erreger in den Körper klinisch fassbar wird.[141]

Die Erkrankungen durch Biofilme müssen dabei als eine eigenständige dritte Form aufgefasst werden. Der Beginn dieser Erkrankung ist verzögert und verläuft wellenartig, meist über längere Zeit. Die wesentliche Charaktereigenschaft ist jedoch, dass die involvierten Keime zur physiologischen Flora des Körpers gehören. Die gebildeten Biofilme können nicht nur in kleinen oder größeren Teilen abreißen oder abgeschwemmt werden und dadurch andere Orte des Körpers kolonisieren oder infizieren (siehe auch Abb. 19); sie können auch über Stoffwechselprodukte, Hemmung körpereigener Stoffwechselwege oder der Bildung von bakteriellen Giften Krankheiten hervorrufen. Zudem kann die Stimulation der körpereigenen Abwehrsysteme zu Gewebeschäden und weiteren Entzündungen führen.[142] Sie sind komplex organisiert in einer Matrix, was deren Behandlung erheblich erschwert. Dass es sich hierbei nicht um eine Rarität han-

---

[139] R. M. Donlan and J. W. Costerton, 2002.

[140] S. Macfarlane, 2008; S. Macfarlane and J. F. Dillon, 2007.

[141] Nach einer Infektionskrankheit können sich auch post-infektiöse Krankheiten entwickeln, wie das rheumatische Fieber oder die Lyme Borreliose. Ihr Beginn ist bezogen auf die Infektionserkrankung typischerweise verzögert und wird als Immungeschehen aufgefasst.

[142] R. M. Donlan and J. W. Costerton, 2002, S. 185-186; L. Hall-Stoodley et al., 2004.

delt, zeigt die Häufigkeit ihres Auftretens: Dentale und peridontale Erkrankungen gehören zu den häufigsten Infektionskrankheiten des Menschen.[143] Bakterien sind zumeist als einzellige Einzelorganismen lebensfähig und bilden nicht zwingend zusammenhängende Formationen. Ihr Wachstumsverhalten als Biofilm auf Kathetern oder medizinischen Implantaten lässt sich daher als emergent bezeichnen und stellt ein komplexes interaktives Systemverhalten dar. Dieses Verhalten ist einem einzelnen Bakterium nicht möglich, sondern nur dem kollektiven Wachstum – in der großen Zahl von Individuen.

Die Komplexitätsgrade nehmen mit der Formation von Biofilmen ebenfalls zu. Unterschiedliche Bakterienarten können sich zu Plaques im Mundraum zusammenschließen, durch ihre Schleim-Matrix ihr eigenes Milieu schaffen und stabilisieren. Diese Lebensform nimmt auch auf die Stoffwechselleistung der Mikroorganismen selbst Einfluss; so verstoffwechseln Biofilm-Bakterien Polysaccharide effizienter als die planktonisch wachsenden Artgenossen, die wiederum Oligosaccharide schneller verdauen.[144] Bakterien können sich, wie beschrieben, spontan zu Biofilmen zusammenschließen, was sie gegenüber Antibiotika resistent werden lässt.[145] Diese Resistenz ist, ebenso wie die veränderten Stoffwechselleistungen, somit emergente Eigenschaft von Bakterien, die sie in einer spezifischen Organisationsform ausbilden können.[146]

Auch die Interaktion zwischen Biofilm und Wirt steigert die Komplexität, denn offensichtlich verändert die Immunantwort auch den Phänotyp des Biofilmwachstumsverhaltens.[147] Dieser Aspekt gilt auch vor dem Hintergrund, dass nicht jeder Biofilm im Körper eine Infektion auslöst oder medizinisch relevant ist. So kann der Biofilm der Haut nicht als per se krankheitsassoziiert bezeichnet werden. Auch im Mund stellen Zahnbeläge keine Krankheit dar, sondern lassen sich als Risikofaktoren für die Entstehung von Parodontitis auffassen. Die Biofilme im Darm, die auf Speiseresten gefunden werden, spielen gar eine physiologische Rolle, da auch die Stoffwechselleistung der Mikroorganismen dadurch reguliert wird. So wird auch die Krankheitsentstehung von zahllosen Faktoren komplex reguliert und bildet eine emergente Ebene der Organisation.

Dass die Umgebung eines Keimes an der Entstehung von Infektionen beteiligt ist, hat die Medizin als empirische Disziplin sehr früh verstanden. Es gibt in

---

[143] S. S. Socransky and A. D. Haffajee, 2005, S. 12.
[144] S. Macfarlane and J. F. Dillon, 2007, S. 143.
[145] Klinisch bedeutet dies, dass Plastikkatheter bei Patienten nach einer gewissen Zeit oder bei Anzeichen einer Entzündung gewechselt werden sollten.
[146] D. S. Coffey, 1998, S. 882-885.
[147] L. Hall-Stoodley et al., 2004, S. 101.

der medizinischen Mikrobiologie daher den Begriff des „fakultativ pathogenen Erregers": Keime, die auch normale Besiedler des Menschen sein können, aber unter bestimmten Bedingungen – Standortwechsel (Enterobacteriaceae) oder Verletzung von Schleimhäuten durch vorangegangene virale Infektionen – ein Krankheitsgeschehen unterhalten können. Dieser Aspekt zeigt eine weitere emergente Ebene an; dass nämlich nicht der Keim alleine für die Entstehung der Krankheit verantwortlich ist, sondern ebenso die besonderen Umstände, wie etwa der Standort des Keims. Außerdem kommt die Vorgeschichte des Systems zum Tragen, wie beispielsweise eine vorausgegangene Verwundung oder bisherige Auseinandersetzungen des Immunsystems mit Erregern.

In der mikrobiologischen Diagnostik stellt die Isolierung und Anzüchtung von Bakterien eine geradezu epochale Errungenschaft dar. Dadurch konnten Keime nicht nur unterschieden werden, sondern ihre physiologischen und biochemischen Eigenschaften waren spezifisch untersuchbar und Experimenten zugänglich. Auch die klinisch-mikrobiologische Diagnostik beruht auf der Vereinzelung von Bakterien und der nachfolgenden Vermehrung, um ihre biochemischen Eigenschaften zu untersuchen oder sich hinsichtlich möglicher Antibiotikaempfindlichkeit auszutesten. Dieser reduktionistische Ansatz bedarf einer Ergänzung durch die medizinisch relevanten emergenten Ebenen, wie den Biofilmen, aber auch der Berücksichtigung von besonderen Umständen der mikrobiologisch-medizinischen Situation. Eine Änderung der mikrobiologischen Organisationsform im Verband des Biofilms führt zu völlig geänderten Eigenschaften, Verhaltensweisen und besonders zur Ausbildung von Resistenzen gegen Antibiotika.

4.3 Entzündung und Krebs

Jahrzehnten intensiver Forschung zum Trotz bleibt Krebs bis heute eine in vielen Bereichen rätselhafte Krankheit. Obgleich einige Krebsarten inzwischen erfolgreich behandelt werden können, fallen ihr jährlich Millionen von Menschen zum Opfer.[148] Der schleppende Fortschritt in der Behandlung von Krebserkrankungen geht seltsamerweise mit einer stürmischen Entwicklung in der Krebsforschung einher. Zunächst waren es die forschenden Pathologen, die feststellten, dass

---

[148] A. Jemal et al., 2007. Man schätzt, dass jedes Jahr etwa 10 Millionen Menschen auf der Welt an Krebs erkranken, wovon etwa 7 Millionen Patienten an dieser Erkrankung sterben. In den Vereinigten Staaten von Amerika geht man für das Jahr 2014 von ca. 1,665 Millionen neuen Krebsfällen und von ca. 586.000 Todesfällen durch Krebs aus (R. Siegel et al., 2014).

Zellen immer nur aus Zellen hervorgehen können – *omnis cellula e cellula*. Diese allgemeine Hypothese erwies sich auch in der Krebsforschung als zutreffend; Tumorzellen entstehen aus normalen Zellen. Nur wie dies geschah, war unklar und ließ sich alleine durch morphologisch-mikroskopische Untersuchungen nicht klären. Eine frühe Entdeckung auf dem Weg der modernen Krebsforschung war die Beobachtung, dass sich Krebszellen von normalen Zellen durch eine zentrale Eigenschaft unterscheiden lassen: Die Zellen des Tumors können ihren Stoffwechsel ohne Verbrauch von Sauerstoff durchführen, was normale Zellen nicht können. Diese Beobachtung wurde nach ihrem Erstbeschreiber Warburg-Hypothese genannt. Warburg war dabei der Meinung, dass er damit die Ursache für die Entstehung von Tumoren auf seine primäre Ursache zurückführen konnte. Da war es nur konsequent, dass er als Tumorprävention Substanzen vorschlug, die sicherstellten, dass alle Zellen des Körpers ausreichend mit Sauerstoff versorgt werden. Warburg glaubte damals offensichtlich, dass das Krebsproblem mit seiner Entdeckung vor seiner Lösung stand, eine Einschätzung, die heute als nicht zutreffend gelten kann.

Krebs wird heute im Allgemeinen mit genetischen Veränderungen in Verbindung gebracht. Inzwischen ist eine große Zahl von so genannten Onkogenen bekannt, deren Aktivierung Tumore verursachen können. Umgekehrt wurden zahlreiche Tumorsuppressor-Gene identifiziert, deren Mutation mit der Krebsentstehung zusammenhängt.[149]

Die Entstehung von Krebs wird zumeist als ein Mehr-Stufen-Prozess aufgefasst, der unterschiedliche genetische Veränderungen reflektiert und der eine Zelle in eine maligne Tumorzelle verwandelt. Die dafür notwendigen Mutationen betreffen verschiedene Fähigkeiten von Zellen, die sie zu den – sich teilweise aggressiv vermehrenden – Krebszellen werden lassen: Entstehung von Zellwachstum unabhängig von Wachstumssignalen, auf die normale Zellen reagieren, die Resistenz gegenüber wachstumsunterdrückenden Signalen, die unbegrenzte Replikation (Vermehrung), der Neubildung von Blutgefäßen zur Versorgung mit Nährstoffen, die Invasion in Gewebe bzw. die Metastasierung und die Fähigkeit, sich dem eigenen Zelltod zu entziehen, den man Apoptose nennt.[150] Diese Fähigkeiten werden zumeist durch Veränderungen von Molekülen hervor-

---

[149] R. A. Weinberg, 1998.
[150] D. Hanahan and R. A. Weinberg, 2000.

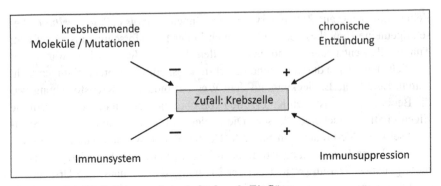

Abbildung 21: Krebshemmende und -fördernde Einflüsse
Die spontan entstehende Krebs- bzw. Krebsvorläuferzelle kann sowohl unter hemmenden
(−) als auch unter fördernden (+) Einflüssen stehen. Zahlreiche krebshemmende Moleküle
und Gene sind bekannt; ebenso wirkt das Immunsystem. Krebsfördernd können chronische Entzündungen und Immunsuppressionen wirken.

gerufen, die in Stoffwechsel- und Signalwegen organisiert sind. So können verschiedene Mutanten die gleiche Folge für die Zelle haben, wenn sie den gleichen
Weg in der Zelle zum Ziel haben. Ob eine Tumorzelle entsteht, kann durch tu-
morauslösende Stoffe und Ereignisse – Rauchen, Karzinogene etc. – begünstigt
werden, bleibt jedoch zufällig. Die meisten mutierenden Ereignisse haben wahrscheinlich den Untergang der Zelle zur Folge. Werden durch die Mutation Onkogene angeschaltet oder Tumorsuppressoren abgeschaltet, können Zellen zu
Tumorzellen werden. – Soweit das Modell.

Zwischen diesem Modell und einem realen soliden Tumor existiert eine erhebliche Kluft: So stellen Tumore keine bloße Ansammlung von Tumorzellen
dar, sondern bestehen zusätzlich aus Bindegewebe und Bindegewebszellen, Blutgefäßen sowie Immun- und Abwehrzellen. Damit sich also ein solider Tumor
entwickeln kann, müssen auch im angrenzenden Gewebe verändernde Prozesse
in Gang kommen. So müssen „Kontroll- und Überwachungssysteme" beschädigt
oder ausgefallen sein, die physiologischerweise das Gleichgewicht zwischen
Gewebeaufbau und -abbau sicherstellen. Das ist beispielsweise der Fall bei chronischen Entzündungen, die ein interessantes Modell für die Entstehung von
Tumoren darstellen.

Ein sehr attraktives Konzept der Tumorentstehung hat sich dabei aus der
Entzündungsforschung entwickelt; dabei war evident, dass verschiedene Krankheitserreger nicht nur Entzündungen verursachen, sondern auch mit Tumoren

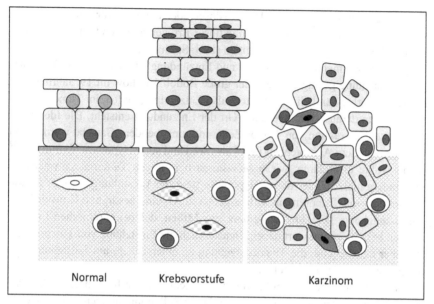

Abbildung 22: Krebs und Entzündung
Die Tumorentstehung lässt sich als ein Mehrstufenprozess auffassen. Linkes Bild: Die normale Haut ist aus unterschiedlichen Differenzierungsstadien von Zellen (Keratinozyten) aufgebaut, die auf einer Basalmembran aufsitzen. Im darunter liegenden Stroma befinden sich Bindegewebszellen (länglich) und einige Entzündungszellen (rund); Blutgefäße sind nicht dargestellt. Mittleres Bild: Übergang in eine Krebsvorstufe. Das Epithel proliferiert, die Bindegewebszellen werden aktiviert und die Zahl der Entzündungszellen nimmt, ebenso wie die Dichte der Blutgefäße, zu. Rechtes Bild: Karzinom. Tumorzellen durchbrechen die Basalmembran. Entzündungszellen nehmen weiter zu, Bindegewebszellen sind weiter aktiviert, Blutgefäße durchdringen das Tumorstroma (nach M. M. Mueller and N. E. Fusenig, 2004).

assoziiert sind. So verursacht beispielsweise der Parasit *Schistosoma* je nach Lokalisation des Befalls Blasentumor, das Bakterium *Helicobacter pylori* Magenkrebs und die humanen Papillomaviren den Gebärmutterhalskrebs. Dabei ist es die lange andauernde bzw. die chronische Entzündung, die mit Krebs einhergeht oder dafür disponiert (vgl. Abb. 22). Bestes Beispiel für diesen Zusammenhang sind die entzündlichen Darmerkrankungen wie der Morbus Crohn oder die Colitis ulcerosa; beide Erkrankungen sind mit einem erhöhten Risiko der malignen

Entartung vergesellschaftet.[151] Der Auslöser oder der Reiz für eine chronische Entzündung muss dabei nicht ein infektiöser Erreger sein, sondern können auch chemische oder physikalische Agentien (z. B. Strahlung) sein.

Der Zusammenhang von Krebs und Entzündung ist dabei nicht neu; zu dieser Beobachtung gelangte bereits der große Rudolf Virchow im 19. Jahrhundert: Dieser bemerkte nämlich Leukozyten, also Entzündungszellen, im Tumorgewebe und folgerte daraus, dass Krebs am Ort der Entzündung entsteht. Die Idee einer komplexen Interaktion von Tumor-Zelle und umgebendem Gewebe wurde dann erstmals von dem Arzt Stephen Paget als „seed and soil"-Hypothese formuliert;[152] damit wollte er erklären, wieso Metastasen bei einigen Tumoren „anwachsen" und andere nicht. Hinter dieser Hypothese steht die Vorstellung, dass es für die Entstehung von Tumoren ein Milieu geben muss, eine bestimmte Umwelt bzw. eine Umgebung. Die Umgebung bzw. das Milieu, das bei chronischen Entzündungen besteht, promoviert dabei offensichtlich die Entstehung von Tumoren. Es ist daher naheliegend, die Tumorumgebung zu untersuchen, um Entstehung und mögliche Therapie zu erarbeiten.[153]

Die Entzündung ist geprägt von den verschiedensten Immunzellen: Makrophagen, Leukozyten oder Lymphozyten. Diese Zellen interagieren nicht nur vielfältig mit dem so genannten Stroma, also dem Bindegewebe oder Bindegewebszellen, sondern segregiert auch eine enorme Vielfalt löslicher Faktoren, die die Entzündung steuern, aber auch auf Tumorzellen wirken: Entzündungsmediatoren, Wachstumsfaktoren und Faktoren, die die Neubildung von Blutgefäßen induzieren, die wiederum für den wachsenden Tumor von äußerster Wichtigkeit ist. Entzündungsmediatoren, die von Entzündungszellen gebildet werden, führen zur Aktivierung von Genen, die an Zell-Wachstum und -Proliferation ebenso wie an der Hemmung des programmierten Zelltodes und der Zell-Migration beteiligt sind.[154]

Eine Gruppe von Entzündungsmediatoren, die Prostaglandine, sind ebenfalls an Entzündungen und der Tumorentstehung beteiligt. Die zahlreichen unterschiedlichen Prostaglandine führen zur Zell-Proliferation und Neubildung von Blutgefäßen und hemmen den programmierten Zelltod.[155] Interessanterweise eröffnet sich über diesen Zusammenhang eine therapeutische Option, denn Medi-

---

[151] F. Balkwill and A. Mantovani, 2001; L. M. Coussens and Z. Werb, 2002.
[152] S. Paget, 1889.
[153] M. M. Mueller and N. E. Fusenig, 2004.
[154] M. Karin et al., 2002.
[155] Ihre Synthese erfolgt über zwei Enzyme, die so genannten Cyclooxygenasen (COX); während COX-1 konstitutiv in fast allen Geweben exprimiert wird, wird COX-2 vermehrt in Tumoren und entzündlichem Gewebe gefunden.

kamente, die Cyclooxygenase hemmen, sind jedermann schon seit sehr langer
Zeit bestens bekannt; es sind dies die so genannten nicht-steroidalen Antiphlo-
gistika (NSAIDs), zu denen auch das Aspirin gezählt wird. Mit der regelmäßigen
Einnahme von Aspirin geht nämlich die Hemmung des Tumorwachstums einher.[156] Ebenso können sie die Entstehung von Tumoren in einigen Fällen unter-
drücken.[157]

Dieses Entzündungs-Modell der Tumorentstehung ist aus unterschiedlichen
Blickwinkeln heraus interessant. Zunächst integriert es das komplexe Umfeld der
Tumorzelle und stellt ein Systemmodell vor. Dieses System weist darüber hinaus
eine Historie auf, nämlich eine sich über längere Zeit organisierende Entzündung, die als Tumorvorstufe bzw. als „Präkanzerose" imponiert. Das Modell
geht davon aus, dass das Tumorzellmilieu für die Entwicklung eines Tumors
günstig (promovierend) ist und die Organisation „chronische Entzündung" den
Ausbruch in ein tumorartiges Wachstum und damit in den klinisch fassbaren
Tumor erlaubt.

Doch nicht aus jeder chronischen Entzündung erwächst ein Tumor. Dies ist
also nicht zwingend, sondern mit einer gewissen Wahrscheinlichkeit behaftet. Im
Sinne der Selbstorganisation wäre für die Entstehung eines Tumors aus einer
chronischen Entzündung eine Fluktuation, eine zufällige Schwankung im System
oder im Milieu notwendig, wie der Schlag eines Schmetterlings oder der be-
rühmte Tropfen, der das Fass zum Überlaufen bringt. Eine solche Fluktuation
könnte eine weitere Mutation sein, die ja zufällig entsteht. Systemtheoretisch betrachtet „kippt" die akute Entzündung unumkehrbar und wird chronisch; die
chronische Entzündung wiederum bildet die „Umwelt", die es ermöglicht, dass
das (Tumor-)System fluktuieren und sich irreversibel zum Tumor entwickeln
kann. All diese unumkehrbaren Schritte stellen gleichsam Bifurkationen dar, in
denen sich das System entscheidet.

Mutationen lassen sich darüber hinaus auch als geringe Veränderungen der
Anfangsbedingungen von Zellen auffassen, denn sie können sich auf einzelne
Basenpaare beschränken und doch erhebliche, tumorbegünstigende Veränderungen in der Zelle zur Folge haben. Diese Veränderungen der Anfangsbedingungen
können nun dazu führen, dass unterschiedliche Phänotypen im Gewebsverband
entstehen und sich, bei entsprechenden Umweltbedingungen, auch halten oder

---

[156] Die Substanz ist als Aspirin nicht nur den meisten Patienten bekannt.
[157] Chemoprävention mit Aspirin und COX-2-Hemmern Auch andere Vertreter dieser Substanz-
klasse wurden als tumorhemmend beschrieben, ebenso wie tumorpräventive Eigenschaften bei
einem erblichen Kolontumor, der so genannten familiären adenomatösen polyposis coli (FAP)
(P. Anand et al., 2008).

gar durchsetzen. Setzt sich dieser Prozess fort, können heterogene Zellformationen entstehen, die wiederum unbegrenzt wachsen und Tumore bilden können.

Die Vorstellung, dass genetische Veränderungen einer Krebserkrankung zugrunde liegen, hat die Tatsache in den Hintergrund gedrängt, dass nur ein sehr kleiner Anteil der Krebsfälle als Gendefekte vererbt wird. Der weitaus größte Teil der Tumorerkrankungen entsteht offensichtlich spontan durch Umwelteinflüsse und Lebensgewohnheiten.[158] Um zwischen genetischer und umweltbedingter Verursachung von Krebs zu unterscheiden, sind Zwillingsuntersuchungen von besonderem Interesse. Da eineiige Zwillinge genetisch identisch sind, sollte man erwarten, dass diese gemeinsam am gleichen Tumor erkranken müssten, wenn die Entstehung von Krebs genetisch bedingt sein sollte. Zweieiige Zwillinge hingegen gleichen sich genetisch zu fünfzig Prozent und damit in gleichem Maße wie leibliche Geschwister. In einer groß angelegten Zwillingsstudie ließ sich zeigen, dass 80–90 % der menschlichen Tumore umweltbedingt sind.[159] Dabei ergab sich bei eineiigen Zwillingen ein Risiko, ebenfalls an einem sporadischen Colorektal-, Prostata- oder Brusttumor zu erkranken, zwischen 11 und 18 Prozent. Bei zweieiigen Zwillingen beträgt dieses Risiko nur 3 bis 9 %.[160] Das zeigt zum einen, dass von einem genetische Einfluss oder einem genetisch bedingten Hintergrund bei der Krebsentstehung auszugehen ist; auf der anderen Seite üben nicht-genetische Faktoren den weitaus größeren Einfluss aus und das sind die Umweltfaktoren und zufälligen Ereignisse. Diese äußeren Faktoren setzen sich unter anderem zusammen aus dem Rauch von Zigaretten, Ernährungsgewohnheiten und Alkohol, bestimmten Infektionskrankheiten, Umweltgiften und einem Mangel an körperlicher Tätigkeit.

Die Bedeutung von Umweltfaktoren arbeiten weitere Studien heraus: Zum einen gibt es bezüglich der Neuerkrankungen (Inzidenz) erhebliche lokale Unterschiede. So ist die Krebsrate in den westlichen Ländern erheblich höher als in den Ländern Südostasiens, wie Indien, China oder Thailand.[161] In Asien ist die Rate von Prostatakrebs und Brustkrebs also erheblich niedriger als in den westlichen Ländern. Diese Raten steigen aber beachtlich an, wenn Asiaten in den Westen auswandern.[162] Für Asiatinnen, die neu in die USA eingewandert waren, blieb die Rate von Brust-Tumoren auf dem Niveau ihres Mutterlandes und 80 % niedriger als im Einwanderungsland; hingegen zeigen asiatische Dritt-Genera-

---

[158] Man schätzt etwa 5–10 % der Fälle durch vererbte Gendefekte (P. Anand et al., 2008, S. 2098).
[159] R. N. Hoover, 2000.
[160] P. Lichtenstein et al., 2000.
[161] R. Beliveau und D. Gingras, 2008, S. 20 f.
[162] P. Anand et al., 2008, S. 2098.

tions-Einwanderinnen die gleiche Brustkrebsrate wie weiße Amerikanerinnen.[163] So ist der Schluss naheliegend, dass die Übernahme einer westlichen Lebensweise mit der erheblichen Zunahme von Krebsarten einhergeht und dass die Mehrheit der Krebserkrankungen nicht durch genetische Faktoren alleine bestimmt wird.

Ebenso kommt neben dem Rauchen, dem man 25 bis 30 % der Tumore zuordnet, der Ernährung eine zentrale Bedeutung zu. Man schätzt, dass etwa ein Drittel der Tumore durch die individuellen Essgewohnheiten mitbestimmt werden. Die Ernährung beeinflusst aber auch Tumore, die nicht direkt im Verdauungstrakt entstehen, wie Prostata-Krebs. So ist das Auftreten dieser Erkrankung deutlich geringer in Teilen der Welt, in denen die Nahrung vorwiegend fettarm und reich an Pflanzenbestandteilen ist.[164] Der Zusammenhang von Gewicht bzw. Übergewicht und Krebs ist dabei offensichtlich: Ein erhöhtes Körpergewicht ist mit einer Zunahme von Erkrankungen und Todesfällen durch eine Reihe von Krebsarten assoziiert (Speiseröhrenkrebs, kolorektales Karzinom, Leberkrebs, Nierentumor, Gallenblasen- und Bauchspeichelkrebs). Aufgrund dieses Zusammenhanges wird der prozentuale Anteil an Krebstodesfällen, die durch Übergewicht entstehen, bei Männern auf 14 % und bei Frauen auf 20 % geschätzt.[165]

Aber nicht nur das Körpergewicht trägt zu einem erhöhten Krebsrisiko bei. Auch die Art der Ernährung selbst hat Einfluss auf die Entstehung von Krebs. So gilt es inzwischen als gesichert, dass der Verzehr von Obst und Gemüse mit einer Senkung des Krebsrisikos einhergeht.[166] Für die Entstehung des kolorektalen Karzinoms macht man gar zu 70 % die Ernährung verantwortlich, da die meisten Karzinogene über das Essen bzw. die Zubereitung der Nahrung zugeführt werden.[167] Eine Ernährung mit viel rotem Fleisch beispielsweise geht mit einem erhöhten Risiko einher, an einem kolorektalen Karzinom zu erkranken.

Der Zusammenhang von Ernährung, Übergewicht und Krebs, dem etwa ein Drittel der Krebstodesfälle zugeordnet werden können, lässt es umgekehrt als möglich erscheinen, Krebserkrankungen durch eine geeignete Nahrung vermeiden zu helfen. Und in der Tat kann eine Ernährung, bestehend aus Früchten, Gemüse, Gewürzen und Körnern, dazu beitragen, Krebs zu verhindern.[168] Sehr ausführlich untersucht wurde dabei der grüne Tee, der gegen verschiedene Tumore

---

[163] R. G. Ziegler et al., 1993.
[164] J. M. Chan et al., 2005.
[165] E. E. Calle et al., 2003, Adami, H-O. and Trichopoulos, D., 2003.
[166] R. Beliveau und D. Gingras, 2008.
[167] P. Anand et al., 2008, S. 2100.
[168] Ebd., S. 2104.

wirksam ist, wie das Zervixkarzinom, das Prostatakarzinom und Lebertumore, ohne dabei toxische Nebenwirkungen zu zeigen. Tee ist ein komplexes Getränk, das aus mehreren hundert verschiedenartigen Molekülen besteht. Ein großer Teil – etwa ein Drittel – besteht aus so genannten Polyphenolen, den Flavanolen oder Catechinen. Diese Moleküle besitzen dabei offensichtlich die größte Antitumoraktivität, die man sowohl in Zellexperimenten als auch im Tierversuch zeigen kann.[169]

Eine Systemeigenschaft ist ebenfalls mit einem reduzierten Krebsrisiko verbunden, nämlich eine regelmäßige körperliche Bewegung. Dies wurde für Brust-, Kolorektal-, Prostata- und Prankreaskarzinome gezeigt, ebenso wie für das Melanom.[170] Neben der Vermeidung von verschiedenen Tumoren ist die körperliche Aktivität auch mit der Prävention weiterer Wohlstandskrankheiten assoziiert, wie dem Übergewicht, dem Diabetes und Herz-Kreislauf-Erkrankungen.

Die geringen therapeutischen Erfolge der nun seit Jahrzehnten betriebenen weltweiten Anstrengungen in der Krebsforschung zeigen, wie komplex die Erkrankung und in besonderem Maße die Entwicklung einer effektiven Therapie sind. Die auf die genetischen Veränderungen der Tumorzelle reduzierten Konzeptionen von Krebs werden durch eine mehrdimensionale Betrachtung ergänzt; dabei rückt der Tumor als ein komplexes Gewebe in den Blick, mit Blutgefäßen, Stromazellen und Immunzellen. Es hängt jedoch auch davon ab, wie das System organisiert ist, denn nicht jeder Umwelteinfluss – auch nicht die Karzinogene – löst bei jedem Menschen Krebs aus. Wesentlich ist, dass es nicht determinierte Gene oder Programme sind, die entscheiden, ob Tumore entstehen, sondern ein individuelles Zusammenspiel von Umwelt und System, das von seiner Organisation, seinem aktuellen Zustand und seiner Geschichte abhängt.

4.4 Netzwerke und Systeme

Mit dem ‚Genom' war ein Begriff geboren, der die Gesamtheit der Gene eines Organismus umfasst. Dieses erste „-om" war paradigmatisch für weitere, etwa für die Gesamtheit der in einer Zelle abgeschriebenen Gene, das Transkriptom, für die Gesamtheit der Proteine eines Organismus, das Proteom, oder gar für die

---

[169] Die Ernährung und die Nahrungsbestandteile sind hochkomplex: Über 25.000 verschiedene Pflanzenbestandteile sind inzwischen als potenziell krebshemmende Substanzen bekannt (P. Anand et al., 2008, S. 2104).
[170] Ebd., S. 2111.

am Stoffwechsel beteiligten Elemente, das Metabolom. Zahlreiche technische Fortschritte ermöglichen es, diese abstrakten Begriffe fassbar zu machen. Zunächst erbrachte die Sequenzierung des humanen Genoms die Grundlage zu dessen systemischer Untersuchung, aber auch die Entwicklung so genannter Chips ermöglichte es, tausende von Proteinen oder Genen gleichzeitig zu untersuchen. Das Metabolom lässt sich vielfach über Enzyme und die Entstehung verschiedener Stoffwechselprodukte untersuchen. Beispielsweise kann der Zitronensäurezyklus über die ihn bildenden Enzyme und die entstehenden Abbauprodukte charakterisiert werden. Die Untersuchung des Transcriptoms lässt sich über die Gesamtheit der transkribierten RNA beschreiben. Dazu kamen leistungsfähige Computer, mit denen sich die riesige anfallende Datenmenge verarbeiten ließ, um Regulationen und Strukturen zu untersuchen. Diese umfassende Untersuchung von zellulären Systemen und Subsystemen wird als Systembiologie oder Netzwerkbiologie bezeichnet. Ziel ist es, die Gesamtheit der Zellbestandteile in einem systematischen Ansatz gleichzeitig zu untersuchen und dessen Verhalten am Computer zu modellieren.

Die Systembiologie versucht nicht, zelluläre Funktionen und Eigenschaften auf einzelne Moleküle zurückzuführen (molekularer Reduktionismus), sondern das Verhalten und die Regulation von Systemen bzw. Netzen zu quantifizieren und zu berechnen. Die quantitative Erweiterung der gleichzeitig betrachteten Elemente ermöglicht eine umfassendere und dynamischere Sichtweise auf zelluläre Systeme.

Unterschiedliche Ansätze zur Charakterisierung eines biologischen Systems bzw. Subsystems finden dabei Verwendung. Das Mikrobiom des Darms und dessen Metaboloms kann über die Gen-Sequenzierung kleiner Nukleinsäure-Fragmente untersucht werden. In anderen Ansätzen werden die exprimierten Gene über die systematische Analyse der mRNA untersucht. Auf der Proteinebene kommen Massenspektrometer zur Untersuchung des Proteoms zur Anwendung, die Proteingemische aufschlüsseln und einzelne Proteine detektieren können. Ein gängiger Weg zur Identifizierung von molekularen Markern für spezifische Krankheiten ist es, im Gewebe krankhafter Organe bzw. Organabschnitte einzelne Zellen zu isolieren und die Proteine der Zellen dann zu quantifizieren und Interaktionen zu untersuchen. Wird das gleiche Verfahren mit gesundem Gewebe durchgeführt, zeigt der Vergleich mit den im pathologischen Material gewonnenen Proteinen Unterschiede an und damit Hinweise auf mögliche Marker.

Einen zentralen Zugang der Systembiologie bietet die Untersuchung der physischen Interaktion von Proteinen, so genannte Protein-Protein-Interaktionen (PPI). Die Gesamtheit dieser Interaktionen wird auch als Interaktom bezeichnet.

Dabei können Proteine große Proteinkomplexe bilden, die wiederum Träger biologischer Funktionen sind, etwa im Stoffwechsel, bei der Signaltransduktion oder der Genregulation. Auf einer übergeordneten Ebene verbinden diese Interaktionen wiederum die Proteinkomplexe mit anderen Komplexen, sind also auch für die interkomplexe Verbindung verantwortlich.

Zellen lassen sich in diesem Sinne als ein Netzwerk von PPIs auffassen, das die Umwelteinflüsse und -informationen integriert und die wesentlichen metabolischen und regulatorischen Aktivitäten koordiniert. Die Interaktionen von Bestandteilen biologischer Systeme lassen sich dabei als Knoten auffassen, die wiederum mit anderen Knoten in Verbindung stehen wie die Knoten in einem Netz. Knoten können dabei Protein-Protein-Interaktionen sein oder auch Stoffwechselprodukte, die wiederum über enzymatische Reaktionen verbunden sind.[171] Durch die systematische Betrachtung von Knoten und ihren Verbindungen lassen sich Netzwerkgraphen erstellen. Diese sind nicht uniform oder symmetrisch; sie können unterschiedliche Topologien annehmen. Zumeist haben einige Knoten zahlreiche und vielfältige Verbindungen, die meisten jedoch zeigen nur sehr wenige Interaktionen. Dadurch sehen die Graphen so aus, als würden sie nur durch wenige Knoten mit sehr vielen Interaktionen – den so genannten „hubs" – zusammengehalten. Die so betrachteten Netzwerke zeigen damit keine zufällige Verteilung, in der man erwarten würde, dass jeder Knoten des Netzes mehr oder weniger gleich viele Verbindungen zu anderen aufweist. Da sie auch nicht periodisch·angeordnet sind – also keine immer wiederkehrenden Verbindungszahlen von Knoten sind –, wurden sie als „skalen-frei" bezeichnet. Das bedeutet, dass Knoten mit vielen Verbindungen neben Knoten mit wenigen Interaktionen nebeneinander existieren.[172] Diese Eigenschaft lässt sich an zellulären Netzwerken feststellen und damit sowohl für das Metabolom als auch das Transkriptom.

Netze weisen trotz aller Besonderheiten im Einzelfall allgemeine Netzwerkeigenschaften auf. Zunächst ist dies der so genannte „Kleine-Welt-Effekt"; dieser besagt, dass zwei beliebige Knoten in einem Netz mit einigen wenigen Verbindungen miteinander verbunden sind. Dabei wird meist ein Beispiel aus der

---

[171] Ein Beispiel stellt die Embryonalentwicklung des Seeigels (endomesodermale Differenzierung) dar, die von mindestens 40 Genen gesteuert wird (E. H. Davidson et al., 2002). Knoten können dann eine Reaktionskette oder einen Reaktionszyklus bilden. In letztem Fall besteht ein gerichtetes Netzwerk, ebenso wie eine Signaltransduktionskaskade gerichtet ist.

[172] H. Jeong et al, 2000; A-L. Barabasi and Z. N. Oltvai, 2004.

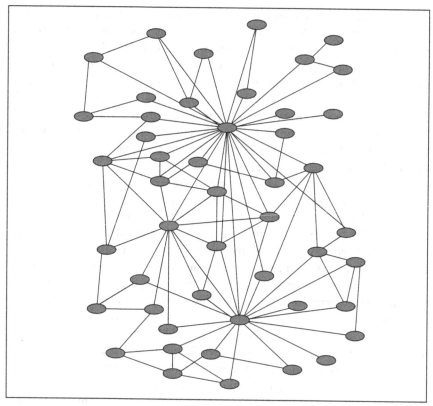

Abbildung 23: Netzwerk
Schematische Darstellung eines fiktiven Netzes. Verteilung der Knoten (Kreise) nicht zufällig: Auffallend ist, dass einige Knoten besonders zahlreiche Interaktionen zu anderen Knoten aufweisen (skalen-frei). Eine Hierarchie von Knoten ist nicht zu erkennen.

Soziologie bemüht. Es besagt, dass jede beliebige Person auf der Welt mit einer anderen verbunden werden kann, durch nur sechs andere Personen. Beispielsweise ist jeder mit jemand verwandt, der mit jemanden verwandt ist ..., der mit der ‚Queen' verwandt ist. Allerdings sind die benötigten Verbindungen in der Zelle erheblich kürzer als erwartet und lassen sich bei metabolischen Netzen auf drei bis vier Interaktionen quantifizieren (vgl. Abb. 23).[173] Dies bedeutet, dass das Netz durch Veränderungen, aber auch Störungen schnell beeinflusst werden kann.

---

[173] A-L. Barabasi and Z. N. Oltvai, 2004, S. 106.

Eine weitere Eigenschaft von Zellnetzen ist bemerkenswert, nämlich ihre Modularität. Zytologisch greifbare Module sind beispielsweise die Mitochondrien oder der Zellkern. Abstrakter formuliert, lassen sich Module als eine Gruppe von Knoten auffassen, die Träger einer bestimmten Funktion sind, wie die Ribosomen der Zellen für die Protein-Synthese. Auch die Zell-Zyklus-Maschinerie funktioniert nach modularen Prinzipien.[174] Und in der Tat bildet sich dies als in hohem Maße vernetzte Gruppe von Knoten in einem Netzwerkgraphen ab, einem so genannten Cluster. Man kann sich sehr gut vorstellen, dass einige Knoten untereinander äußerst eng vernetzt sind, gleich einer Gruppe von Freunden in der Gesellschaft oder Mitarbeitern in einer Firma.

Cluster und Module in „skalen-freien" zellulären Netzwerken organisieren sich zu Strukturen bzw. Substrukturen, die Hierarchien ausbilden.[175] Diese Netzwerkeigenschaften erklären eine zentrale Fähigkeit biologischer Systeme, nämlich ihre Robustheit gegenüber äußeren und inneren Veränderungen. Würde man etwa in zufälligen bzw. nicht-hierarchischen Netzen eine bestimmte Anzahl von Knoten entfernen, würde man dessen Funktion wohl nachhaltig stören oder gar zerstören; übrig bleiben würden Netzteile oder -fetzen, die möglicherweise noch Teilfunktionen ausführen könnten. Biologische Systeme hingegen zeigen sich gegenüber solchen Störungen erstaunlich resistent; selbst wenn 80 % von zufällig ausgewählten Knoten wegfallen, sind die verbleibenden 20 % in der Lage, sich zu reorganisieren und die verbliebenen Knoten miteinander zu verbinden.[176]

Der Grund dafür mag in der Netzwerk-Topologie begründet sein, in der die meisten Knoten nur wenig Interaktionen aufweisen; deren Entfernung bleibt daher in den meisten Fällen folgenlos für das System und führt nicht zu dessen Zusammenbruch. Die wenigen „hubs", also die hochvernetzten Knoten, eines Netzes hingegen halten dessen Gesamtfunktion aufrecht: Sie organisieren die Lebensfähigkeit der Zelle. Die Entfernung von etwa 14 % solcher Gene des Bakteriums *E. coli* ist beispielsweise letal.[177] Das zeigt natürlich auch die Kehrseite dieser Clusterabhängigkeit: Über diese hochvernetzten Knoten können biologische Systeme nicht nur schwer verwundet werden, sondern auch in ihrer Existenz getroffen werden.

Interessant ist beispielsweise eine solche Netzwerkbetrachtung des Tumorsuppressor-Proteins p53 und seiner Interaktionen (s. Abb. 24). Diesem Protein

---

[174] P. Finzer, 2003, S. 43-54.
[175] E. Ravasz and A-L. Barabasi, 2003.
[176] A-L. Barabasi and Z. N. Oltvai, 2004, S. 110.
[177] Ebd.

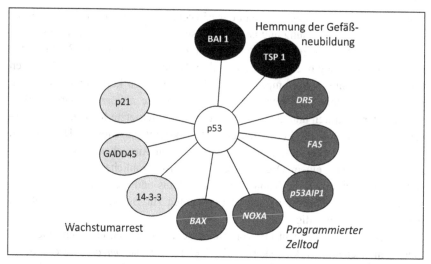

Abbildung 24: p53-Netzwerk

Ausschnitt aus dem p53-Netzwerk (nach Vogelstein et al., 2000). Das Netzwerk kann über verschiedene Auslöser (UV-Licht, Onkogene etc.) aktiviert werden. Das dadurch aktivierte p53 bindet an verschiedenen Ziel-Genen, wodurch das Zellwachstum gehemmt (Wachstumsarrest – hellgraue Gruppe), der programmierte Zelltod gefördert (dunkelgraue Gruppe) und die Neubildung von Blutgefäßen supprimiert wird (Hemmung der Gefäßneubildung – schwarze Gruppe).

kommt als Tumorsuppressor eine tumorhemmende Eigenschaft zu und es stellt eine Art Gegenspieler zu den Onkogenen dar, die wiederum die Entstehung von Krebs fördern. Das p53-Protein bildet einen hochgradig vernetzten Knoten, dessen Verlust die Zelle tödlich treffen kann. Nicht umsonst findet sich in den meisten menschlichen Tumoren ein Verlust der p53-Funktion.[178]

Um dies besser verstehen zu können, ist es notwendig, die Funktion und die Regulation dieses Proteins genauer anzuschauen. Die Funktion von p53 ist es, das Genom der Zelle zu „bewachen", indem es weitere Zellteilung verhindert und damit Zeit für Reparaturen ermöglicht oder, wenn dies nicht möglich ist, den Untergang der Zelle provoziert. Das p53-Netzwerk kann aktiviert werden durch ultraviolettes Licht, einen DNA-Schaden der Zelle oder durch verschiedene Onkogene. P53 kann mit zahlreichen weiteren Proteinen interagieren; sein Vorhandensein in der Zelle wird im Wesentlichen über seinen Abbau gesteuert, nicht so sehr über seine Synthese; die Degradation des Tumorsuppressors erfolgt dabei

---

[178] B. Vogelstein et al., 2000.

über einen Enzymkomplex. So steht der p53-Knoten mit diversen weiteren Knoten der Zelle in Verbindung und ist damit Bestandteil des zellulären Netzes.

Die Strategie, einzelne Marker im Blut zu sammeln und ihre Regulation – meist eine Erhöhung oder Erniedrigung ihrer Serumspiegel – mit dem Auftreten klinischer Entitäten wie Symptome oder Krankheiten zu korrelieren, ließe sich durch die Kenntnis von Netzwerken möglicherweise abkürzen. Dabei sollten sich Clusterstrukturen und „hubs", also hochgradig vernetzte Knoten, finden lassen,[179] die auch über die Lebensfähigkeit des Systems entscheiden. Diese wären dann als vitale Marker besonders interessant; deren Anreicherung in einer Körperflüssigkeit oder einem Organ wäre ein lebensbedrohliches Signal. Andererseits erscheinen, durch die Robustheit des Systems und die sehr kurzen „smallworld"-Effekte, mehrere Parameter bzw. Knoten zur Beurteilung der Funktion eines Clusters notwendig.

Netze lassen sich nicht nur von biologischen Systemen erstellen, wie etwa eine genetische Interaktionskarte für Hefen (*Saccharomyces cerevisiae* – Bäckerhefe) oder Bakterien.[180] Auch das Internet, die Straßen oder Schienen einer Region oder die Verkabelung eines Flugzeugs sind Beispiele für Netze. Darüber hinaus lässt sich auch das soziale Verhalten als Netz beschreiben, etwa die Interaktion unter Individuen, gesellschaftliche Kommunikation oder die Mobilität von Menschen. Nicht umsonst spricht man auch vom sozialen Netz, in das ein Mensch eingebunden ist. In all diesen Netzen interagieren einzelne Teile – Individuen, Züge oder Autos – miteinander und bilden Knoten aus. Am Beispiel Verkehr wird dies sehr anschaulich: Zahlreiche Schienenstrecken führen zu Bahnhöfen, die damit Knotenpunkte für Züge und Reisende bilden. Teilweise muss ein Reisender, wenn er eine bestimmte Strecke wählt, über bestimmte Bahnhöfe fahren. Dabei gibt es Bahnhöfe, von denen aus Schnellzüge in alle Richtungen fahren, andere jedoch dienen nur dem Regionalverkehr. Auch im Luftverkehr ist bekannt, dass nur bestimmte Flughäfen internationale oder gar interkontinentale Flüge abwickeln und diese dadurch zu Knotenpunkten werden, wohingegen man von regionalen Flughäfen nicht überall hinfliegen kann ohne umzusteigen.

Gruppen von Individuen oder ganze Gesellschaften lassen sich als Netzwerk auffassen, das skalenfrei ist. Das bedeutet, dass jedem Knoten ein Mensch zugeordnet werden kann und die entstehenden Maschen des Netzes die Kontakte

---

[179] Systembiologische Methoden wurden zur Entwicklung neuer diagnostischer Verfahren herangezogen. Bekannt geworden ist das SELDI.

[180] M. Costanzo et al., 2010.

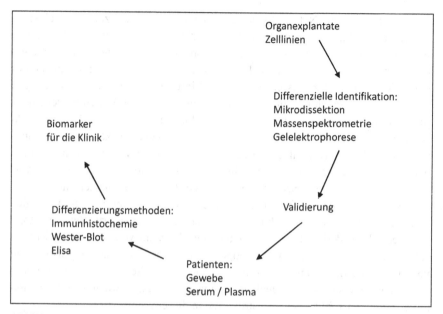

Abbildung 25: Schema zur Identifizierung und Validierung von Biomarkern
Als Ausgangsmaterial zur Identifizierung von Biomarkern dienen häufig Zelllinien oder Organexplantate. Durch unterschiedliche Techniken – Mikrodissektion mit massenspektrometrischer Analyse oder gelelektrophoretischer Auftrennung von Zellbestandteilen – lassen sich beispielsweise Kandidatenproteine bzw. -gene identifieren. In Patientengeweben wird untersucht, ob ihr Vorhandensein bzw. Nichtnachweisbarkeit mit dem Auftreten spezifischer Krankheiten assoziiert ist.

zwischen den Menschen zeigen. Skalenfrei bedeutet dann, dass nicht jeder Mensch gleich viel Kontakte zu anderen hat; ein Lehrer oder ein Taxifahrer haben mehr Kontakt zu verschiedenen Menschen als etwa Säuglinge oder Mönche. Für die Ausbreitung von Infektionskrankheiten sind diese Kontakte natürlich relevant. Hier kann sich das „small word"-Gesetz fatal auswirken, wonach zwei beliebige Menschen auf der Welt über eine Handvoll Kontakte in Verbindung stehen. Die Verknüpfung erfolgt dabei über Knoten, hoch vernetzte Individuen („superspreader"), die infektiöse Partikel an sehr viele Personen weitergeben können. Auch der Reiseverkehr und der zunehmende Tourismus tragen nicht unerheblich zur Ausbreitung von Infektionskrankheiten bei: Dabei wird immer wieder beobachtet, dass nicht-einheimische Insekten im Umkreis von Flughäfen zu ansteckenden Krankheiten führen können. Beispielsweise sind Personen im Umkreis von Flughäfen erkrankt, die nie in Malariagebieten waren.

Die Einsicht in Netzwerkstrukturen hat konkrete medizinische Relevanz. Die Beobachtung und Kontrolle der Verkehrsknoten, wie etwa der Flughäfen, stellt eine Maßnahme zur Infektionsprävention dar: z.B. Personen, die aus Gebieten kommen, in denen gefährliche Krankheiten ausgebrochen sind, in ein anderes Land nicht einreisen zu lassen bzw. deren Einreise zu kontrollieren. In einigen Fällen ist es aber auch ratsam, durch Aufklärungsarbeit das Verhalten der superspreader zu beeinflussen oder diese gezielt durch Impfungen oder weitere Präventionsmaßnahmen zu schützen. Aus Sicht des Netzwerkes kann es dabei sinnvoller sein, die Knotenpunkte anzugehen als die vielen Einzelpersonen. Dadurch ließe sich die Ausbreitung von Krankheiten möglicherweise mit geringerem Aufwand eindämmen als der Schutz aller, der in der Praxis kaum umsetzbar ist.

Am Beispiel der Ausbreitung von Infektionskrankheiten werden neben den biologischen auch soziale, kulturelle und technisch strukturierte Netze sichtbar, die ebenfalls medizinische Relevanz besitzen. Es kann von sozialer Bedeutung sein, dass die Gesellschaften in Gruppen separierbar sind, was die Ausbreitung von Infektionserkrankungen unterbinden kann; technische Netze wie Wasserleitungssysteme und deren Qualität, Klimaanlagen oder öffentliche Verkehrsmittel stellen ebenfalls relevante Strukturen in diesem Sinne dar.

Das Netz liefert eine fruchtbare Metapher auch für medizinisch-diagnostische Probleme. Übersetzt man das Netz-Bild in das Teil-Ganze-Problem des Reduktionismus, dann lassen sich die Knoten als die Teile auffassen, die mit anderen Teilen in Verbindung stehen bzw. mit diesen interagieren. Entsprechend der Protein-Protein-Interaktionen lassen sich in der Tat nicht nur spezifische Proteine aus einem Zellaufschluss fischen, sondern auch dessen jeweilige Bindungspartner; die Netze, die die Proteine in den Zellen ausbilden, lassen sich also auch analytisch auffinden.

Dies ist mit dem Konzept des genetischen Reduktionismus nicht kompatibel, der schichtweise einen Aufbau auf den Genen hin zur Entstehung von Krankheiten fordert. Die Ausbildung von Netzen ist nicht reduktionistisch zu begreifen; diese lassen sich nicht nur zwischen Genen auf der einen Seite oder zwischen Proteinen auf der anderen Seite aufweisen. Im Gegenteil lassen sich Netze auch zwischen Genen und Proteinen ausfindig machen oder unter Beteiligung weitere Elemente der Zelle oder des Organismus.

Die einzelnen Teile geben jedoch keine Auskunft über die Netze, die sie bilden und unterhalten; auch nicht über die Architektur der Netze oder die Bildung von hubs. Auch welche Teile im Netz diese Knoten bilden und welche Funktion sie konkret im Netz ausüben, lässt sich nicht an den Teilen selbst ablesen. Das

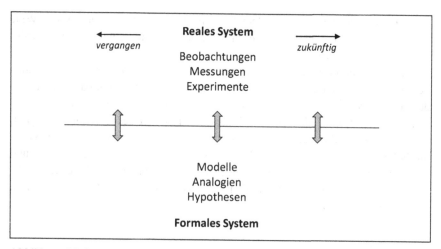

Abbildung 26: Systembiologisches Vorgehen
Systembiologische Ansätze versuchen die realen Systeme in formalen, zumeist mathematischen Systemen abzubilden. Dabei geht es um die möglichst vollständige experimentelle Beschreibung der Bestandteile des Organismus, also seiner Bestandteile und deren Interaktionen. Darüber hinaus soll diese Beschreibung zeitliche und räumliche Veränderungen berücksichtigen. Die gewonnenen Informationen werden in mathematische Modelle übersetzt. Daraus lassen sich Analogien herstellen und neue Hypothesen formulieren. Unter Umständen lässt sich das Verhalten des Systems vorhersagen.

Netz, das die biologischen Moleküle und Teile ausbildet, stellt eindeutig eine emergente Ebene des Systems dar. Die schlichte Zerlegung eines Systems gibt keinen Aufschluss über das Netz und dessen Funktion. Auch die sozialen Netze oder die Infektionsketten sind gegenüber dem Einzelorganismus als emergent zu bezeichnen, denn sie lassen sich vom einzelnen Individuum nicht ableiten; Grundkenntnisse der modernen Verkehrsströme oder der Ausbreitung von weltweiten Krankheiten sind für den Arzt daher ebenso notwendig wie die Kenntnisse über die Bildung von Infektionsketten über soziale Netze wie Schulen, Gemeinschaftseinrichtungen oder in diversen Risikogruppen.
    Es ist bemerkenswert, dass die Gesetze der Netzwerke nicht nur spezifisch für einzelne Systeme gültig sind; im Gegenteil beanspruchen sie Allgemeingültigkeit, gleich den Gesetzen der Physik. Und in der Tat lassen sich die Topologie-Gesetze biologischer Systeme auch bei anderen komplexen Systemen finden, etwa dem Internet, Computer Chips oder soziologischen Netzen.[181] So lassen

---

[181]   Ebd.

sich die hohe Vernetzung einzelner Knoten, der „hubs", auch im World Wide
Web finden, ebenso wie die Cluster in einzelnen, besonders intensiv miteinander
arbeitenden Rechnern.

Das Aufspüren von Netzen in biologischen Systemen stellt zunächst einen
komplexitätsreduzierenden Ansatz dar. Denn die Netzstrukturen basieren darauf,
dass die einzelnen Moleküle spezifische Interaktionen mit anderen Molekülen
eingehen, also nicht jedes Teil mit jedem anderen Teil des Systems interagiert.
Allerdings bleibt die Datenmenge, die die Netzwerkanalyse biologischer Systeme liefert, enorm. Wenn man bedenkt, dass sich diese Netze über die Zeit und
durch sich ändernde Umweltbedingungen verändern können, wird die Netzwerkforschung zu einer Disziplin, die dennoch astronomische Größenordnungen an
Komplexität zu bewältigen hat.

4.5 Komplexität und Organisation

Die genannten Beispiele aus der Genetik, der Mikrobiologie, der Infektiologie,
der Krebsforschung und der Systembiologie haben zahlreiche Aspekte biologischer Systeme beleuchtet. Doch welche Relevanz besitzen sie für das Phänomen
Krankheit und dessen Verhältnis zu den Naturwissenschaften?

Zunächst fällt die enorme Komplexität auf, die sich auf der molekularen
Ebene biologischer Systeme abspielt; seien es die mikrobiologische Flora des
Menschen, die Signal- und Stoffwechselwege von Tumorzellen oder die Regula-
tionen von Genen. Der Eindruck trügt dabei nicht, dass man von ‚Hölzchen auf
Stöckchen' kommt und sich in dieser reduktionistischen und analytischen Bewegung zu verlieren droht. Auf der anderen Seite entwickeln sich Ansätze, diese
Komplexität zu ordnen und zu strukturieren, wie die Netzwerktheorie oder die
Systemtheorie. Dabei begegnen uns immer wieder emergente Systemeigenschaften, deren Berücksichtigung für die Medizin und das Verständnis des Organismus nicht nur unerlässlich ist, sondern die es auch ermöglichen, die Komplexität
handhabbar und begreifbar zu machen.

Die reduktionistischen Modelle, die zu Beginn des 19., aber auch noch im
20. Jahrhundert entwickelt wurden, haben sich hingegen als simplizistisch erwiesen. So stellen Gene keine reduzierenden Elemente dar, sondern werden beim
Menschen in ein Regulationsnetz eingewoben und darüber an- oder abgeschaltet.
Die Regulation für diese Aktivierung wiederum erweist sich als überaus kom-

plex und vielschichtig; sie reicht von DNA-Sequenz-abhängigen Promotoren über epigenetische Mechanismen der DNA- und Histonen-Modifikation bis hin zu RNA-Prozessierungen. All diese Entdeckungen haben dazu geführt, dass das zentrale Dogma relativiert und eingeschränkt werden musste. Dieses ging noch von einem unidirektionalen Informationsfluss aus: Von einem Gen wird eine RNA abgeschrieben, die dann die Matrix für die Aminosäuresequenz eines zu synthetisierenden Proteins bildet. Das darauf fußende reduktionistische Modell der „ein-Gen-ein-Protein-Hypothese" wurde ebenfalls desavouiert, nämlich durch den Befund, dass aus einem Gen auch mehrere Proteine abgeschrieben werden können – das so genannte Editing und Splicing der RNA. Nicht nur diese beiden Mechanismen werden von Proteinkomplexen durchgeführt; auch Proteine, die von der RNA translatiert werden, können auf die Regulation der Genexpression Einfluss nehmen, so genannte Transkriptionsfaktoren oder Histone, um die die DNA-Doppel-Helix gewunden wird. Das bedeutet, dass die DNA zusammen mit weiteren zellulären Faktoren, wie Proteinen oder RNA, ein komplexes Netz von Interaktionen, Interdependenzen und Regulationen bildet. Mit der Entdeckung epigenetischer Mechanismen hat sich auch der Determinismus der frühen Genetik verflüchtigt und die biologischen Systeme erscheinen uns heute wieder offen und flexibel.

Diese Offenheit gegenüber den Bedingungen der Umwelt geschieht bereits intrauterin. Damit wird das noch Ungeborene auf die gerade vorherrschenden Lebensbedingungen eingestellt. Ein Beispiel dafür ist die Ernährungssituation der Mutter, die eine Vorjustierung der Stoffwechselmöglichkeiten des neuen Menschen induziert.[182] Dabei gilt es zu respektieren, dass epigenetische Fixierungen stabil sein können – auch bei Änderung von Umweltbedingungen. Diese Fixierung kann gegebenenfalls problematisch werden. Zu denken ist hier an die Veränderung der Ernährungsgewohnheiten in der westlichen Welt, die mit dem Anstieg von Diabetes mellitus, Fettstoffwechselstörungen und Gefäßproblemen einhergeht. Hier wird aber auch deutlich, dass die Reduktion komplexer medizinischer und gesellschaftlicher Veränderungen, wie das Auftreten von Wohlstandskrankheiten, nicht auf ein oder mehrere Gene möglich sein wird. Es muss ergänzt werden: Die Komplexität, die dabei auf der molekularen Ebene sichtbar wird, kann nicht nur durch die Bestimmung des Metaboloms bzw. die Identifikation von Stoffwechselnetzen fassbar werden, sondern durch die Betrachtung und das Verständnis von Systemen und Systemprinzipien.

---

[182] Beispielsweise der holländische Hungerwinter (s.o.)

Auch in der medizinischen Mikrobiologie galten und gelten zahlreiche reduktionistische Krankheitsmodelle, in denen ein pathogener Keim kausal mit der Entstehung einer Erkrankung in Verbindung steht. Die Erfolge gerade dieser Modelle waren paradigmatisch für die gesamte Medizin. Die Identifikation der Erreger der Cholera, der Diphtherie, der Tuberkulose, des Scharlach und vieler mehr folgen alle dieser Erfolgsgeschichte. Die therapeutischen Siegeszüge von Antibiotika und Impfungen haben der modernen Heilkunde Vertrauen und Akzeptanz geschenkt. Der Keimnachweis erlaubt dabei nicht nur, die individuelle Antibiotikaresistenz auszutesten, sondern auch effektive präventive Maßnahmen bei der Herstellung von Lebensmitteln, der Überwachung der Wasserqualität oder dem Ausschalten von Infektionsketten und -quellen. Und die Biochemie und molekulare Forschung brachten weitere Belege und kausale Mechanismen ans Licht. Beispielsweise die Cholera, durch *Vibrio cholerae* hervorgerufen, wird durch ein Gift bewirkt.[183]

Reduktionistische Modelle, die im Rahmen akuter Infektionskrankheiten entwickelt wurden, werden allerdings durch chronische Erkrankungen herausgefordert. Dies wird an einer der häufigsten Infektion des Menschen deutlich, nämlich der Paradontitis (vgl. auch S. 105 f.). Diese kann als Paradigma für eine komplexe Infektionskrankheit dienen, bei der sich die Keime des Mundraumes zu Biofilmen organisieren; je nachdem, welche Keime Bestandteil des Biofilm werden, ist die Entstehung von Parodontitis wahrscheinlich oder nicht. Hier kann also eine Erkrankung keinem einzelnen Keim zugeordnet werden. Die dabei in Frage kommenden pathogenen Keime lassen sich lediglich in Gruppen ordnen, die mit dieser Infektion einhergehen können. Der Biofilm selbst stellt dabei nicht nur eine emergente mikrobielle Wachstumsform dar, sondern ermöglicht den Keimen, ihr eigenes Milieu, ihren Stoffwechsel, ihre ökologische Nische zu regulieren und gegenüber der Umwelt abzugrenzen. Das pathogene Agens stellt hier offensichtlich die emergente Organisationsform dar, bei der gar die einzelnen mikrobiellen Teile in gewissem Grade austauschbar sind. Die Beziehung zwischen Keim und Krankheit ist nicht mehr als eine Kombination von diversen Keimspezies, die sich als Pyramide darstellen lässt.

Auch bei der cystischen Fibrose stellt die Biofilm-Bildung die Grundlage für deren klinische Komplikationen dar, nämlich rekurrierende Infektionen der

---

[183] Dieses Toxin führt zur Daueraktivierung eines membrangebundenen Enzyms, was wiederum zu einem erheblichen Anstieg der cAMP-Konzentration in den Darmschleimhautzellen führt mit massiven Hypersekretion von Anionen. Dies hat einen passiven Ausstrom von Wasser zur Folge, was das Hauptsymptom der Cholera, den exzessiven Wasser- und Elektrolytverlust, erklärt (H. Brandis et al., 1994, S. 442-444).

Atemwege. Obgleich dieser Erkrankung in den allermeisten Fällen eine genetische Mutation zugrunde liegt, erklärt diese die klinischen Komplikationen nicht. Anders ausgedrückt, lässt sich diese klinische Situation der Infektion nicht auf ihre genetische Grundlagen zurückführen bzw. reduzieren. Die Biofilme lassen sich auch nicht auf die daran beteiligten Bakterien reduzieren. Erst das Biofilm-System kann die wiederkehrenden und oftmals antibiotikaresistenten Therapieverläufen erklären. Auch hier bildet der Biofilm die medizinisch relevante emergente Ebene.

So lassen sich mit den traditionellen Kulturverfahren in den meisten klinischen Situationen ein oder zwei potenzielle Krankheitserreger nachweisen; die modernen Verfahren erlauben jedoch die Identifikation einer vielfachen Anzahl an Keimen. Dabei ist über die Pathogenität und das Zusammenspiel der gefundenen Keime mit anderen Erregern meist nichts bekannt. So deutet vieles darauf hin, dass die Kombinationen ebenso wie die Interaktion möglicher Erreger und einzelner klinischer Situationen sehr komplex und variabel sind. In einem Biofilm organisieren sich die Mikroorganismen nicht nur untereinander, sondern auch in einer Matrix, die spezifische Stoffwechselprodukte wie Enzyme oder Toxine enthält. Dabei spielt ein weiterer systemrelevanter Aspekt eine Rolle: die konkrete Entstehungsgeschichte des Systems. Für die oralen Biofilme bedeutet dies, welche Keime sich gerade im Film befinden oder dort eingewandert sind. Es bedeutet auch, ob sich der Film oder Teile davon ablösen, um an einem anderen Ort des Körpers eine Kolonie zu bilden (vgl. auch S. 105 f.).

Die Komplexität, die der Erforschung solcher Infektionsmodelle gegenübertritt, kann nur erahnt werden beim Zusammenhang von Ernährung, Übergewicht und der Entstehung zahlreicher Erkrankungen, wie Diabetes oder Krebs (vgl. auch S. 118 f.). Die dabei zusammengetragenen Daten sprengen auf der molekularen und mikrobiologischen Ebene jede Vorstellung von Komplexität, wenn wir von den beteiligten „Einzelteilen" ausgehen! Der Darm des Menschen wird beispielsweise von wahrscheinlich mindestens 400–500 verschiedenen Bakterien-Spezies bzw. Subspezies besiedelt. Darüber hinaus sind die Keime des Darms nicht zufällig verteilt wie in einem Reagenzglas, sondern fein reguliert: Ist der Mundraum noch mit etwa 10^9 Keimen pro mL Speichel besiedelt, so herrscht hingegen im Magen und Zwölffingerdarm eher Keimarmut. Von da an nimmt jedoch die Keimzahl wieder stetig zu und erreicht bis zu 10^{12} Keime pro Gramm Darminhalt.[184] Der Darm ist also nicht nur ein Bioreaktor mit einer unglaublich großen Anzahl an Bakterien, er ist dazu noch segmental organisiert. In diesem

---

[184] Ebd., S. 183-186.

Bioreaktor tritt diese unvorstellbare Zahl von lokal organisierten Mikroorganismen mit einer ebenso gigantischen Anzahl von Lebensmitteln und Lebensmittel-
bestandteilen in Wechselwirkung, von Obst und Gemüse, von Fisch und Fleisch,
von Vitaminen und Spurenelementen bis hin zu unterschiedlichen Fettsäuren,[185]
die wiederum in weitere Bestandteile zerlegt werden. Gleichzeitig interagieren
sie mit den Oberflächenmolekülen und Stoffwechselprodukten der Bakterien und
mit den übrigen Zellen und Matrizen des Darmes über Botenstoffe und Metaboli-
te.

    So lässt sich streng reduktionistisch kaum sinnvoll eine Kausalkette herstel-
len, die aufzeigen würde, dass Bananen oder grüne Bohnen oder irgendein anderes Lebensmittel Krebs oder der Entstehung von Diabetes effektiv verhindern.
Für eine solche Analyse sind zu viele Kofaktoren zu berücksichtigen, die praktisch die Undurchführbarkeit einer solchen Studie zur Folge haben: die übrigen
Bestandteile der Lebensmittel, die mikrobielle Flora, die möglicherweise individuell unterschiedlich im Darm verteilt ist, das molekulare Setting des Probanden
und die Vergangenheit des Organismus mit vorherigen Krankheiten und Störungen. Aussagen dieser Art gelingen nur über große Kollektive und epidemiologische Analysen – dann aber um den Preis, dass letztlich Wahrscheinlichkeiten
und statistische Zusammenhänge aufgedeckt werden, nicht jedoch der Einzelfall
abgebildet oder gar bestimmt werden kann.

    Dass einzelne Keime des Darms als Durchfallerreger identifiziert werden
konnten, erscheint bei dieser großen Anzahl von Mikroorganismen verwunderlich. Allerdings konnten bisher im Wesentlichen Krankheitsbilder wie Durchfall
oder Erbrechen einzelnen Erregern zugeordnet werden.[186] Obgleich die kausale
Rolle darmpathogener Erreger belegt ist, etwa eine Magendarmentzündung
durch Salmonellen, gibt es auch das Phänomen der so genannten Salmonellen-
Dauerausscheider. Diese Personen haben in der Regel eine Infektion mit Salmonellen durchgemacht und scheiden in der Folge – und bei völliger Gesundheit –
den Erreger aus. Dies macht zunächst deutlich, dass ein pathogener Keim vom
Organismus toleriert werden kann; dass dies zumeist nach Entzündungen stattfindet, spricht dafür, dass organisatorische Veränderungen stattgefunden haben,
beispielsweise eine veränderte Immunlage des Wirtes.

    Trotz der im Allgemeinen kausalen Zuordnung von Darmentzündung und
Erreger können jedoch komplexere Beschwerdebilder wie diffuse Bauchschmer-
zen oder Übergewicht bisher nicht auf einzelne Erreger bezogen werden. Hier

---

[185]   P. Anand et al., 2008.
[186]   Dazu zählen: *Salmonella, Shigella, Yersinia, Campylobacter, Adenoviren, Rotaviren, Noroviren,*
        Clostridium difficile, Clostridium perfringens, EHEC etc.

zeichnen sich möglicherweise komplexere Pathogenitätsmodelle ab, wie Verschiebungen innerhalb der bakteriellen Flora verknüpft mit der Entstehung von Übergewicht.

Auch in der Erforschung der Krebserkrankungen wurden reduktionistische Konzeptionen entwickelt, die aus heutiger Sicht zu sehr simplifizierend erscheinen. Dazu zählt beispielsweise die Entdeckung von Otto Warburg in den zwanziger Jahren des letzten Jahrhunderts, wonach Krebszellen durch die nicht-oxidative Verstoffwechselung von Glukose charakterisiert sind. Für ihn stellte dieser Effekt nicht nur die Ursache für die Krebsentstehung dar, sondern bot seines Erachtens auch die Grundlage zur Vermeidung oder gar Heilung dieser Erkrankung (vgl. auch S. 113 f.).

Gegenwärtig werden die Grundlagen der Krebserkrankungen als genetisch aufgefasst; dabei verursachen Mutationen des Erbgutes die Aktivierung von Onkogenen, was wiederum zu einem unkontrollierten Zellwachstum führt. Die Mutationen können aber auch zum Funktionsverlust so genannter Tumorsuppressorgene führen mit gleichartigen Folgen. Mehrere solcher genomverändernden Ereignisse finden in einem „multistep process" statt, damit sich Krebs manifestiert.[187]

Aber auch diese gen-reduktionistische Konzeption ist möglicherweise zu simplifizierend, denn die Forschung basiert zumeist auf der Untersuchung von einzelnen Krebszellen und deren Genom. Dieser Forschungsansatz wurde ganz wesentlich durch die Arbeit mit Zellkulturen vorangetrieben, in denen so genannte Tumorzelllinien kultiviert werden konnten. Diese sind zumeist Abkömmlinge von Tumoren, die sich in Petrischalen unbegrenzt vermehren und passagieren lassen.

Ein klinischer Tumor stellt jedoch keine klonale Ansammlung von Tumorzellen dar. Dieser besteht hingegen aus den unterschiedlichsten Zelltypen, vom Bindegewebe über Blutgefäßzellen bis hin zu Immun- und Abwehrzellen. Wie ein solch komplexes System zur Tumorbildung führen kann, zeigt der Zusammenhang von Entzündung und Krebs (vgl. auch S. 114 f.). Dabei führt die chronische Entzündungsreaktion zu einem proliferativen Milieu, das die Proliferation bzw. Vermehrung einzelner Zellen begünstigen kann, die dann in tumorartiges und malignes Wachstum münden können. Dabei interagieren aber Zellen und Zelltypen in Geweben und Gewebsformationen miteinander, die in Zellkulturen nicht abgebildet werden und daher unberücksichtigt bleiben. Wie vielfältig sich

---

diese komplexen Interaktionen gestalten können, mag die Zahl unterschiedlicher Krebstypen veranschaulichen, die mit mehr als einhundert angegeben wird.[188]
Grundsätzlicher betrachtet bildet der Tumor bezogen auf die beteiligten Zellen ein emergentes System. Die zellulären Bestandteile organisieren sich zu einer neuen Gewebsformation, die in aller Regel morphologisch abgrenzbar ist. Obgleich die Entstehung eines Tumors aus molekularer Sicht sehr komplex ist, kann sich die Therapie eines Tumors unter Umständen als sehr einfach erweisen: beispielsweise dessen chirurgische Entfernung. Dabei lässt sich die Beobachtung machen, dass man komplexe Systeme unter Umständen entfernen oder zerstören kann, ohne sie verstehen zu müssen.[189]

Die Komplexität der biologischen Systeme wird darüber hinaus durch die Interaktion mit der Umwelt weiter gesteigert. Die Betrachtung der Darmflora und der Verstoffwechselung von Lebensmitteln zeigt sehr eindrücklich, mit welch komplexen Außenbedingungen sich der Organismus auseinandersetzt.[190] Wir stehen dabei an weiteren „Grenzen" mit der Außenwelt im Austausch, etwa wenn wir Luft einatmen oder Wärme und Licht aufnehmen. Auch Krankheitserreger, die zu Infektionskrankheiten, chronischen Entzündungen oder zu Krankheiten wie Krebs führen können, werden von außen, also aus der Umwelt, aufgenommen und können komplex mit dem Organismus interagieren. Medizinisch lässt sich die Bedeutung der Umweltbedingungen allerdings oftmals nur epidemiologisch nachweisen – etwa bei dem Zusammenhang zwischen dem Rauchen und dem Lungenkrebs oder bestimmten Schadstoffen der Luft und entsprechenden pulmonalen Symptomen und Krankheiten.

Interessant ist dabei die Beobachtung, dass das Mikrobiom des Darms Stoffwechselwege zur Verfügung stellt, die der Mensch aufgrund seines eigenen genetischen Settings nicht besitzt. Diese Symbiose mit der menschlichen Darmflora stellt dabei eine emergente Systemeigenschaft dar, die weder durch Reduktion auf einzelne humane Gene noch andere Bestandteile des menschlichen Organismus oder des Mikrobioms erklärt werden können (vgl. auch S. 101 f.). Aus den einzelnen Bestandteilen, den menschlichen und mikrobiellen Zellen, lässt sich die Stoffwechselleistung des Gesamtorganismus nicht ableiten.

---

[188] Ebd. Es gilt zu bedenken, dass verschiedene Subtypen diese Zahl weiter erhöhen.
[189] Von diesem Ansatz aus betrachtet, ist es unbedingt möglich, wirksame Krebstherapien zu erfinden, weil es darum geht, den Krebs zu zerstören, und nicht darum, ihn zu verstehen (R. B. Laughlin, 2007, S. 241).
[190] Anatomisch betrachtet, stellt der Darm eine Grenze dar, die entwicklungsgeschichtlich involutiert wurde und einige Lebewesen nun „mit sich herumträgt".

Die Auseinandersetzung mit dem Darmmilieu und der Umwelt führen im Organismus auch dazu, die Regulationen der Gene, dem bisherigen Synonym von Vererbung und Determinismus, auf diese abzustimmen. Die Ernährung ändert auch die Expression von Genen.[191] Dies kann über die so genannten epigenetischen Mechanismen erfolgen, die die Expression bestimmter Gene blockieren können, was schon in der Embryonalentwicklung stattfindet. Genauso können Noxen und Strahlung aus der Umwelt Mutationen auslösen, die mit schweren Schädigungen, bis hin zum Krebs, einhergehen können.

Die biologischen Systeme weisen einen weiteren Aspekt auf, nämlich in einem gewissen Grade die Unvorhersagbarkeit zukünftiger Systemeigenschaften. Dabei können widrige Bedingungen Krankheiten auslösen; günstige hingegen können diese verhindern helfen. In welche Situationen ein Organismus gerät, hängt oftmals auch vom Zufall ab: Ob ein Gift in die Umwelt gelangt, ist für den Organismus genauso zufällig wie das Vorhandensein bestimmter Keime und Viren. Bakterien etwa, die sich in Biofilmen organisiert haben, stellen teilweise ihre Zellteilung ein und sind in diesem ruhenden Zustand gegenüber zahlreichen antibiotischen Substanzen resistent, wohingegen einzeln lebende Artgenossen unter proliferierenden Bedingungen durch die gleichen Antibiotika getötet werden. Hinzu tritt die individuelle Systemhistorie, in der die Organismen unterschiedliche Eigenschaften ausbilden, je nach Umweltbedingungen und jeweiligen Systemeigenschaften. Diese Historie legt dann auch ihr aktuelles Reaktionsvermögen fest. Ein Beispiel für diesen Zusammenhang stellen die als fakultativ pathogen bezeichneten Keime dar. Dies basiert auf der klinischen Beobachtung, dass nicht jeder Keim bei jedem Keimträger oder Infizierten die gleichen Symptome hervorruft; es kann von so genannten inapparenten Verläufen, die man klinisch nicht wahrnehmen kann, bis hin zu extremen Verläufen kommen, die gar letal enden können. Das spricht für den Zusammenhang von Keim und Organismus; der Zustand des Systems kann für den Keim vulnerabel sein und trifft einen empfänglichen Organismus, der eventuell vorgeschädigt oder prädisponiert ist. Andere Systeme mit anderen Vorgeschichten können hingegen resistent sein und sind nicht von einem Befall betroffen. Bestimmte, durch die Umwelt bedingte krankhafte Zustände lassen sich also nicht im Einzelfall vorhersagen, sie bleiben unvorhersagbar.

Therapeutisch lassen sich beispielsweise Einschätzungen über mögliche Substanzkandidaten nutzen. Die Wirksamkeit von Medikamenten hängt dabei von zahlreichen Faktoren ab, die teilweise im Vorhinein ausgetestet werden kön-

---

[191] D. Ornish et al., 2008.

nen. So bildet das Cytochrom P 450 ein Enzymsysten, das an der Verstoffwechselung zahlreicher Medikamente beteiligt ist. Dieses System besteht wiederum aus Isoenzymen, die spezifische Leistungen übernehmen. Mutationen in diesem System können zu Störungen im Abbau von Medikamenten führen, was klinisch wiederum als „schlechter Verstoffwechsler" phänotypisch auffällt. Vor der erstmaligen Gabe bestimmter Medikamente können präventiv die wichtigsten Mutationen dieses Systems untersucht werden und damit mögliche Unverträglichkeiten umgangen werden.

Ein anderes Beispiel stellt das Krebsmedikament 5-Fluorouracil (5-FU) dar, das überwiegend über das Enzym Dihydropyrimidindehydrogenase (DPD) verstoffwechselt bzw. inaktiviert wird. Eine Inaktivität dieses Enzyms durch Mutationen kann zu toxischen Wirkspiegeln und damit zu lebensbedrohlichen Komplikationen führen. Die häufigste Mutation in diesem Stoffwechselweg findet sich bei 1 % der europäischen Bevölkerung und wird daher inzwischen vor 5-FU-Gabe ausgeschlossen.

Andere Krebsmedikamente werden unwirksam, wenn ihre Zielstruktur oder Elemente des daran anschließenden Signaltransduktionswegs mutiert sind, was sich ebenfalls präventiv im Labor austesten lässt.[192] In diesen Fällen wird aber nicht eine Veränderung einer Systemeigenschaft vorhergesagt, sondern eine Fähigkeit eines Organismus bestimmt, von der bekannt ist, dass sie mit einer anderen Eigenschaft verbunden ist, beispielsweise der Verstoffwechselung einer Substanz. Prädiktion wäre hingegen, wenn es möglich wäre, den Zustand, dass der Organismus von einer bestimmten Krankheit befallen ist, wieder verloren gehen oder verschwinden zu lassen.

Den tieferen Grund für die Unvorhersagbarkeit stellt das Auftreten von zufälligen Fluktuation dar, die konstitutiv für biologische Systeme sind. Ihre Entfernung vom thermodynamischen Gleichgewicht führt zur Bildung dissipativer Strukturen, die durch kleinste Schwankungen neue Systemeigenschaften hervorbringen können. Dies geschieht, wenn sich die Fluktuationen zu Effekten einer großen Zahl von Teilen aufschaukeln. Beispielsweise sind bei der Zellteilung, der Mitose, molekulare Mechanismen beteiligt, die sich als dissipative Strukturen deuten lassen.[193] Der Spindelapparat, mit dem die Chromosomen in die neu

---

[192] Die Expression des Rezeptors für den „epidermal-growth-factor EGF" ist für die Wirkung bei kolorektalem Krebs von Cetuximab notwendig; das G-Protein k-ras bindet im EGF-Rezeptor-Stoffwechselweg; seine Mutation behindert die Wirkung von Cetuximab. So ist die Überexpression von Her2 / neu (human epidermal growth factor receptor 2) für die Therapie von Trastuzumab (Herceptin) notwendig, da dieses Medikament gegen den extrazellulären Teil des Rezeptors gerichtet ist.

[193] P. Finzer, 2003.

entstehenden Zellen verteilt werden, ist ein dynamischer Apparat. Dieser benötigt ständige Energiesdissipation, um seine Funktion ausüben zu können. Von den Polen der Spindel bauen sich dabei Hunderte von Fasern zufällig auf. Erreichen diese die Chromosomen, stabilisieren sie sich, erreichen sie dies nicht, dissoziieren sie und fallen auseinander. Durch diese dynamische Instabilität wird über Dissipation und Selektion ein selbstorganisierendes System aufrecht erhalten.

Einen Versuch, mit der enormen Komplexität umzugehen, stellt die Netzwerkforschung dar. Dabei werden einzelne Teile als Knoten aufgefasst, die mit anderen Knoten interagieren, die die Maschen des Netzes darstellen. Sie verbindet somit die einzelnen Teile auf einer funktionellen Ebene, die zuvor reduktionistisch-analytisch aus einer Ganzheit herausgelöst wurden. Sie zeigt auf, welche Teile mit welchen Teilen interagieren und welche mit welchen in Verbindung stehen. Die Darstellung von Netzen in der Zelle, etwa der exprimierten Gene, lässt so auch Organisationsformen erkennen; etwa welche Gengruppen untereinander in Verbindung stehen. Das Netz beschreibt über die Teile und ihre Interaktionen einen strukturellen Aspekt des Systems. Durch die Zusammenfassung funktioneller Netze gelingt aber auch eine organisatorische Beschreibung biologischer Systeme und Subsysteme.

Das Netz ist dabei die Organisation des Systems. Das Netz besitzt darüber hinaus eine Topologie, die dem einzelnen Knoten einen Platz bzw. einen interkonnektierten Ort zuweist.[194] Auch der gesetzesartige Aufbau solcher Netze wird allmählich sichtbar: ihr skalen-freier Aufbau, unterschiedliche Vernetzungsgrade von Knoten und das small-world-Gesetz. Diese Einsichten besitzen auch therapeutische Relevanz: So lässt sich das Protein p53 als wichtiger Knoten eines Tumorsuppressor-Netzes beschreiben. Diesen auszuschalten – wie es in Tumoren häufig geschieht – bedeutet, einen Teil des Netzes funktionsunfähig zu machen. Dieses Molekül erscheint daher auch als therapeutisches Ziel attraktiv.[195]

Der Konzeption des Reduktionismus verpflichtet, strebt die Netzwerkforschung eine prädiktive Biologie an.[196] Die systembiologischen Instrumente ermöglichen, dynamische Veränderungen des Transkriptioms oder des Metaboloms durch Umwelteinflüsse zu studieren. Aus der systematischen Untersuchung lassen sich auch mathematische Modelle ableiten, die letztlich Grund-

---

[194] Dieser Begriff erinnert nicht nur zufällig an die Topologie-Konzeption der Mathematik, wie sie etwa von Poincaré entwickelt wurde.
[195] Lohnenswerte Ziele sind dabei verschiedene essentielle zelluläre Cluster oder Nods, wie beispielsweise das p53-Netzwerk (E. E. Schadt et al., 2009).
[196] E. T. Liu, 2005; L. Hood et al., 2004.

lage einer prädiktiven Medizin darstellen sollen. An diesem Punkt unterscheidet sich die Systembiologie jedoch grundsätzlich von der Selbstorganisationstheorie; im Gegensatz zum biologischen Ansatz verneint die Selbstorganisationsbetrachtung die grundsätzliche Möglichkeit einer Prädiktion. Nach ihr können Systeme fluktuieren und sind den Schwankungen des Zufalls ausgesetzt. Aussagen über mögliche zukünftige Systemzustände wären demnach nur Wahrscheinlichkeiten bzw. eine Projektion empirisch ermittelter Werte.

Das Netz stellt aber auch das Muster eines Fluidums dar, in das jeder Mensch eingewoben wird. Dieses Einweben beginnt bereits pränatal mit dem Leben in utero: Dabei trimmt bereits der Systemzustand der Mutter das embryonale System, indem es ihm seinen Ernährungszustand – und damit den seiner zukünftigen Umwelt – vermittelt. Man könnte auch sagen, dass der Embryo zahlreiche Informationen durch die Mutter und ihre Umwelt erfährt, die dann epigenetisch fixiert werden. Damit wird der Embryo, obgleich er noch nicht eigenständig in der Welt ist, bereits in das Netz des Lebens und in die Muster seiner Mutter und Umwelt eingewoben.

Die Netze machen zwar die Interaktion von Teilen sichtbar, können aber die Bildung von neuen Ebenen nicht aufzeigen. Im Bild bedeutet das, dass ein Knoten Teil eines neuen Netzes wird. Diese Form der Knotenbildung, dass also aus einem Netz der Knoten eines anderen Netzes wird, lässt sich mit dem Begriff Emergenz belegen. Beispiel hierfür ist die Bildung von Biofilmen. Dabei gruppieren sich Mikroorganismen zu komplexen Organisationsformen, sind also nicht mehr einzeln lebend, sondern leben in einem neuen Verband. Im Netz-Bild bedeutet das, dass die Mikroorganismen als Knoten bestehen bleiben, allerdings ein neues Netz geknüpft wird. Von zentraler Bedeutung dabei ist, dass sich neuartige Eigenschaften bilden, wie die Resistenz gegenüber zahlreichen Umweltfaktoren wie Strahlung oder chemische Substanzen. Auch in Tumoren lassen sich neben Tumorzellen weitere Gewebebestandteile finden, wie Bindegewebe, Bindegewebszellen und Blutgefäße. Dabei wird ebenso das Gewebenetz neu geordnet und ein neues Netz entsteht, das neue Eigenschaften ausbildet, wie ungehindertes Wachstum und Zellteilung oder die Fähigkeit zu metastasieren.

Diese Bildung von Ebenen geht oft mit der Reduktion von Komplexität einher. Ein Beispiel dafür stellen die Nervenzellen dar.[197] Sie besitzen wie alle Zellen des Körpers einen Zellkern, Membranen, Stoffwechselenzyme usw. Allerdings bilden sie einen Teil ihres Zellkörpers zu einem so genannten Axon aus, über das sie, durch den Ein- und Ausstrom von Ionen, kleine elektrische Ströme

---

[197] P. Finzer, 2003, S. 162-164.

fließen lassen können. Dadurch können elektrische Impulse übertragen werden, so genannte Aktionspotenziale. Am Ende des Axons werden Substanzen ausgeschüttet, die eine Depolarisation der nächsten Nervenzelle oder einer Muskelzelle zur Folge haben, die dann die Entstehung eines neuen Nervenimpulses bzw. eine Muskelkontraktion bewirkt. Ob ein Aktionspotenzial über den Nerven läuft, folgt dem so genannten „Alles-oder-Nichts-Gesetz". Das bedeutet, dass ein komplexer zellphysiologischer Mechanismus letztlich in eine digitale Funktion, nämlich Impuls oder kein Impuls, mündet.

Für den Muskel bedeutet das, dass er sich entspannt oder anspannt. Es entsteht eine Eigenschaft, die erheblich weniger komplex ist, als die elektrophysiologischen Grundlagen der Erregungsleitung. Diese digitale Impulsfunktion des einzelnen Nerven wird dann jedoch im Netz der Neuronen, wie sie etwa im Gehirn besteht, wieder enorm kompliziert.

5 Eine neuer Blick auf die Medizin

„Bäume gibt es außerdem, deren runzlige Rinde ich kenne,
und Wasser, dessen Geschmack ich koste.
Dieser Grasduft und Sternenschein, die Nacht,
Abende, an denen das Herz weit wird – wie könnte ich die Welt leugnen,
deren Macht und Stärke ich erfahre?
Trotzdem gibt mir alles Wissen über diese Erde nichts,
was mir die Sicherheit gäbe, dass diese Welt mir gehört."
A. Camus[198]

5.1 Krankheiten erklären

Sowohl systemtheoretische als auch biomedizinische Neukonzeptionen verändern die gegenwärtige Medizin. Deren Grundlage bildet die Komplexität der
Organismen, die die Zerteilung der biologischen Systeme zutage gefördert hat.
Die Teile setzen sich dabei nicht einfach so zusammen, sondern bilden Interaktionen und Wechselwirkungsbeziehungen aus, die sich zu emergenten Ebenen
organisieren können. Nicht die bloße Struktur der Teile und Komponenten, sondern die Organisation der Systeme stellt dabei das konstituierende Prinzip des
Lebens dar.

Um nun einen erklärenden Zugang zum Phänomen Krankheit zu gewinnen,
ist es notwendig, sich deren Charakteristika nochmals zu vergegenwärtigen. Zunächst steht die Frage: „Was liegt vor?" im Vordergrund. Dabei ist auf der einen
Seite die Regelhaftigkeit der auftretenden Symptome und Befunde festzustellen,
die die Grundlage für die Einteilung und Systematisierung von Erkrankungen
liefert. Auf der anderen Seite finden sich die individuellen Ausprägungen und
Besonderheiten, die Variation der Symptome, die Schwankung in den Verläufen
und die Einmaligkeit der einzelnen Krankengeschichte.

Eine rein reduktionistische Herangehensweise versucht Gesetze und Regelhaftigkeit der klinischen Erscheinungen durch Gesetze und Regelhaftigkeiten auf
der Ebene der Organe oder der Moleküle zu erklären. Dabei zerteilt sie die Ganzheiten und versucht eine Erklärung über die sie konstituierenden Teile zu er-

---

[198] A. Camus, 1959, S. 22.

reichen. Da sich in diesem Weltbild alles auf universelle physikalische Gesetze reduzieren lässt, steht nicht nur die Regelhaftigkeit der Krankheiten im Vordergrund, sondern geht es gerade darum, auch hinter den Varianzen und Abweichungen das Werk von Gesetzen und Regelhaftigkeiten aufzufinden.

Dabei geht es gerade nicht um die Negation des reduktionistischen Ansatzes, der zahllose Mechanismen und molekulare Funktionen aufgedeckt hat. Vielmehr geht es um die Ergänzungen dieses Ansatzes; es geht darum, sowohl die regelhaften Krankheitsbilder als auch deren Varianzen, Variabilitäten und individuellen Verläufe erklären zu können. Um die Variabilität der Krankheiten zu erklären, eignen sich Komplexität, Emergenz und Systemorganisation sehr gut. Sie können mit dem Blick auf die Ganzheit und das Verhalten des Systems diese Seite der Krankheit erklären, ohne auf die Regelhaftigkeit der klinischen Erscheinungen und Phänomene in der Theorie zu verzichten. Variabilität wird dabei aus verschiedenen Prinzipien gespeist: die Fluktuation und kleinste Schwankungen des Systems, die Veränderungen der Umwelt und die unterschiedliche Systemhistorie. Die Komplexität des Systems erlaubt zahlreiche Interaktionen und geht daher auch mit einer hohen Variabilitätsbreite einher.

Sowohl die Symptomatik einer Erkrankung als auch der Verlauf können sehr variieren. So zeigen die Symptome einer Krankheit, die durch den gleichen Krankheitserreger verursacht wird, individuelle Schwankungen; bei einem tritt ein heftiges, protrahiertes Fieber auf, bei einem anderen kommt es nur zu einer kurzen Temperaturerhöhung als Reaktion auf eine Infektion. So tranken beispielsweise in einem Experiment sowohl der Bakteriologe von Pettenkofer als auch sein Assistent eine Lösung mit *Vibrio cholerae*, dem Erreger der Cholera. In diesem Selbstversuch wollten sie klären, ob dieser Keim der Erreger der Cholera ist. Obgleich der Assistent schwer erkrankte, war bei von Pettenkofer nur ein milder Verlauf der Krankheit festzustellen.[199]

Variabilität in der Ausprägung der Symptome ist allgemein ein elementares Charakteristikum von Erkrankungen, das bis zur vollständigen Abwesenheit bestimmter Symptome gehen kann. Beispiele stellen die inapparent verlaufenden Infektionskrankheiten dar, die trotz Infektion mit einem Erreger ohne klinische Symptomatik verlaufen. Es ist aber auch zu beobachten, dass zusätzlich Erkrankungszeichen hinzutreten, etwa während der Erkrankung das parainfektiöse Exanthem oder postinfektiöse Beschwerden nach einer Streptokokken-Infektion, etwa Gelenkschmerzen.

---

[199] H. Brandis et al., 1994, S. 9-10.

Diagnostisch kann die Varianz der Symptomatik große Probleme machen, da jede Ausprägung des Krankheitsbilds gegen ähnliche Krankheiten abgegrenzt werden muss. Dies geschieht zumeist durch teils aufwändige Ausschlussdiagnostik. Auch therapeutisch zeigen sich Varianzen. So reagieren einige Patienten auf bestimmte Medikamente fast nicht, wohingegen das andere Extrem durch Patienten markiert wird, die bei schon geringen Dosen Nebenwirkungen zeigen. Nicht nur bei Chemotherapien gegen Tumore sind so genannte „non-responder" oder Therapieversager bekannt; auch bei Impfungen gibt es Patienten, die keine Antikörper gegen ein bestimmtes Antigen bilden.

Die Variabilität der Beschwerden und Symptome können durch verschiedene biologische Prinzipien hervorgerufen werden. Eine Ursache liegt darin, wie biologische Systeme strukturiert sind. Entfernt vom thermodynamischen Gleichgewicht sind sie empfänglich für kleinste Schwankungen, die die Eigenschaften des Systems zufällig in eine andere Richtung treiben können. Dies geschieht durch eine große Anzahl an Teilen, die diese Änderung mittragen und sich gleichsinnig verhalten, beispielsweise eine Gruppe von Zellen eines Organs bzw. Organsystems.

Schwankungen biologischer Systeme sind physiologischerweise und konstitutiv nachweisbar. Dies betrifft das chaotische Verhalten des Herzrhythmus ebenso wie die Hirnströme. Auch ein fundamentaler und regelhafter biologischer Vorgang wie die Zellteilung wird über instabile, dynamische und zufällige Systeme mitgesteuert, wie der Spindelapparat.[200] Kleine Schwankungen und Instabilitäten bei der Zellteilung der blutbildenden Systeme können klinisch mit fassbaren Störungen einhergehen: zu hohe Teilungsraten mit einer Leukämie; zu geringe Raten mit einer Anämie. Der Zufall kann somit fundamental auf die Steuerung dieser Größen Einfluss nehmen. Ein extremes Beispiel stellt – wie schon in Abschnitt 1.1 beschrieben – das eineiige Zwillingspärchen dar, das mit Meningokokken infiziert wird. Das eine Kind stirbt an der Infektion, das andere überlebt weitgehend ohne größere Symptomatik. Bei gleichen Umweltbedingungen und gleichem genetischen Hintergrund der Zwillinge muss von emergenten Ebenen ausgegangen werden, die sich unabhängig von den Genen etablieren. Eine Systemeigenschaft, die zufälligen Fluktuationen gegenüber offen ist. Die Unvorhersagbarkeit gilt aber auch bis auf die Ebene der klinischen Medizin, die überraschende Verläufe ebenso kennt wie unerwartete Komplikationen. Warum ein bestimmter Mensch an einer Krankheit erkrankt und ein anderer nicht, bleibt oft völlig unklar und anscheinend vielfach dem Zufall überlassen.

---

[200] P. Finzer, 2003.

Darüber hinaus sind Zellteilungen auch von Umweltbedingungen abhängig, die bekanntermaßen variieren können. Diese variieren nicht nur je nach Gewohnheit und regionaler Tradition der Ernährung, sondern werden auch durch geografische und klimatische Besonderheiten bestimmt. In den experimentellen Zellvermehrungssystemen des Labors wird eine Nährstofflösung zugegeben, um die Zellen zur Teilung zu bringen; fehlen einige Bestandteile, können sich viele Zellen nicht mehr teilen. Die klinische Medizin weiß sehr genau, dass das Element Eisen, aber auch mit der Nahrung aufgenommene Vitamine auf die Bildung der roten Blutzellen Einfluss nimmt. Die damit zusammenhängenden Krankheitsbilder sind die der Eisenmangelanämie oder der perniziösen Anämie. Ein weiteres Beispiel ist das Vorliegen von Jod und bei dessen Mangel das gehäufte Auftreten charakteristischer Jodmangelsyndrome bis hin zum Kretinismus. Das Phänomen der Variabilität weist damit erneut auf die Abhängigkeit biologischer Systeme von den Randbedingungen und deren prinzipielle Offenheit gegenüber den Materialströmen ihrer Umwelt hin. Eine geänderte Darmflora beeinflusst ganz offensichtlich die Energieverwertung des Organismus und damit die Systemeigenschaften bzw. das Symptom „Übergewicht", was wiederum als metabolisches Syndrom ein Risikofaktor für die Entstehung von Krebs sein kann. Die Randbedingungen werden natürlich ebenfalls durch die zur Verfügung stehenden Nährstoffe gebildet. Die Variabilität von Krankheiten tragen somit Elemente von Zufall bedingt durch Schwankungen diverser Umwelteinflüsse.

Ein weiteres varianzerzeugendes Prinzip stellt die Systemhistorie dar, denn je nachdem, auf welchen Systemzustand eine Krankheitsursache trifft, variieren die Symptomausprägungen und die Symptomatik erheblich. Nicht jede Systemgeschichte ermöglicht jede Krankheit; nicht jeder Patient kann jede Krankheit bekommen. Die klinische Beobachtung wird durch Epidemien unterschiedlicher Erkrankungen immer wieder gemacht: Eine große Zahl von Infizierten erkranken an einem Krankheitserreger, allerdings erkranken nicht alle Infizierten, ja es gibt auch Personen, die, obgleich dem Erreger ebenfalls ausgesetzt, sich nicht infizieren. Gleiches zeigt sich mit umgekehrten Vorzeichen. Obgleich oftmals ganze Bevölkerungsteile geimpft werden, erlangen nicht alle Probanden einen Impfschutz und bleiben für den Wildtyp des geimpften Keimes empfänglich. Oder trifft etwa eine Infektionsepidemie auf einen bereits vorerkrankten Patienten – beispielsweise mit Diabetes oder gar einer Tumorerkrankung – kann es zu einer schwer verlaufenden Entzündung kommen. Trifft der gleiche Erreger auf einen gesunden Patienten, kann die Infektion inapparent bleiben.

Große Krankheitsgruppen in der westlichen Welt sind heute nicht-infektiöser Natur. Zu denken ist dabei an die Übergewichtsepidemie, die mit Diabetes und Fettstoffwechselstörungen einhergeht. Auch bei dieser Epidemiewelle werden nicht alle Personen einer Region gleichermaßen „getroffen", obwohl die Randbedingungen für die meisten Menschen, wie hochkalorische Lebensmittel, Bewegungsarmut und unausgeglichene Ernährung, wohl vergleichbar sind. Folgerichtig zielen Screening-Programme oftmals gerade darauf ab, die Personen zu identifizieren, die ein erhöhtes Risiko für eine Erkrankung aufweisen, deren Systemhistorie für eine Erkrankung empfänglich ist.

Hinweise darauf, dass die Systemgeschichte bereits intrauterin beginnt, hat die Epigenetik geliefert; demnach finden über die Ernährungssituation der Mutter irreversible Prägungen des Ungeborenen statt. Auch die Darmflora wird von der Mutter auf das Kind übertragen, womit frühzeitig eine weitere Prägung des Systems stattfindet; etwa, ob Nährstoffe gut oder schlecht verstoffwechselt werden.

Eine weitere Quelle von Varianz entsteht auf einer pragmatischen Ebene durch den hohen Komplexitätsgrad des Systems. Dieses kann durch zahllose Interaktionsmöglichkeiten eine hohe Varianzbreite generieren. Die Situation in der Therapie beispielsweise kompliziert sich, wenn Patienten nicht nur ein, sondern mehrere Medikamente einnehmen. Dann können die Medikamenteninteraktionen nicht immer abgeschätzt werden, da etwa individuelle Reaktionen auf eines der Medikamente oder das Aufaddieren unspezifischer Nebenwirkungen vorkommen können. Unter Umständen existieren dann für eine Krankheit oder gar mehrere Krankheiten des Patienten keine Erfahrungen, um eine klinische Reaktion herzuleiten, und der Arzt ist in einer hoch komplizierten Situation auf seine Erfahrung und sein klinisches Urteil, ja Gespür, angewiesen.

Die enorme Komplexität des menschlichen Organismus und die Fluktuationen begründen die prinzipielle Unvorhersagbarkeit seiner Systemreaktion. Die Prognose einer Krankheit, also eine Aussage über den zukünftigen Verlauf, kann nur ungefähr erfolgen und bleibt ungewiss. Trotz großer Anstrengungen in der Identifizierung prognostischer Marker bleibt es auch weiterhin schwierig, eine verlässliche Prognose vieler potenziell bedrohlicher Erkrankungen zu erstellen. Die klinischen, bildgebenden oder labormedizinischen Untersuchungen erlauben meist nur eine grobe Abschätzung von Risiken und Prognosen. Beispielsweise ermöglichen Tumormarker in den meisten Fällen lediglich eine Verlaufskontrolle – also die Beantwortung der Frage, ob eine Therapie erfolgreich war oder ein Rezidiv aufgetreten ist. Das Suchen nach Tumoren (Screening) ist mit ihnen nicht möglich.

Tabelle 2:   Klinische Bedeutung systemtheoretischer Begriffe
Die Systemtheorie (Teil A.) stellt Begriffe bereit, die die biologischen Systeme charakterisieren. Diesen wiederum lassen sich klinische Grundbegriffe zuordnen (Teil B.). Das bedeutet, dass Prinzipien der Selbstorganisation für die Klinik große Bedeutung besitzen.

A. Charakteristika biologischer Systeme	
1.	Randbedingungen – offene Systeme / Materialstrom / Struktur
2.	Dissipative Strukturen / Entropie
3.	Schwankungen / Fluktuationen / neue Systemeigenschaften / Unvorhersagbarkeit
4.	Systemgeschichte
5.	Komplexität
6.	Organisation / Selbstreferenzialität / Autopsie
7.	Emergenz

B. Klinik – Systembiologie: Gegenüberstellung der Begriffe		
1.	Anamnese u. Vorgeschichte:	Geschichte biologischer Systeme
2.	Umwelteinflüsse: (Erreger, Noxen)	Offenheit biologischer Systeme soziales, nutritives Umfeld etc., physikalische Therapie, Bewegung etc.
3.	Krankheitsbilder:	(Selbst-)Organisation / Emergenz
4.	Varianz:	Fluktuation / Schwankung / Unvorhersagbarkeit

Die Prinzipien der Selbstorganisation generieren nicht nur Varianz der Krankheitsbilder zwischen Patienten. Da sich die Krankheiten ganz allgemein als Ordnungsphänomen auffassen lassen, werden auch die konstanten Elemente der Krankheitsbilder von ihnen generiert. So erlaubt die Komplexität der Systeme, eine Anpassung an sich ändernde Umweltbedingungen. Ein Beispiel ist hier das chaotische Verhalten des Herzrhythmus, das die Anpassungsfähigkeit an körperliche Aktivität des Organismus bei relativer Konstanz des Grund- bzw. Ruherhythmus erlaubt. Auch die emergenten Ordnungszustände erlauben eine Stabilisierung der Systeme, die sie unabhängig werden lässt von den singulären Einzelteilen. Auch stabile Umweltbedingungen über lange Zeiträume, z.B. regelmäßiges Vorhandensein von Lebensmitteln, tragen zur Gleichartigkeit der klinischen Erscheinungen bei.

Im physiologischen Sinne sorgt dies für stabile gesunde Zustände. Aber auch akute Entzündungsreaktionen bilden eine Systemebene, die klinisch gleichartige Krankheitsbilder bzw. Systeme erzeugt, wie Fieber oder Veränderungen der betroffenen Gewebe.

Dabei lassen sich Selbstorganisations-Prinzipien auf der Grundlage gängiger pathophysiologischer und anatomisch pathologischer Konzeptionen anwenden: beispielsweise die Veränderung der HPV nach Herzinfarkt oder des EEG-Musters bei Erkrankungen des ZNS. In jedem Fall findet sich zu einem Beschwerdebild ein organisches Korrelat, das gleichartig in seinem klinischen Erscheinungsbild generiert wird, jedoch variieren und sich wandeln kann.

Dies hebt sich ab von der reduktionistischen Vorstellung, dass sich aus wissenschaftlichen Theorien andere Theorien logisch ableiten lassen oder mit Kenntnis der Ausgangsparameter, die zu erklärende klinische Situation verständlich, ja gar logisch zu folgern sei. Der Blick, der hier auf die Medizin gerichtet wird, ist ein vergleichender. Er kennt einige Erfahrungsbereiche, einige Beispiele oder Vorbilder und findet Analogien dazu. Dies gilt nicht nur für eine Theorie über Neues in der Medizin. Auch im medizinischen Einzelfall findet ein Vergleich statt: der zwischen allgemeinen Vorstellungen und Konzeptionen zu einem Krankheitsbild und der vom konkreten Patienten gebotenen Klinik. Auch hier wird nach Analogien gesucht und auf den Einzelfall transferriert.

5.2 Krankheitskonzepte

Die zweite Frage der Medizin lautet: „Wie kam es zur Krankheit bzw. was war ursächlich für ihre Entstehung?" Diese Frage nach der Ätiologie oder Pathogenese wird im Wesentlichen über zwei Erklärungsmodelle beantwortet. Erstens, weil sich der Organismus mit einem pathogenen Agens auseinandersetzt, das er im Laufe seines Lebens gleichsam erworben hat; mögliche Agentien sind Erreger aller Art, wie ein Virus oder ein Bakterium, aber auch Strahlen, Belastungen, Überlastungen, Gifte, Noxen und dergleichen mehr. Die Auseinandersetzung mit dem Agens bzw. die Wirkung des Agens führen zum Schaden bzw. zur Krankheit. Die zweite Gruppe von Erkrankungen sind die ererbten, die mit der Entstehung des Organismus fixiert sind und die sich zu unterschiedlichen Zeiten des Lebens manifestieren können. Dies schließt die gesamte intrauterine Entwicklung mit ein, kann aber auch im hohen Alter erst zum Tragen kommen.

Allerdings lassen sich zahlreiche Krankheiten diesen beiden Schemata nicht klar zuordnen. Für die komplexen Erkrankungen, wie Rheuma oder Alzheimer, sind bisher weder genetisch-vererbte, noch andere erworbene Faktoren als klarer kausaler Entstehungsmechanismus identifiziert. Gerade bei diesen Krankheits-

formen können Selbstorganisationsprinzipien und -konzepte eine beachtliche Erklärungslast tragen, wenn man Erkrankungen als Veränderung der Ordnung
eines Systems begreift. Hier finden sich Parallelen zum grundsätzlichen Konzept
der erworbenen Erkrankungen, die im klassischen Sinne von „außen" auf den
Organismus einwirken. Der systemtheoretische Ansatz jedoch sucht nicht nach
einem Agens oder einer überschaubaren Anzahl von isolierbaren Agentien; er
sieht das Eingeflochtensein und die komplexen Interaktionen, die das Verhalten
des Organismus beeinflussen. Es sind also in diesem Kontext nicht ein Gen, eine
Bakterienspezies oder ein Nahrungsmittelbestandteil, sondern deren Effekte, die
sich aus möglichen Fluktuationen aufschaukeln, verstärken oder auf der anderen
Seite verringern und abmildern. Solche Effekte können zu klinischen Phänomenen und Krankheitsbildern selektioniert werden. Dies geschieht durch die jeweiligen Zustände von Subsystemen oder interagierenden Systemen – wie der
Umwelt bzw. den Umweltfaktoren – und durch stabilisierende Organisationsprinzipien.

Bei aller Analyse der Systeme und ihrer Ordnungsprinzipien, bei aller Einsicht in ihre Konstituenten und ihre Funktion ergibt sich daraus keine deterministische Konzeption. Denn der Zufall hat auf unterschiedlichen Ebenen Einfluss
auf das Systemverhalten. Die Entstehung von Krankheit hat somit einen wesentlich zufälligen Charakter! Die einen Organismen fallen einer bestimmten Erkrankung anheim, andere tun dies nicht, obgleich die Ernährungssituation und die
Umstände, die für die jeweilige Population gelten, vergleichbar sind. Diese Beobachtung lässt sich an epidemischen Erkrankungen machen: Dabei erkranken
im seltensten Fall alle Menschen, sondern einige bleiben davon verschont oder
die Krankheit verläuft in milderer Form. Das bedeutet auch, dass die Erreger, obgleich mit der Entstehung des Krankheitsbildes verbunden, eine Erkrankung per
se nicht verursachen; dazu bedarf es der Permissivität des Systems, die den Erreger und sein pathogenes Potenzial erst zulassen, ermöglichen oder gar aktiv
freisetzen muss. Die medizinische Mikrobiologie hat diesem Sachverhalt mit
dem Begriff des fakultativ pathogenen Erregers Rechnung getragen.

Die Empfänglichkeit oder Empfindlichkeit eines Organismus gegenüber
einem Erreger hängt dabei ganz wesentlich von der Systemhistorie ab. Auch
wenn biologische Systeme gleichartige Zustände – hier das Fieber – generieren,
haben sie ihre jeweilige Vorgeschichte.

Dieser Ansatz also bezieht Ordnungszustände von Systemen, deren Entstehung und deren Aufrechterhaltung mit in seine Überlegungen ein. Das reduktionistische Krankheitskonzept, das sich mit den Teilen eines Systems beschäftigt,
ist damit nicht obsolet oder überwunden; es stellt eine analytische Forschungs-

bewegung dar, die durch synthetische Systembetrachtungen ergänzt werden muss. Der reduktionistische Ansatz geht also der Frage nach, welche Störung bzw. Veränderung der Teile mit einer Erkrankung zusammenhängen können. Auf dieser Grundlage ergeben sich verschiedenartige Krankheitskonzepte. Zunächst Erkrankungen, die aufgrund von Störungen einzelner Teile im Organismus entstehen. Dies betrifft die materielle Struktur von Systemen und lässt sich daher sowohl als strukturell als auch als reduktionistisch bezeichnen. Da Bestandteile des Systems betroffen sind, lassen sie sich auch mereologische Konzepte nennen.

Zu einer mereologischen Vorstellung gehören die genetischen Störungen der Keimbahn, besonders die monogentischen, also erblichen Krankheiten, denen der Verlust einer Genfunktion zugrunde liegt. Vielfach beschrieben sind Stoffwechselerkrankungen wie die Phenylketonurie, aber auch Störungen der Gerinnung, wie der Mangel von Gerinnungsfaktoren, der zur Blutungen führen kann. Diese Krankheitsbilder folgen zumeist bestimmten Erbgängen. Grundlage hierfür sind meist Mutationen, die verhindern, dass ein funktionsfähiges Protein entstehen kann. Es wird ein verändertes Teil in das System eingebracht, das dessen Funktion stört und gar unmöglich macht. Davon können auch mehrere Gene betroffen sein; dabei sind zahlreiche polygenetische Erkrankungen bekannt, die sich klinisch als Syndrome darstellen können. Bei diesen sind in diesem Sinne mehrere Teile verlustig oder nicht mehr funktionsfähig.

Im Bereich der Infektiologie lässt sich durchaus von isolierbaren Teilen sprechen, die mit Krankheiten verbunden sind – Viren etwa, die in die Blutbahn gelangen oder sich in Schleimhäuten vermehren, Parasiten, die dem Organismus schweren Schaden zufügen können – und die zum Organismus gleichsam hinzukommen. Beispielsweise lässt sich die Entstehung der Cholera einer Infektion mit einem definierten Erreger zuordnen. Davon ausgehend spannt sich eine Kausalkette molekularer Ereignisse, in deren Folge es zur Daueraktivierung eines membrangebundenen Enzymes durch das Choleratoxin kommt, welches wiederum zum Elektrolyt- und Wasserverlust führt. Dies erklärt die oft wässrigen Durchfälle, die dieser Keim verursachen kann. Die Cholera wird dabei den so genannten obligat pathogenen Keimen zugeordnet. Das bedeutet, dass eine Erkrankung regelmäßig vom Erreger ausgelöst wird, unabhängig von der lokalen oder systemischen Abwehrlage des Organismus. Der Punkt dabei ist jedoch, dass es der Organismus insgesamt ist, der über die Entstehung der Krankheit mitentscheidet: seine Abwehrlage, sein Ernährungszustand, die Eintrittspforte der Infektion und vieles mehr. Ein neuer, dem biologischen System ‚Mensch' nicht originärer Teil kommt von Außen hinzu, jedoch wird dieser krankheitsverursachend, indem er die vorherrschende Ordnung stört, behindert und verändert.

Aus molekularbiologischer Sicht bleibt darüber hinaus einzuschränken, dass die genannten mikrobiologischen Teile selbst wiederum äußerst komplexe Organismen darstellen können: Ein Wurm etwa, der als Parasit den Körper befallen kann, ist selbst ein komplexes biologisches System, das wiederum selbst in Reifungs- und Vermehrungszyklen vielfältig in die Umwelt und seinen Wirt eingebunden ist. Es sind aber auch weniger komplexe Teile bekannt, die von außen dem Organismus zugeführt werden und Krankheiten verursachen können. Das ist der Bereich der Noxen und Gifte, die physikalischer oder chemischer Natur sein können. Zumeist aber spielen Systemeigenschaften und Ordnungsprinzipien die krankheitsrelevanten Größen, sehen wir von hochgradigen Vergiftungen, Verstrahlungen oder physikalischen Schädigungen des Organismus ab.

Da, wo sich Teile nicht als krankheitsrelevant identifizieren lassen, muss, bis auf weiteres, die Systemorganisation selbst als krankheitserzeugend aufgefasst werden. Die Alternative geht von der Komplexität des Systems aus und fasst Krankheiten als Ordnungszustand auf. Änderungen der normalen Ordnung können zu neuen Zuständen oder emergenten Systemeigenschaften führen, die dann ebenfalls als Erkrankungen imponieren können. Die relevanten Stellgrößen für diese Pathogenese sind die Umwelt und Fluktuationen in einem System. Dies wiederum führt zu veränderten Ordnungszuständen und emergenten Systemeigenschaften. Dieser Konzeption nach lassen sich zwar molekulare Veränderungen den Änderungen der Systemzustände zuordnen. Allerdings liegt die Störung nicht auf der Ebene der Teile, denn diese ändern sich nicht bei diesem Prozess, sondern an Veränderungen der Ordnung und Interaktion der Teile. Bei der Entstehung einiger Krebsformen kann es, oftmals durch Veränderung der Umwelt- und Ernährungsbedingungen, zu einem krankheitserzeugenden Systemzustand kommen. Als Beispiel können chronische Entzündungen gelten, in denen eine Genmutation wie eine Fluktuation das System in die Richtung von Krebsvorstufen treibt und letztlich zum Krebs führen kann.

Neben den komplexen Erkrankungen wie Alzheimer oder Rheuma sind es möglicherweise auch die so genannten funktionellen Erkrankungen, die sich als Störung auf der Organisationsebene beschreiben lassen. Nicht bei allen Beschwerden und Symptomen findet sich ein organisches Korrelat – Rückenschmerzen, bei denen sich anatomisch-orthopädisch nichts Auffälliges findet, Herzschmerzen bei einem völlig normalen Herz, Müdigkeit ohne fassbare Ursache. In der Praxis wird oft versucht, diese Störungen im Rahmen psychologi-

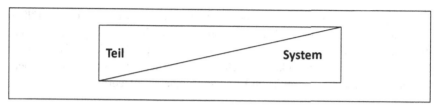

Abbildung 27: Teil-Ganzes-Kontinuum
Ein Verständnis biologischer Systeme entwickelt sich an den beiden Polen: die Teile, die sich zueinander verhalten, und das Ganze, das emergente Eigenschaften entwickeln kann. Zwischen beiden Polen finden Übergänge statt, die die Erklärungslast für biologisch-medizinische Phänomene einmal mehr dem Ganzen, in einem anderen Fall mehr den Teilen auferlegt.

scher Modelle zu erklären. Aus biologisch-reduktionistischer Sicht wird zumeist eingewandt, dass der zugrundeliegende Sachverhalt komplex sei und somit viele Möglichkeiten der Entstehung bestünden und die weitere Forschung einen kausalen Mechanismus aufdecken werde.

Angesichts der angestellten Überlegungen wird hier allerdings eine neue These sichtbar, nämlich die, dass funktionelle Beschwerden eine emergente Systemeigenschaft darstellen, die das System, obgleich aus gleichen Teilen bestehend, generieren kann. Denkbar wäre es auch, dass die gleichen Teile am Krankheitsgeschehen teilnehmen, aber in anderer Organisationsform, die heute noch nicht verstanden ist. Eine andere Organisation kommt beispielsweise zustande, wenn veränderte zeitliche Reihenfolgen im Ablauf einzelner Regulationsschritte auftreten. Vorstellbar wäre, dass Muskelkontraktionen auftreten, die über die Reizleitung ein oszillierendes und damit fluktuationsanfälliges System darstellen. Veränderungen dieser Art würden auch zu messbaren oder nachweisbaren Veränderungen führen. Dazu kann es sein, dass diese Veränderungen sehr klein sind und daher nur schwer zu messen.

Aus diesem Szenarium lässt sich ein Kontinuum ableiten, das den Grad der Verursachung oder die Erklärungslast der Entstehung zwischen zwei Extrempunkten ansiedelt: auf der einen Seite den Teilen selbst und auf der anderen Seite dem System selbst. In diesem Schema lassen sich monogenetische Störungen als mereologisch auffassen, bei denen der Ausfall bzw. die Veränderung eines Teils – nämlich eines Gens bzw. eine Basenpaaränderung der Gensequenz – die krankhafte Veränderung verursacht. Bei bigenetischen oder gar polygenetischen Erkrankungen wird die Erklärungslast bereits zwischen den verschiedenen Teilen wiederum nach unterschiedlichem Gewicht aufgeteilt. Beispielsweise in der In-

fektiologie kommt offensichtlich den obligat pathogenen Erregern eine größere
krankheitsverursachende Bedeutung zu als den fakultativ pathogenen Keimen.
Bei letzteren spielt das System selbst wiederum eine größere Rolle als bei erste-
ren. Bei komplexen Erkrankungen schließlich werden dem System und seinem
Ordnungsprinzip die wesentlichen Krankheitsursachen zugeordnet.

5.3 Behandlung und Therapie

Behandlung ist ein sehr schöner, alter Begriff der Medizin. Er beschreibt im en-
geren Sinne das, was der Arzt mit seinen Händen unternehmen kann, um die
Krankheit seines Patienten festzustellen, zu lindern oder gar zu heilen. Die ärztliche Hand nimmt dabei die körperliche Untersuchung als diagnostisches Instru-
ment vor, kann aber auch Wunden versorgen, Brüche richten und Operationen
durchführen. Neben der konkreten manuellen Behandlung wird auch die Medizin
von der Hand zubereitet und gereicht. Auch ihr selbst werden heilende Wirkungen zugeschrieben, auch wenn die Heilung durch Handauflegung heute nicht
mehr vom Arzt erwartet wird. Die Therapie beschreibt zwar grundsätzlich den
gleichen Sachverhalt, leitet sich aber aus dem griechischen „Therapeia" ab, was
mit Dienst und Dienstleistung in Verbindung steht. Heutzutage wird der Begriff
Therapie daher abstrakter verwendet als Behandlung und beschreibt die Heil-
verfahren, die der Arzt zur Anwendung bringt. Die dritte Frage der Medizin
lautet: „Was kann getan werden?", womit sie ihren helfenden, praktischen Charakter eröffnet.

   In aller Regel richtet sich die Behandlung des Arztes nach der zugrunde liegenden Erkrankung. Das ist gar nicht so selbstverständlich, da es zahlreiche
Situationen gibt, in denen geholfen werden muss, ohne die vorliegende Störung
zu kennen. Dies gilt bei der Erstversorgung von Unfallopfern, bei denen oftmals
die Lebensrettung und die vitale Bedrohung im Vordergrund stehen, bevor eine
systematische Untersuchung der Verletzung bzw. Erkrankung erfolgen kann. Es
gibt auch Behandlungen, die unabhängig von der Erkrankung erfolgen, da sie bei
unterschiedlichsten Störungen angewandt werden, nämlich die so genannte
symptomatische Therapie. Diese besteht beispielsweise in einer ausreichenden
Flüssigkeitszufuhr, etwa bei Durchfallerkrankungen oder aber auch Verbrennun-
gen.

Bei den spezifischen Behandlungen, die sich auf bestimmte Erkrankungen beziehen, gibt es graduelle Unterschiede; Therapien, die aus Erfahrung helfen, und solche, bei denen eine kausale Beeinflussung der zugrunde liegenden Störung belegt ist, wie etwa der Elimination von Krankheitserregern durch eine gezielte Antibiose.

Aus den systemtheoretischen Überlegungen kommt den Randbedingungen eine wichtige Bedeutung zu. Das geschieht in der Medizin teilweise ganz selbstverständlich, wenn Patienten auf begrenzte Zeit aus ihrem Umfeld genommen werden, sei es durch einen Krankenhausaufenthalt oder eine Kur. Dies geschieht nicht nur aus der Überzeugung, die Versorgung des Patienten zu optimieren, sondern auch um den Patienten in eine veränderte Umgebung zu bringen, ihm Ruhe zu geben, damit er einen neuen – seinen neuen – Rhythmus bzw. seine Ordnung finden kann. Dies findet in Kuren statt, in denen ganz bewusst ein Reizklima am Meer aufgesucht wird, Ruhe in einer Mutter-Kind-Kur oder eine veränderte Lebensführung nach einem Herzinfarkt oder einem Unfall. Es kann aber auch eine Diät sein, die in einer Kur eingeleitet wird und die einem Übergewichtigen zugedacht wird oder einem Diabetiker. Auch die symptomatische Therapie zielt auf die Verbesserung der Grundbedingungen des Patienten ab, wie beispielsweise die Substitution von Flüssigkeit bei diversen Erkrankungen. Aber auch die Empfehlung einer geeigneten Ernährung und Lebensweise sollen die Umweltbedingungen des Patienten unterstützend beeinflussen.

Im Gegensatz zur symptomatischen steht die spezifische Therapie, die versucht, an der Ursache der Krankheit anzugreifen. Da, wo solche kausalen Mechanismen bekannt sind, lassen sich entsprechende therapeutische Strategien entwickeln. Die praktische Umsetzung einer solchen Strategie muss allerdings zahlreiche Hürden überwinden; dabei ist sie besonders mit der Komplexität des Organismus konfrontiert. Selbst eine gezielte chirurgische Intervention, in der beispielsweise ein Knochenbruch operiert wird, sieht sich einer komplexen Situation ausgesetzt: Zunächst bedarf es einer Narkose, die systemisch verabreicht wird und diverse Funktionen des Organismus beeinflusst (Leberstoffwechsel, Atmung etc.). Die Blutung bzw. Blutstillung kommt als Problem hinzu, ebenso wie die Vermeidung von Wundinfektionen. Trotz dieser enormen Komplexität, die sich auf molekularer Ebene noch weiter steigert, gilt, dass man zum Beherrschen all der möglichen Komplikationen nicht den ganzen Organismus verstehen muss; die Erfahrung hat die Medizin inzwischen gelehrt, Operationen in den allermeisten Fällen erfolgreich durchzuführen. Wie bereits in Abschn. 4.5 erwähnt, gilt gleiches beispielsweise für die Krebstherapie, in der man die Entstehung eines Tumors nicht verstehen muss, um ihn erfolgreich chirurgisch entfernen zu können.

Erheblich komplizierter sind da die medikamentösen Therapien, bei denen eine bestimmte Wirksubstanz ihren Wirkort erreichen muss. Auf dem Weg dorthin müssen oral eingenommene Substanzen zahlreiche Hürden überwinden: Zuerst müssen sie über den Darm aufgenommen werden, dann die Leber passieren, um schließlich in der Regel über die Niere ausgeschieden zu werden. Der Zielort dieser Substanz mag dabei ein zelluläres Enzym sein, an das die Wirksubstanz binden muss und das sie wirkfähig erreichen muss. Hier muss der Wirkstoff die Zellwand überwinden und auch in der Zelle zum Wirkort gelangen. Auch dabei entscheiden also das System und Untersysteme mit, ob eine Therapie kausal wirken kann oder nicht.

Auch bei den Infektionskrankheiten ist davon auszugehen, dass den biologischen Systemen ebenfalls eine krankheitsrelevante Rolle zukommt; sie entscheiden nämlich darüber mit, ob es in Anwesenheit des potenziellen Erregers zu einer Infektion kommt und wie sich diese klinisch entwickelt (apparent oder inapparent). Bei den komplexen Erkrankungen hingegen gestaltet sich die Therapie noch problematischer, da kein kausaler Mechanismus bekannt ist.

Die hohe Komplexität jedoch erlaubt es dem Organismus, sich dem Einfluss der Therapie zu entziehen. Darüber hinaus können bei medikamentösen Manipulationen von Organismen gewünschte Effekte ausbleiben, wenn die Wirksubstanz das System in einem individuellen, nicht permissiven oder manipulierbaren Zustand trifft. Dieser Zustand mag durch die jeweilige Systemhistorie bedingt sein, also beispielsweise durch schädigende Substanzen in der Vorgeschichte. Die Schädigung der Leber durch Alkohol oder andere Gifte ist bekannt und kann also die Verstoffwechselung von Medikamenten erheblich modifizieren.

Zum anderen kann sich das System aber auch durch Fluktuationen der Wirksubstanz gleichsam entziehen und mit unerwarteten Symptomen reagieren, die medizinisch als adverse Effekte bekannt sind. So beeinflussen bestimmte Erkrankungen – und damit eine veränderte Organisation des Organismus – auch das Systemverhalten gegenüber Wirksubstanzen. In einer Sepsis beispielsweise ist nicht nur das Immunsystem in Mitleidenschaft gezogen, sondern unter Umständen auch die Gerinnung und die Funktion einzelner Organe (der Niere, der Leber etc.). Selbstverständlich interagieren dann Medikamente mit einem veränderten Systemverhalten, gelangen nicht mehr an ihren Wirkort oder werden nicht mehr eliminiert. Dies kann wiederum zum Ausbleiben der Wirkung oder zu Nebenwirkungen führen.

Die Resistenz gegen bestimmte Antibiotika ist ein weiteres Beispiel für Effekte, die ein biologisches System erzeugt. Einige Erreger können Zielstrukturen für den Antibiotika-Angriff mutieren und sich damit deren Wirkung entziehen. Dabei werden Bindungsproteine, an denen etwa Penicillin bindet, um den Aufbau der Bakterienwand zu hemmen, durch die Ausbildung unempfindlicher Bindungsstrukturen ersetzt. Neben diesem spezifischen Escape-Mechanismus sind auch Veränderungen der Zellwanddurchlässigkeit bekannt, die verhindern, dass bestimmte Penicilline in das Bakterium eindringen können. Darüber hinaus können Erreger Antibiotika auch wieder aktiv aus der Zelle herausbefördern durch so genannte Efflux-Pumpen, was zur Unwirksamkeit der Wirksubstanz führt.

Die Systemtheorie, wie hier entwickelt, erklärt Krankheiten als Ordnungsphänomen, bei dem auch emergente Eigenschaften zum Tragen kommen. Dabei wird die geänderte Ordnung im Allgemeinen von Veränderungen auf molekularer Ebene begleitet. Die Kausalzusammenhänge sind komplex und von Rückkopplungsschleifen positiv und negativ moduliert. Das bedeutet, dass Krankheiten auf der einen Seite von veränderten Teilen generiert werden, zum anderen aber zu ihrer klinischen Manifestation das biologische System benötigen.

Eine kausale Therapie setzt an den Teilen bzw. einem Teilmechanismus an. Wie gezeigt, kann ein solcher Ansatz aber nie das System ignorieren, sondern ist stets, ob konservativ oder invasiv, mit der Komplexität des Organismus konfrontiert. Bei den komplexen Erkrankungen bleibt sogar nur ein systematischer Ansatz möglich, der mehrere, möglicherweise interagierende Teile bzw. Subsysteme berücksichtigt. In all den genannten Fällen kann also das System als Ganzes nicht nur nicht therapeutisch ignoriert werden. Im Gegenteil muss es in die Behandlung mit einbezogen werden. Den einfachsten Zugang dafür stellt die Beeinflussung der Randbedingungen des Systems dar, also die Ernährung oder die Bewegung. Ein spezifischerer Ansatz muss versuchen, empirische Therapien zu ermitteln, um das System zu stärken, etwa dessen Abwehrlage oder dessen Robustheit. Beispiele sind immuntherapeutische Ansätze, bei denen man versucht, gegen Krebs zu impfen, um mittels Immunsystem den Tumor zu eliminieren oder wenigsten zu kontrollieren.

Einen Ansatz, der den Zustand des Systems spezifisch berücksichtigt, verfolgt die so genannte personalisierte Medizin. Ziel einer solchen Konzeption ist es, nicht nur das konkrete System und seine Historie für die Therapie zu berücksichtigen, sondern sich auch den über die Behandlungszeit hinweg möglicherweise auftretenden Eigenschaftsänderungen des Systems anzupassen. Beispielsweise wirken bestimmte Tumormedikamente, etwa gegen das kolorektale

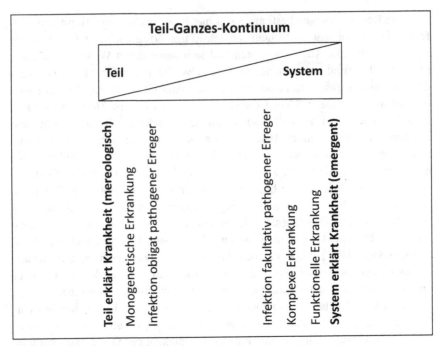

Abbildung 28: Teil-Ganzes-Kontinuum im medizinischen Kontext
Den beiden Polen „Teil" und „Ganzes" lassen sich Erklärungslasten von Krankheiten zu-
ordnen. Mereologisch: Teil bzw. Teile erklären eine Krankheit vollständig. Emergent: Die
Ganzheit bzw. das System erklärt die Krankheit vollständig. Zwischen den Polen liegen
Krankheiten, die mehr durch Teile oder durch Systemeigenschaften erklärbar sind.

Karzinom, nicht, wenn bestimmte molekulare Zielstrukturen verändert sind, wie
etwa das so genannte K-ras. Eine Testung dieses Moleküls erlaubt die Abschätzung, ob eine bestimmte Therapie wirksam ist oder nicht, obgleich in beiden
Fällen die gleiche Erkrankung vorliegt.

Dem Arzt bleibt daher in der Folge nur, seine Therapie individuell auszu-
richten. Er schaut und wartet ab, ob eine Therapie greift, ob die Dosierung
stimmt, ob die Symptomatik zurückgeht oder ob sie mit anderen Maßnahmen
kombiniert werden muss. Vor diesem Hintergrund ist es auch vorstellbar, dass
gleichsam homöopathische Dosen therapeutische Effekte erzielen, gleichsam als
Flügelschlag eines Schmetterlings, um als ein Anstoß die Ordnungsstrukturen zu
ändern und wieder auf ein physiologisches Niveau zu führen.

Das bedeutet auch, dass eine Therapie immer aus einem Strauß von Maßnahmen bestehen muss. Und selbst bei den Erkrankungen mit klarem Erregernachweis wird man, neben der Bekämpfung des Erregers, versuchen, dem Körper Ruhe zu gönnen, Flüssigkeit zu substituieren oder weitere Symptome behandeln. Erst recht bei den organisatorischen Erkrankungen gilt es, die Randbedingungen zu beachten, um sie in den Heilungsprozess einzuschließen. Aber auch therapeutische Eingriffe in das System, durch Medikamente etwa, müssen vor dem konkreten Hintergrund der Besonderheiten des Kranken und seiner Vorgeschichte beurteilt werden. Ein simpler Schematismus wird den Varianzen und individuellen Verläufen nur in den seltensten Fällen gerecht.

6 Synopsis

Aus physikalischer Sicht macht es besonders viel Spaß über das Leben zu reden, weil es den extremsten Fall der Emergenz von Gesetzmäßigkeiten darstellt.
R. B. Laughlin[201]

6.1 Veränderungen wahrnehmen – Wahrnehmung verändern

Die Erfindung des Mikroskops im 17. Jahrhundert brachte ohne Frage eine neue Sicht auf die Dinge. Sie führte zur Entdeckung des Mikrokosmos, dessen Erforschung noch heute anhält. Die Sicht alleine jedoch, obgleich Voraussetzung für viele weitere Untersuchungen, hat noch kein Verstehen des Gesehenen erbracht. Auch die Tatsache, dass etwas als neu erkannt wird, führt nicht automatisch zu einem neuen Verständnis in der Biologie: „Damit ein Gegenstand für eine Untersuchung zugänglich wird, ist es nicht ausreichend, dass er einfach wahrnehmbar ist", wurde bereits von Francois Jacob festgestellt.[202] Der Prozess des Verstehens hält nun seit Generationen an und muss auch bis auf Weiteres als nicht abgeschlossen gelten. Das Sehen muss erst zu einem Blick werden, zu einem erkennenden Schauen, um Neues auch verstehen zu können.

Eine Wurzel für das Verstehen von Neuem kommt dabei der Medizin von außen zu. Die Medizin erweist sich hier als ein poröses und offenes Gebilde, das Diskussionen und Neuerungen aufnehmen kann. Es ist grundsätzlich kein neues Phänomen, dass äußere, beispielsweise gesellschaftliche und ökonomische, Veränderungen einen Einfluss auf die Medizin ausüben. Auch in der Neuzeit hat sich die Medizin immer wieder verändert, etwa in der Zeit der französischen Revolution. In dieser Phase kommt es zu einer neuen Fürsorgepolitik, die wiederum zu einer Reorganisation der damaligen Spitäler hin zum Modell einer Klinik führt, die den unsrigen sehr nahe kommt. Die Klinik wiederum ermöglicht die Beobachtung von Krankheiten direkt am Krankenbett und verändert damit auch den Blick des Arztes: Man spricht darüber und strukturiert das, was man sieht. Dadurch wird das auch heute noch „klinisch" genannte Wissen begründet. Dieses Beispiel zeigt, dass gesellschaftliche Veränderungen auch zur Transforma-

---

[201] R. B. Laughlin, 2007, S. 235.
[202] F. Jacob, 1993, S. 15.

tion medizinischer Wahrnehmungen und zu neuen Formen von Wissen in der
Medizin führen. Das ist umso bemerkenswerter, als die möglichen Anstöße „von
Innen", etwa durch die Entwicklung in der Anatomie in der Zeit der französischen Revolution, auch zu einer veränderten Wahrnehmung hätten führen können; jedoch erst sekundär, über den „Umweg" der Klinikbildung, fügt sich die
Anatomie in den neuen ärztlichen Blick.[203] Auch heute wirken Transformations-
kräfte auf die Medizin ein, wie Änderungen der Finanzierung ärztlicher Leistungen durch die so genannten „diagnostic related groups (DRGs)" in den Kranken-
häusern oder die Förderung ambulanter Eingriffe anstatt kostspieliger stationärer
Operationen.

Das Neue findet seinen Weg auch über Metaphern und Analogien in die
Medizin. Diese verändern das Denken, ermöglichen neue Modelle und eröffnen
neue Wege. Eine wirkmächtige Metapher des letzten Jahrhunderts bildete der
Informationsdiskurs, der aus der Technik stammte und sich mit der aufkommenden Molekularbiologie verwob. Danach stellen Gene Informationsträger dar, die
an einem Informationsfluss von der DNA zu den Proteinen beteiligt sind. Obgleich die Entschlüsselung des genetischen Codes diese Metapher zu bestätigen
schien, konnte sie in der klinischen Medizin nur in Einzelfällen tragfähige Erklärungen liefern. Hier versuchte man, einzelne Gene mit dem Auftreten von teils
schwerwiegenden Krankheiten in Verbindung zu bringen. Prototypen solcher
Erkrankungen stellen familiär gehäufte Leiden wie die Chorea Huntington, der
so genannte Veitstanz, dar. Nicht nur komplexe und chronische Krankheiten hingegen entziehen sich dieser Metapher bisher hartnäckig.

Diese Erklärungslücke könnten Analogien zu komplexen Systemen schließen oder zumindest füllen und damit einen neuen Medizindiskurs eröffnen. Analogien zu komplexen Systemen und Organisationsformen mit der Bildung emergenter Eigenschaften erweisen sich dabei als fruchtbar und Gewinn bringend.
Das Denken in Systemen wird schon seit längerer Zeit eingeübt: beispielsweise
in Gesellschafts-, Wirtschafts- und Gesundheitssystemen und als übergeordnetes
Gebilde im Ökosystem. Parallel ist das Bewusstsein von Komplexität ebenfalls
enorm gestiegen. Komplexität begegnet uns dabei sowohl in den Systemen selbst
durch die Interaktion seiner Teile und Subsysteme als auch im Verhalten des
Systems, das sich nicht einfach oder vorhersagbar verhält, seien es Turbulenzen
im Währungssystem oder historische Umbrüche in gesellschaftlichen Systemen.
Diese „äußere" Komplexität geht einher mit einer „inneren" Komplexität. Die
Verbindung des Systemgedankens mit der aufkommenden Komplexitäts-

---

[203] M. Foucault, 1988.

forschung kann eine beträchtliche Erklärungslast für klinische Probleme tragen. Dazu gehört es, sowohl die individuellen Varianzen und Besonderheiten von Krankheitsbildern als auch die Regelhaftigkeiten und Charakteristika von Erkrankungen und Syndromen zu erklären. Diese neuen Metaphern können helfen, das klinisch Gesehene zu ordnen und neu zu formulieren. Erst daraus lassen sich neue Hypothesen formulieren, die weiterer Forschung und Untersuchung zugänglich sind. Sie eröffnen dem Arzt die Erlangung neuer Freiräume, aber auch die Übernahme neuer Verantwortungsbereiche.

Um diesen Blick zu öffnen, haben wir im Bisherigen eine Kritik an der gegenwärtigen Medizin formuliert, die vom Phänomen ‚Krankheit' ihren Ausgang nimmt. Darauf folgte die Untersuchung der strukturellen und logischen Verbindungen von Medizin und Naturwissenschaften. Diese Verbindung basiert auf dem Ideal des Reduktionismus, der alle komplexen Phänomene auf einfache und grundlegende Gesetze und Regelhaftigkeiten zurückführen will. In den Naturwissenschaften kann dieser Ansatz große Erfolge vorweisen; auch in der Medizin tragen sie zur Erklärung von Symptomen und Krankheitsbildern bei.

Allerdings verschließen sich diesem Zugang nicht nur die komplexen Erkrankungen, sondern auch die Individualität der Krankheitsbilder und Verläufe.

Der neue Blick auf die Medizin postuliert, dass die Reduktion bzw. die Betrachtung einer vermeintlich tieferen Ebene eine Krankheit nicht vollständig erklärt. Nicht nur, dass die humanen Systeme, ihre zellulären und azellulären Bestandteile, ihre Regulatoren und Spieler, Gene und Proteine und vieles mehr ein kaum durchdringbares Netz bilden; es kommen Mikroorganismen und Umweltbedingungen hinzu, ohne die der Mensch kaum lebensfähig ist. So bilden die Darmbakterien ein „Stoffwechselorgan", das das größte menschliche Stoffwechselorgan – die Leber – in seiner Leistung wahrscheinlich deutlich übertrifft. Dieses Mikrobiom liefert nicht nur die Kapazität für diesen Verdauungsvorgang, sondern stellt Enzyme bereit, die der Mensch in seinem Bauplan nicht enthält. Der menschliche Organismus besitzt also nicht nur selbst ein hochkomplexes Organ wie den Darm und die Leber, sondern diese interagieren mit weiteren biologischen Systemen, ohne die der Mensch nicht lebensfähig wäre. Die Komplexität wird durch die Zerteilung der Systeme nicht verständlicher, sondern durch die Befunde und Ergebnisse der biomedizinischen Forschung erst sichtbar und erahnbar. Damit besteht für das reduktionistische Vorgehen eine Grenze.

Nichtsdestotrotz ist auch weiterhin davon auszugehen, dass reduktionistische Forschungsstrategien Erfolge zeigen. Auch emergente Phänomene und Organisationsgesetze basieren auf Interaktionen von Teilen. Für einen starken Emergentismus – Phänomene auf einer Ebene sind aus einer anderen nicht erklärbar und finden sozusagen losgelöst von dieser statt – spricht aufgrund der bisherigen Erfahrung allerdings wenig. Es geht also auf der einen Seite darum, einen molekularen und deterministischen Simplizismus kritisch zu prüfen und wenn nötig zurückzuweisen. Auf der anderen Seite muss die Betrachtung des individuellen Systems betont werden, um Krankheiten verstehen und einschätzen zu können. Dies und die Integration der Biomedizin in die Systembetrachtung sind die Aufgaben und Leistungen eines neuen Blicks auf die Medizin.

Im organizistischen und emergentistischen Weltbild können Erkrankungen als Ausdruck neuer Ordnungsprinzipien aufgefasst werden, die in „gesunden" biologischen Systemen nicht wirksam sind. Bei diesem Krankheitskonzept kommen Fluktuationen, Fulgurationen, Umweltbedingungen und Emergenzen zum Tragen. Der neue Blick richtet sein Augenmerk somit auf die Ordnung des individuellen Systems insgesamt, auf seine Randbedingungen, seine Offenheit gegenüber der Umwelt und seine Systemgeschichte. Krankheiten sind danach grundsätzlich unwiederholbar und unvorhersagbar; nur über sehr große Zahlen können durch die Zusammenschau der Einzelfälle „gesetzesartige" Gemeinsamkeiten sichtbar werden.

Dabei geht es nicht darum, die Medizin neu zu erfinden. Vielmehr wird das medizinische Instrumentarium vor einem neuen Hintergrund verändert wahrgenommen. Die Anamnese wird wieder als zentrale medizinische Tätigkeit gesehen, die die spezifische Geschichte des Patienten erhellt und sichtbar macht. Dies kann sie vor dem Hintergrund der Systemtheorie mit der Betonung der Systemhistorie sehr wohl. Vor dem Hintergrund eines reduktionistischen Krankheitsverständnisses ist hingegen alleine der Ist-Zustand der vermeintlich tieferen Ebene zu bestimmen, der sich mit Kenntnis der Naturgesetze verstehen und beeinflussen lässt.

Der neue Blick schaut weiter und wieder intensiver auf die soziale und berufliche Situation und auf Ernährung- und Bewegungsgewohnheit. Dabei ergibt die Anamnese den persönlichen Hintergrund, auf dem die aktuelle Situation des Patienten erst scharf und kontrastreich wird. Erst dadurch kann der Arzt zu einem Begreifen des Patienten kommen, kann Zusammenhänge in der Entstehung und im Verlauf der Erkrankung erkennen und kann sich ein Bild machen vom gegenwärtigen Zustand. Diese Gesamtschau des Patienten, meist über Jahre der Begleitung gewachsen, ist nicht nur eine intellektuelle Tätigkeit, sondern sucht den gesamten Menschen zu erfassen und zu erspüren. Das schließt letztlich neben dem Sehen auch das Hören des Arztes ebenso ein wie das Riechen und das Fühlen.

Die Ebene der klinischen Phänomene und Symptome bleibt in der Medizin dabei führend. Reduktionistische Erklärungen können die klinische Ebene nicht eliminieren; sie bleibt weiter führend für die Deutung der grundlegenderen Ebene. Ein Befund, der nicht vom Kranksein des Patienten begleitet ist, kann daher nicht einfach als pathologisch eingeordnet werden. Veränderungen von Laborparametern bei Gesunden können beispielsweise nicht ohne Weiteres als krankhaft gedeutet werden. Das gilt natürlich nicht für die klinischen Zeichen und Symptome, von denen man weiß, dass sie auf die Entstehung einer Krankheit hindeuten, ohne bereits mit einem Krankheitsgefühl oder einem manifesten Krankheitsbild einherzugehen. Beispiele sind etwa auffällige Leberflecken als Vorboten eines Hautkrebses oder der abklärungsbedürftige Nachweis von Blut im Urin oder im Stuhl als möglicher Hinweis auf ein malignes Geschehen.

Der neue Blick ist dabei nicht anti-reduktionistisch; die Kenntnisse der molekularen Ebene sind klinisch unter Umständen sehr hilfreich, um Verläufe oder Ätiologien abschätzen oder einordnen zu können. Hintergrund dafür ist die Möglichkeit einer multiplen Realisierung von Symptomkonstellationen oder Krankheitsbildern. Dies bedeutet, dass gleichen Symptomen völlig unterschiedliche Krankheiten und Störungen zugrunde liegen können. Das klinische Phänomen Fieber kann beispielsweise durch sehr viele Ursachen hervorgerufen werden; durch die verschiedensten Erreger wie Viren, Bakterien oder Pilzen. Aber auch Tumore oder hormonelle Veränderungen können die Körpertemperatur ansteigen lassen. In diesen Fällen können Untersuchungen weiterhelfen, die den spezifischen Erreger nachweisen oder ausschließen oder eine andere Ursache aufspüren.

6.2 Gesetze, Prinzipien, Modelle

Eine Medizin, die das individuelle System und seine Geschichte in den Vordergrund stellt, erscheint zunächst das mühsam begründete, errichtete Wissensgebäude der Heilkunde ins Wanken zu bringen. Wie sollen allgemein gültige Aussagen über Krankheiten möglich sein, die auf Einzelsystemen basieren? Wie sollen dabei die Ursachen von Störungen erforschbar sein? Und wie sollen Medikamente entwickelt werden, die nicht für einen einzelnen wirksam sind, sondern bei vielen Patienten Hilfe leisten können? Der reduktionistische Ansatz hatte ja noch die Ableitbarkeit klinischer Phänomene aus zugrunde liegenden biologischchemischen Ebenen in Aussicht gestellt, die sich wiederum aus den physikalischen Gesetzen ableiten. Damit werden die klinischen Variationen und Vielfältigkeiten auf die ewigen Aussagen der Physik reduziert, die universell gültig sind und keine Ausnahme kennen.

Diese klassische Auffassung von naturwissenschaftlichen Gesetzen[204] wird allerdings inzwischen stark relativiert. Zunächst ist jedermann klar, dass sich direkt und unmittelbar aus den grundlegenden Gesetzen der Teilchenphysik kein Blutdruck und keine Herzfrequenz ableiten lassen. Dazu bedarf es weiterer Detailkenntnisse über Anpassungsfaktoren, Physiologie und Anatomie des Körpers. Sie sind also zu abstrakt, sowohl für einzelne wissenschaftliche Fragestellungen als auch für individuelle medizinische Probleme; sie müssen empirisch durch konkrete Befunde und Kenntnisse angereichert werden.

Dieses Wechselspiel lässt sich in Modellen organisieren, die theoretisch vorformuliert und strukturiert werden, aber auf konkrete Situationen und Erfahrungsbereiche angepasst werden.[205] Beispielsweise stellt der Zusammenhang zwischen chronischer Entzündung und Krebs ein solches Modell dar. Dieser Zusammenhang wurde bereits früh von Virchow formuliert und in der Folge durch zahlreiche klinische und epidemiologische Befunde untermauert: Infektionen, die Entzündungen verursachen und mit der Entstehung von Tumoren vergesellschaftet sind. So können Daten strukturiert, Experimente entworfen und Befunde geordnet werden, etwa molekulare Regulationen der Entzündung auf ihre Krebsrelevanz hin zu untersuchen bzw. anti-inflammatorische Therapien auf ihre Wirksamkeit gegen Krebs und dessen Entstehung hin zu prüfen. Aber auch im klinischen Alltag lassen sich solche Modelle als Hypothesen formulieren und im diagnostischen Procedere erhärten oder verwerfen.

Die Kluft zwischen grundlegenden Gesetzen und der Vielfalt der Praxis lässt sich organizistisch erklären. Aus einer immanenten naturwissenschaftlichen Sicht lässt sich nämlich bezweifeln, dass die grundlegenden Gesetze der Physik, etwa der Teilchenphysik, für Makrophänomene relevant sind. Beispielsweise gelten die Gesetze der Mikroebene für einzelne Atome oder atomare Subteilchen, für eine große oder sehr große Anzahl an Teilchen können durch eine neue Ordnung neue Gesetze entstehen und zum Tragen kommen. Diese können die Teilchengesetze faktisch überlagern. Das bedeutet nicht, dass die Gesetze der tieferen Ebene falsch wären. Es kann aber eine emergente Ebene entstehen, auf der neue Gesetze und Regelmäßigkeiten erwachsen, die die Gesetze der tieferen

---

[204]   Diese Definition von Naturgesetzen bezieht sich auf S. Mitchell, 2008, S. 61.
[205]   M. Carrier und P. Finzer, 2011.

Ebene bedeutungslos werden lassen.[206] In diesem Sinne lässt sich eine akute Entzündung mit einer bestimmten molekularen Regulation – Zellen, Mediatoren etc. – erklären. Allerdings kann sich diese Entzündungsreaktion zu einer chronischen Form umorganisieren und in einem weiteren Schritt in der Entstehung eines Tumors münden. Die molekularen Spieler und Schalter sind dabei offensichtlich vielfach identisch.[207] Diese Übergänge lassen sich dann als Änderung der Organisation auffassen.

Die Suche nach Gesetzen in der Biologie hat durch die Genetik einen enormen Auftrieb erhalten. Im Rahmen der inzwischen als klassisch bezeichneten Genetik stellt Mendels Entdeckung der Erbgänge ein solches Beispiel dar. Mendel erkennt hinter der Vielfalt und Mannigfaltigkeit der Erscheinungen eine Regelhaftigkeit, wie ein Merkmal eines Organismus an die Nachkommen weitergegeben wird. Die mathematische Formulierung dieser Regel rückt dabei formal nahe an die Ideale der physikalischen Gesetze heran. Mendels Regel wurde keineswegs durch die nachfolgende Forschung in Frage gestellt oder überholt; im Gegenteil wurde sie in weiteren Beispielen bestätigt und durch die moderne Genetik nicht widerlegt. Allerdings kann die Mendelsche Genetik nicht die gesamte Vielfalt der biologischen und medizinischen Phänomene erhellen. Die nachfolgende genetische Forschung brachte den genetischen Code zu Tage, der universell gilt und die Grundlage der Gene darstellt. Die klassische Lehre von den Erbgängen hat sich im weiteren Verlauf mit der molekularen Biologie verbunden und ihren Weg in die Genregulation gefunden. Gerade die Epigenetik weist dabei neuartige Mechanismen der Regulation von Genen auf und führt zu einem neuen Verständnis der Interaktion von Organismus und Umwelt. Auch diese Felder haben Regelhaftigkeiten wie Bindungsstellen für Transkriptionsfaktoren oder den epigenetischen Code ans Licht gebracht. Allerdings sind sie bereits mit der enormen Komplexität der beteiligten Regulationen konfrontiert, die den gegenwärtigen Stand der Forschung markieren.

Einen weiteren gesetzesartigen Punkt markiert die Entdeckung des so genannten Warburgeffektes. Er behauptet, dass jede Krebszelle durch eine Veränderung in der Verstoffwechselung von Zucker entsteht. Dieser stellt einen weiteren reduktionistischen Ansatz dar, der sich im Laufe der Forschung ebenfalls in der Erklärungsweite als äußerst begrenzt erwiesen hat. Die universalistischen Ansprüche an diese Forschungsergebnisse erwiesen sich jedoch als überzogen und die aus ihnen gezogenen Folgerungen als allzu simplifizierend. Auch hier

---

[206] R. B. Laughlin, 2007, S. 75-78.
[207] Wie beispielsweise der Transkriptionsfaktor NFkB, der sowohl bei Entzündungen als auch bei Tumoren eine Rolle spielt (s.o.).

zeigte der Fleiß zahlloser Forscher und der Aufbau riesiger Forschungsstrukturen die Komplexität des Gegenstandes erst so recht auf.

Die hier beschriebene Komplexität ist nicht etwa eine graduelle Komplikation, die im Laufe zunehmender Forschung auf einem Gebiet entsteht. Sie ist grundsätzlicher Natur und erreicht astronomische Ausmaße. Damit wird der reduktionistische Ansatz, der die klinische Ebene auf die Eigenschaften und Interaktionen der einzelnen Teile und Teilchen zurückführen will, in der Praxis desavoiert. Wie soll man die Eigenschaften von 10^x Darmkeimen untersuchen und daraus individuelle Krankheiten erklären und ableiten können? Die Darmbakterien verändern darüber hinaus über die Zeit ihren Standort im Darm, ihre Zusammensetzung und ihre Biochemie in Reaktion auf Nahrungsmittel. Welcher Keim und welche Eigenschaften der Keime zu welchem Zeitpunkt sollen für einen bestimmten Phänotyp oder eine Störung nun relevant sein?

Für dieses Problem bietet das Organisations- und Emergenzkonzept eine experimentelle Entlastung an. Die Teile, in großer Zahl, können systemrelevante Bedeutung gewinnen und Systemeigenschaften ausbilden, die von den Eigenschaften der einzelnen Teile abweichen. Darüber kommt der Organisation bzw. der Emergenzentstehung eine tragende Rolle zu. Die Blutzellen lassen sich beispielsweise als ein chaotisches fluktuierendes und oszillierendes System auffassen, das die Anzahl der Zellen reguliert oder durch eine zufällige Mutation verändert wird. Eine Fluktuation, die die gerade bestehende Organisationsform modifiziert, etwa als zufällige Mutation, kann so das Phänomen Krankheit auslösen, das wiederum auf einer individuellen Systemhistorie seine individuelle Ausprägung findet. Krankheiten lassen sich also in komplexen Systemen als Organisationsphänomen auffassen.

Zunächst hängt die Krankheit mit einem Verlust an Ordnung zusammen, nämlich der bisherigen. Gleichzeitig entsteht aber eine neue Ordnung, nämlich die der Krankheit. Krankheiten lassen sich als Änderung von Ordnung auffassen, weil die physiologische Ordnung zusammenbricht und eine in wesentlichen Bereichen modulierte oder neue entsteht. Erkrankungen sind somit ein Problem des Ordnungszustandes biologischer Systeme und der Frage, welche Ordnungsprinzipien mit ihrem Auftreten verbunden sind. Es ist dabei angebracht, von Prinzipien der Krankheit zu sprechen, also von ersten Ursachen und Ursprüngen für die Entstehung und Aufrechterhaltung von Krankheiten.

Dabei ist dies nicht anti-reduktionistisch, sondern zur Reduktionsthese ergänzend, komplementär. Das bedeutet, dass neue Ordnungszustände oder Emergenzen auch auf der Ebene der Teile des Systems und deren Interaktionen nachweisbar sind; die Ordnungsmuster der Krankheit könnten auf die gleiche molekulare Basis zurückgreifen oder auf ihr aufbauen. Damit lassen sich – neben spezifischen „pathologischen" Molekülen oder Genen – Krankheiten durch eine spezifische Ordnung erklären.

Der Gegenstand der Medizin lässt jedoch einfache universelle Aussagen nicht zu. Klinische Feststellungen nennen daher mögliche Symptome und deren Kombinationen, die beispielsweise folgendermaßen lauten können: „Erkältungen gehen zumeist mit Abgeschlagenheit und Schwellung der Schleimhäute einher, können aber auch von Fieber begleitet sein". Da der Organismus immer eine individuelle Historie bietet, entstehen auf diesem Hintergrund individuelle Krankheitsbilder. Wenn ein Mensch krank wird, zeigt er somit eine mögliche Reaktionsbreite an Symptomen. Diese Symptome kann er mit anderen Organismen teilen, ebenso die mögliche Symptomkombination.

Nur so lassen sich Regelmäßigkeiten in den Krankheitsbildern finden, die unter Umständen gleichen Ursachen zugeordnet werden können. Diese gleichen Ursachen können als Prinzipien bezeichnet werden. Über die große Zahl ähnlicher klinischer Fälle ist es offensichtlich möglich, Regelhaftigkeiten in der Symptomatik, etwa im Verlauf oder in der Ätiologie, aufzufinden. Erst diese Ähnlichkeiten erlauben die Bildung von Gruppen, von Entitäten und von Klassifikationen. Erst darauf lassen sich Systeme bilden und Hypothesen zu Ursachen und Krankheitsbedingungen formulieren und prüfen.

Prinzipien eignen sich sehr gut, um diesen Zusammenhang zu beschreiben. Schon seit den alten Griechen bezeichnen Prinzipien sowohl den Ursprung als auch die Beherrschung eines Prozesses,[208] Die Prinzipien sind dabei unkörperlich und formlos und steuern die Elemente und Substrate der Natur. Die Stoiker glaubten beispielsweise, dass die Prinzipien unvergänglich seien, wohingegen die Elemente – Feuer, Wasser, Erde, Luft – mit dem Ende der Welt zerstört würden. Die Induktion, Aufrechterhaltung und Steuerung von pathologischen Zuständen geschieht dabei durch Ordnungs- oder Organisationsprinzipien. Diese sind Regeln des biologischen Systemverhaltens, die als eine erste Ursache einen Regulationsprozess anstoßen oder aufrechterhalten. Es lässt sich durchaus eine Hierarchie von Prinzipien begründen: Prinzipien, die für einen großen Bereich wie die Vererbung gelten, und inferiore Prinzipien, die sehr spezielle Bereiche steuern, wie die Steuerung der Genexpression bei höheren Eukaryonten im

---

[208] Aristoteles, der große Systematiker, hat die Prinzipien (αρχη) zu einem zentralen Begriff der Philosophie erhoben. Im Griechischen wird αρχη als erste Ursache und erstes Prinzip aufgefasst.

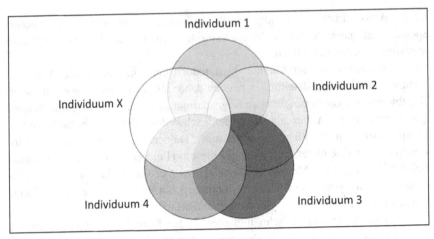

Abbildung 29: Symptomatik und Krankheitsbild
Die Krankheitsbilder kristallisieren sich aus den zahllosen Einzelfällen (schematisch als Kreise dargestellt) heraus. Dabei zeigen die Individuen zumeist eine komplexe Symptomatik, die sich nicht vollständig mit anderen Fällen vergleichen lässt. Erst mit der Zeit und über sehr viele Fälle wird ein gleich bleibendes Bild der Krankheit sichtbar – im Schema als sich überschneidende Kreise dargestellt. Das vollständige Krankheitsbild wiederum muss nicht in jedem Einzelfall vorliegen; oftmals reichen charakteristische Symptome oder eine typische Kombination von Symptomen.

Gegensatz zu den Prokaryonten. Beispielsweise stellt die Bildung von Membranen – um die Zelle oder einzelne Zellorganellen – ein biologisches Bauprinzip dar. Eine Infektion stellt ein Prinzip einer Krankheitsverursachung dar, da der Organismus als Antwort auf einen Erreger eine neue Organisationsform – beispielsweise eine Veränderung des Immunsystems – einnimmt. Krankheiten lassen sich durch die Wirkung von Prinzipien in biologischen Systemen plausibel machen und erklären. Dafür sind sie insofern geeignet, als sie auch für individuelle Systeme zu gebrauchen sind; sie beschreiben nicht universell geltende Gesetze, sondern relevante Prozesse für das Auftreten und die Aufrechterhaltung bestimmter Phänomene, die von Patient zu Patient variieren können.

Unterscheiden lassen sich erste Prinzipien der Krankheit von abhängigen Prinzipien. Erste Prinzipien sind solche, die Erkrankungen verursachen. Abhängige Prinzipien solche, die Krankheiten aufrechterhalten bzw. zur Wirkung der ersten Prinzipien notwendig sind.[209] Zu den ersten Prinzipien sind auch Prinzi-

---

[209] Beispielsweise nennen R. B. Laughlin und D. Pines (2000) die folgenden Organisationsprinzipien bzw. emergenten Regeln: Symmetriebruch, Lokalisation, Protektion und Renormalisierung.

pien des organisatorischen Aufbaus biologischer Systeme zu zählen, wie die Möglichkeit emergente Eigenschaften auszubilden, die Anfälligkeit gegenüber Fluktuationen und die Komplexität ihres Aufbaues. Dabei werden Krankheiten in individuellen Organismen generiert, auf dem Boden spezifischer, historisch gebildeter Systemeigenschaften, womit Prinzipien und Prinzipienkombinationen individuell zum Tragen kommen.

Mit den Prinzipien wurde immer die Vorstellung verbunden, dass diese nicht über Experimente und empirisches Vorgehen alleine gewonnen werden können, sondern durch die Einsicht und das Erkenntnisvermögen des Intellekts. Damit einher geht allerdings, dass diese Prinzipien innerhalb einer Wissenschaft auch nicht im strengen Sinne bewiesen werden können, obgleich sie für weitere Beweise und Ableitung dienen: Prinzipien müssen aufgewiesen und begründet werden. Dem Arzt kommt dabei die Aufgabe zu, diese Prinzipien hinter den Symptomen und Befunden aufzuspüren und zu benennen.

Das Prinzipielle der Medizin entsteht dabei aus der Beschäftigung mit dem Einzelfall; es kristallisiert sich über eine große Zahl von vergleichbaren Fällen oder gleichen Symptomen und Verläufen heraus. Hier liegt auch begründet, dass es zu einem Patienten und seiner Krankheit von unterschiedlichen Ärzten auch unterschiedliche Meinungen geben kann; je nach Erfahrung des Arztes und Kenntnis des Patienten können unterschiedliche Prinzipien erkannt werden und die Befunde unterschiedlich zusammengestellt werden. Selbstverständlich können wirksame Prinzipien auch nicht oder nur unvollständig erkannt werden. Im Ergebnis kann es dann auch zu unterschiedlichen Diagnosen und Behandlungen kommen.

Es gibt also nicht nur die Individualität der Patienten und seiner Erkrankung zu berücksichtigen, sondern auch die Individualität des Arztes. Mit dem, was wir über komplexe Systeme wissen, entsteht die klinisch beobachtbare Regelhaftigkeit gerade auf dem Boden der Komplexität. Sogar das Chaos, als Inbegriff von Unordnung, kann darüber deterministisches Verhalten hervorbringen. Die Medizin geht mit diesen komplexen Systemen und ihren pathischen Zuständen ja ständig in ihrer Praxis um; sie sind ihr zentraler Gegenstand. Diese Auseinandersetzung ist so alt wie die Medizin. Damit besitzt sie unter den Komplexitätsdisziplinen einen der größten Erfahrungsschätze. Und ist eine der vornehmsten Disziplinen, die sich mit Komplexität, ihrer täglichen Praxis und ihrer humanitären Zähmung beschäftigt. Unter den Wissenschaften kommt ihr dadurch der Status einer paradigmatischen Disziplin zu.

6.3 Freiräume und Entscheidungsräume

Die Unvorhersagbarkeit gilt bei biologischen Systemen grundsätzlich. Dies widerspricht fundamental dem Anspruch der prädiktiven Medizin, die Verläufe von Erkrankungen aufgrund bestimmter Marker und Konstellationen vorhersagen zu können. Zum einen beruht der prädiktive Ansatz auf dem reduktionistischen Konzept. Demnach lassen sich Vorgänge auf einer bestimmten Ebene durch die jeweils tiefere nicht nur erklären, sondern aus dieser logisch ableiten. Diese logische Ableitbarkeit begründet auch eine Gültigkeit in die Zukunft und damit eine Vorhersagbarkeit. Der Widerspruch hängt aber auch zum Teil davon ab, auf welche biologische Größe sich die Prädiktion bezieht. Vorhersagbarkeit für Individuen ist schwerer möglich als für große oder sehr große Kollektive oder Gruppen. Wenn also ein bestimmter Tumor zu 60 % heilbar ist, trifft diese Aussage für die Gruppe der Kranken zu. Für den Einzelfall aber ergibt sich eine Wahrscheinlichkeit bezogen auf bisherige Fälle, aber keine Vorhersage. In diesem Fall werden also Bestimmung und Bemessung von medizinischen Systemeigenschaften an Gruppen in die Zukunft projiziert und einer Person statistisch zugeordnet. In anderen Bereichen lassen sich die biologischen Eigenschaften des Systems mit enger umschriebenen möglichen Verläufen assoziieren. Dem Arzt aber begegnet immer ein leidendes Individuum, das als biologisches System auf einen spezifischen und einmaligen historischen Hintergrund eine pathische Reaktion zeigt. Diese zu erfassen und darauf verstehend, mitfühlend und helfend zu reagieren, ist Auftrag der Medizin.

Teils tiefgreifende Veränderungen haben die moderne Gesellschaft einem ständigen Wandel unterzogen – seien sie ökonomischer, sozialer oder technischer Natur. Die gegenwärtigen Veränderungen der Rahmenbedingungen tragen auch zu neuen Denkmodellen und Überzeugungen in der Medizin bei: Ökonomisch spielt derzeit die Kontrolle von Kosten, die aufgebracht werden müssen, um die Bevölkerung medizinisch zu versorgen, eine große Rolle. Diese wirtschaftlichen Vorgaben zeigen auch medizinisch erhebliche Auswirkungen. Ein Ansatz dabei ist, dass medizinische Leistungen gekauft und gemanagt werden können wie andere Dienstleistungen auch.[210] Dies bedeutet, dass ärztliche und medizinische Leistungen definiert und, wenn möglich, operationalisiert werden. Ein Qualitätsmanagement sichert die Güte der Leistungen, die auf einem Gesundheitsmarkt gekauft und getauscht werden können. Dies geht über die tradi-

---

[210] Diese Auffassung von Gesundheitswirtschaft wird oft mit dem Begriff „managed care" bezeichnet.

tionellen Arzthonorare hinaus, die dem Arzt ein Einkommen garantieren und ihm die Verteilung der Mittel in gewissen Grenzen übergeben.

Dieser Rahmen fordert nicht nur, die bisherigen Abrechnungsbereiche präzise zu definieren, sondern begünstigt auch die Standardisierung ärztlichen Handelns insgesamt. Es wird versucht, möglichst viele ärztliche Leistungen beschreibbar und vergleichbar zu erfassen, damit diese für gleiche klinische Situationen eingekauft werden können; also standardisierte diagnostische Kriterien, standardisierte diagnostische Prozedere, standardisierte Therapieindikationen und standardisierte Therapieformen. Der Arzt wird dabei zunehmend zum medizinischen Sachbearbeiter, der sich an den aufgestellten medizinischen Standards orientiert und diese in den jeweiligen klinischen Situationen berücksichtigt.

Ein weiteres Element der Effizienz stellt die Festlegung standardisierten Vorgehens bei bestimmten Krankheitsbildern dar. Bei häufigen Krankheitsbildern werden Therapieentscheidungen zunehmend evidenz-basiert bestimmt. Dabei werden patientenrelevante Entscheidungen auf empirisch belegte Wirksamkeit hin überprüft. Allerdings bieten sich zahlenmäßig große Indikationen an, die größere Kollektive generieren; bei zahlenmäßig kleineren Indikationen erscheinen statistische Analysen oft wenig hilfreich. Die Untersuchung einer großen Anzahl gleichartiger Erscheinungen ist dabei selbstverständlich ein sinnvolles medizinisches Vorgehen. Allerdings bringt die statistische Aufarbeitung der Daten das Problem mit sich, den Einzelfall dabei unter Umständen aus den Augen zu verlieren. Ein Teil der Patienten wird bei statistischen Analysen in die ermittelten Schemata nicht passen und daher von diesen Analysen auch nicht profitieren. Unerwartetes und allzu sehr Abweichendes – was in individuellen und medizinischen Kontexten selbstverständlich vorkommt – drohen dann nivelliert zu werden und unterzugehen.

Diese Standardisierung und Quantifizierung medizinischer Leistungen basiert auf der Vorstellung von gesetzesartigen Krankheitsbildern und Verläufen. Für den Arzt bleibt in jedem Fall aber der einzelne Patient als Gegenüber. Dabei begegnet er jedem Menschen mit seinen Krankheiten und dem jeweiligen individuellen Gesundheitszustand immer zum ersten Mal. Sein Wissen und seine Erfahrung bieten ihm Orientierungspunkte und Handlungsoptionen. Der Arzt bleibt für die Einschätzung der medizinischen Situation insgesamt die entscheidende Figur. Er ist in diesem Sinne der einzige, der dieses konkrete pathische Geschehen in seiner Einmaligkeit erfassen, beschreiben und daraus wirksame Handlungsmöglichkeiten ableiten kann.

An dieser Einzelsituation des Arztes bricht sich praktisch auch der evidenzbasierte Ansatz, da es einem einzelnen Arzt niemals möglich sein wird, alle verfügbaren Studien zu einem konkreten Fall abzurufen, zu bewerten und daraus konkretes Handeln abzuleiten. Mit der Zweier-Situation des Arzt-Patienten-Verhältnisses relativiert sich jeder Schematismus und jeder Simplizismus. Daraus folgt, dass die Situation des einzelnen Patienten offen ist! Und der Arzt muss sich sehr behutsam auf die Situation des Kranken einstellen. Er ist dann Begleiter, Helfer und Ratgeber aufgrund seiner Erfahrung und seines Wissens.

Letztlich fordert die Komplexität des Organismus und die grundlegende Unvorhersagbarkeit biologischer Systemzustände vom Arzt auch eine grundsätzliche Offenheit gegenüber den Verläufen von Krankheiten. Er muss offen bleiben für das Überraschende, für das Unerwartete. Er muss nach möglichen Wendepunkten und Unterstützungen suchen. Er muss auf der einen Seite sowohl aus der Krankengeschichte und der Biografie des Patienten, aber auch aus seinem medizinischen Wissen heraus nach Auftriebskräften und Widerständen suchen, von denen ein bestimmter Verlauf der Krankheit erwartet werden kann. Dies bedeutet, die tragenden Prinzipien aufzufinden und mit dem medizinischen und persönlichen Erfahrungswissen in Verbindung zu bringen. Es bedeutet auch, die komplexen Kausalstrukturen und die prinzipielle Unvorhersagbarkeit von Systementwicklungen als Begrenzung zu berücksichtigen. Das medizinische Wissen ist in diesem Sinne für den einzelnen Patienten anzupassen und nicht nur anzuwenden.

Die Antwort der Medizin muss es daher sein, wieder ihre Kunst zu entwickeln und selbstbewusst zu praktizieren. Es bedeutet auch, die Klinik der Patienten wieder in ihre Privilegien einzusetzen, indem man sie als autonome bzw. emergente Ebene begreift. Auch die Anamnese wird wieder geadelt, da sie den Hintergrund beschreibt, auf dem sich die Krankheit erst entfalten und entwickeln kann. Biologisch ist dies die Abhängigkeit von der Systemvorgeschichte, die nicht erst mit der Geburt beginnt, sondern bereits im Mutterleib eine umfassende und folgenreiche Prägung erfährt. Darüber hinaus wird die Zukunft der Krankheit offen; sie ist nicht mehr reduktionistisch aus der Gegenwart ableitbar. Das heißt: Die Verläufe und Ausprägungen von Systemeigenschaften und Krankheiten sind im Einzelfall unvorhersagbar; nur in großen Gruppen und in gewissen Grenzen lassen sich Regelmäßigkeiten erkennen, die wiederum für das Individuum nicht zutreffen müssen.

Damit wahrt der Arzt nicht nur Freiräume, er trifft auch eine Entscheidung darüber, wie er sich grundsätzlich zu den Wissenschaften stellt. Unterstellt er seine ärztliche Kunst einer reduktionistischen Weltsicht oder bleibt er Herr in seinem Hause. Denn es gilt, dass die Beurteilung von Wissenschaft und wissenschaftlichen Ergebnissen Aufgabe des Arztes ist, wenn sie sich auf medizinische

Probleme und Fragestellungen auswirkt. Auch im Interesse seiner Patienten muss der Arzt für seine Unabhängigkeit in der Beurteilung von Wissenschaft Sorge tragen, da Heilung und Linderung seine Aufgaben sind. Er muss die Möglichkeiten, aber auch die Limitierungen eines reduktionistischen Ansatzes erkennen. In einem nicht-reduktionistischen Ansatz liefert ihm die Wissenschaft eine Interpretationsfolie, mit dessen Hilfe er das Gesehene strukturieren und erblicken kann. Die Klinik lässt sich mit allgemeinen Überlegungen zum Verhalten biologischer Systeme und den zugrunde liegenden Prinzipien in Beziehung setzen.

Die Auffassung von Krankheiten als Ordnungs- und Emergenzphänomenen weist dem Arzt eine weitere Rolle zu, nämlich sich der Bedeutung der Randbedingungen bewusst zu sein, da sie den Menschen als ein offenes System begreift. Über die Umwelt können Krankheiten nicht nur entstehen, sondern aufrecht erhalten, aber auch gelindert werden. Die Randbedingungen der Krankheiten und der Kranken müssen daher günstig, lindernd und heilend beeinflusst werden. Sie sollen supportiv und unterstützend sein, sollen den Organismus kräftigen und zur Gesundung führen. Dem Arzt wächst somit die Aufgabe zu, sich für gesunde, für günstige und förderliche Umwelt- und Umgebungsbedingungen einzusetzen. Das beinhaltet ein konkretes Engagement für seine Patienten, in deren Betrieben, Arbeitsstätten und Lebensräumen: er muss sich für ihre Lebensmittel ebenso interessieren wie für ihre Bewegung, ihre Erholung und ihre Aktivität.

Dieser neue Blick auf die Medizin nimmt damit eine ganz wesentliche Eigenschaft ins Auge, die nicht nur für die Zukunft der Heilkunde, sondern auch für die Zukunft ihres Gegenstandes, dem Menschen, relevant ist: ihre genuin ökologische Verfassung. Diese Verfasstheit offenbart eine wechselseitige Beziehung. Zum einen ist der Mensch ein ökologisch verankertes bzw. vernetztes Lebewesen; das heißt, dass auch seine Erkrankungen – und seine Heilung – in diesem Sinne einen ökologischen Aspekt haben. Zum anderen trägt dieses Wissen der Medizin dazu bei, dass sie sich selbst als eine ökologische Disziplin und Bewegung begreift. Das Eingewobensein des Menschen in die Netze des Lebens ist dabei extrem dicht. So trägt der Mensch ganze Ökosysteme mit sich, auf der Haut, auf Schleimhäuten, im Darm. Je mehr die Medizin diese Zusammenhänge begreift und berücksichtigt, desto eher wird sie auch den Menschen helfen und nutzen. Darüber hinaus strömt ein breiter Strom an Molekülen und Substanzen durch den Körper, den er benutzt, um Energie zu gewinnen, sich zu erneuern und anzupassen. Diese Offenheit lässt ihn unter Umständen auch auf Noxen seiner Umwelt reagieren: Nicht nur Pestizide in der Umwelt, auch Substanzen in der Tiermast oder Antibiotika sowie Substanzen in Herstellungsprozessen beeinflussen den Organismus. Verändert sich die Umwelt, kann dies auf den Körper Einfluss haben und auch medizinisch relevant sein. Durch diesen unauflöslichen Zusammenhang ist die Umwelt das ureigenste Terrain der Medizin: Schaden von ihr abzuwenden, sie zu erhalten und für den Mensch zu nutzen. Dem kommt dabei auch eine konkret ökologische Funktion zu: Den Patienten in die Regulation der Netze wieder einzufügen, ist Teil der Heilung oder Linderung. Dies kann bedeuten, das Gleichgewicht mit den ihn besiedelnden Mikroorganismen wieder zu befördern, denn die Mikroorganismen können nicht nur Infektionen und schwere Krankheiten auslösen, sondern leisten auch wichtige Stoffwechselleistungen. Das ökologische Denken ist somit der Medizin immanent, es ist ihr strukturell aufgegeben, wenn sie den Menschen Gesundheit und Linderung von Krankheiten ermöglichen will.

Das Projekt Medizin basiert somit zum einen auf einer Säule des Wissens, des Sehens und des Begreifens. Zum anderen ist die Medizin ein Projekt der Mitmenschlichkeit und der Hilfe, aber auch der Verantwortung und der Fürsorge, sowohl für den Menschen, aber auch für seine Umwelt.

6.4 Resümee

Platon lässt in einem seiner Dialoge einen jungen Mann namens Charmides auftreten, der an Kopfschmerzen leidet, besonders beim morgendlichen Aufstehen. Durch den Mund des Sokrates lässt er sagen, dass gute Ärzte nicht nur das einzelne Symptom behandeln: „ … wenn etwa einer, der an den Augen leidet, zu ihnen kommt, dass sie sagen, es wäre unmöglich, die Heilung der Augen für sich alleine zu unternehmen, sondern sie müssten zugleich auch den Kopf behandeln, wenn die Augen sollten hergestellt werden; und wiederum zu glauben, man könnte den Kopf alleine für sich behandeln ohne den ganzen Leib, wäre großer Unverstand."[211] Prägnanter formuliert es Platon etwas später so, dass gute Ärzte „mit dem Ganzen auch den Teil zu behandeln und zu heilen" versuchen.[212]

Wenn es stimmt, dass alles grundsätzliche Nachdenken und Philosophieren lediglich eine Fußnote zu Platon sei, bilden die gerade angestellten Überlegungen also keine Ausnahmen. Seit Platon sind jedoch mächtige Gegenentwürfe formuliert worden, die in der Moderne als Reduktionismus nicht nur großen Ein-

---

[211] Platon, 1994, S. 220 (156b).
[212] Ebd. (156c).

fluss, sondern auch beachtliche Erfolge erzielt haben. Der aktuelle Hintergrund dafür ist, dass sich nicht nur die Medizin, nein, die ganze Epoche in einer gigantischen Entdeckungsfahrt befindet: die empirische Erforschung des Mikrokosmos. Das beginnt bei den mikroskopischen Teilen, den biologischen und chemischen Molekülen und hat bei den Atomen, den Bestandteilen der Welt, die für die alten Griechen noch unteilbar waren, nicht Halt gemacht. Inzwischen sind es die subatomaren Teilchen, deren Verhalten untersucht und erforscht wird. Das Ganze auf seine Teile zurückzuführen, war eine ganze Epoche lang der Gipfel wissenschaftlicher Leistung!

Auch die Medizin ist von diesem reduktionistischen Naturverständnis nicht unbeeindruckt geblieben, obgleich sie sich als Klinik und als helfendes Projekt ihre starke empirische Ausrichtung bewahrt hat. Das scientizistische Denken in der Medizin, das seine Wurzeln im letzten Jahrhundert hat, ist jedoch in eine grundsätzliche Krise geraten. Der Bezug auf den jeweiligen Stand des Wissens bringt nicht unerhebliche Schwierigkeiten für die Medizin, alleine, weil nicht davon auszugehen ist, dass sich komplexe Erkrankungen verhalten wie Newtonsche Körper oder humane biologische Systeme durch die Forschung an Einzellern adäquat erfassbar ist. Die komplexen und chronischen Krankheiten haben sich dabei bisher einer reduktionistischen Erklärung weitgehend entzogen.

Gleichzeitig erleben wir Veränderungen, die gleichsam von Außen in die Medizin hineinwirken. Dies sind ganz allgemeine gesellschaftliche Veränderungsbewegungen, wie etwa die Alterung der Bevölkerung, die auch neue Gebrechen und Krankheiten ins Interesse und Bewusstsein der Medizin rücken. Dazu gehören auch Einflüsse der sozialen Sicherungssysteme, welche ärztliche Leistungen vergütet und gefördert werden und welche nicht. Ebenfalls von außen üben auch Faktoren der Umwelt einen großen Veränderungsdruck aus: neue Mikroorganismen, sei es durch die zunehmende Mobilität der Bevölkerung oder neue Noxen und chemische Stoffe, die das gewohnte Spektrum der Krankheiten verschieben. Dabei ist auch mit dem Entstehen neuer und neuartiger Krankheitsbilder zu rechnen. In der Diskussion befinden sich gegenwärtig eine ganze Reihe von Emissionen, wie Funkwellen, Kunststoffbestandteile oder Fütterungsverhalten in der Tierhaltung. Bei all diesen Einflussgrößen und Spannungsfeldern ist es für die Medizin von elementarem Interesse, immer wieder von ihrem Gegenstand, dem kranken Menschen, und dessen Natur auszugehen. Nur so kann sie den geeigneten Diskurse entwickeln und Modelle formulieren, die es ihr erlauben, ihrem Auftrag gerecht zu werden: dem Leidenden und Siechenden zu helfen.

Bei alledem sieht sich die biomedizinische Forschung auf der molekularen Ebene mit einer kaum beherrschbaren Komplexität konfrontiert. Anders als in der Physik können die Biowissenschaften nur noch Regelhaftigkeiten liefern, die sich auf einige Organismen und Arten beschränken; ihre Reichweiten sind gering. Selbst die Gene, der Gral der molekularen Biologie, haben sich nicht als die erhofften ewigen Prinzipien der Zellsteuerung herausgestellt, sondern bilden ein modulierbares, flexibles und vielfach verwobenes Sub-System der Zellregulation. Auch für die Medizin sind die Erklärungsreichweiten der Genetik oftmals beschränkt. Ein Beispiel stellt die cystische Fibrose dar, die zumeist genetisch bedingt ist. Klinisch jedoch entstehen die Probleme nicht unmittelbar durch den Funktionsverlust des durch die Mutation veränderten Proteins, sondern durch Keimfehlbesiedlung und rezidivierende Infektionen. Die dabei relevanten Keime bilden damit die emergente Organisationsform Biofilm, die beispielsweise die Bronchien überziehen kann. Die klinische Ebene ist somit emergent in Bezug auf die genetische Mutation.

Ein neuer und frischer Blick auf die Medizin ist notwendig, im Besonderen mit der Schematisierung und Simplifizierung dessen, was sich als Diagnose, Krankheitsmodell oder Therapie mit Krankheiten und seinen Grundlagen beschäftigt, nämlich dem Reduktionismus. Sie versucht der Komplexität der Systeme nicht nur gerecht zu werden, sondern macht sie zum Ausgangspunkt ihrer Überlegungen und Konzeptionen. Dieser Blick richtet sich wieder auf das biologische System und versucht, die Entstehung von Krankheiten durch dessen konstitutiven Prinzipien, wie Komplexität, Fluktuationen und Organisation, zu verstehen. Er beachtet besonders die Randbedingungen, die exogenen Faktoren und Noxen, denen eine zentrale Rolle zukommt; diese entfalten ihre krankmachende Wirkung durch Veränderungen des Systemzustandes des Organismus.

Die Medizin muss versuchen, sich dabei wieder – nun jedoch mit einem neuen Blick – auf die Geschichte des Einzelnen einzulassen, um sie begreifen zu können. Dabei ergibt sich eine Verschiebung der Bedeutung: Bekannte medizinisch-klinische Elemente werden mit einer größeren Bedeutung belegt, besonders die Anamnese und die Beeinflussung und Berücksichtigung der Randbedingungen. Andererseits werden reduktionistische Konzepte verworfen und prädiktive Ansätze stark relativiert. Das zwingt die Medizin, die sich mit dem Einzelfall beschäftigt, sich auf *Prinzipien* zu besinnen, die ihr eine Orientierung und Entscheidungsbasis liefern, mit Krankheiten adäquat umzugehen.

Diese Leistung obliegt dem einzelnen Arzt, auch dort biologische Unterschiede und Individualprozesse in Erwägung zu ziehen, wo noch keine allgemeinen Hypothese oder wissenschaftliche Hinweise bekannt geworden sind. An diesem Punkten muss er offen bleiben, um gegebenenfalls auch neue und unkonventionelle Möglichkeiten von speziellen Systemhistorien in Erwägung zu ziehen.

Grundsätzlich eröffnet sich ein neuer Blick auf die Krankheiten; eine neue Freiheit für die Klinik und Offenheit für die klinischen Phänomene! Der Arzt, der diesen Blick einübt, übt einen Ordnungsberuf aus; er versucht die Rahmenbedingungen für Ordnung zu schaffen, die Geschichte und Entwicklung von Krankheiten zu verstehen und deren Systeme günstig zu beeinflussen und auszubalancieren. Allerdings schließt die Offenheit auch die prinzipielle Unvorhersagbarkeit klinischer Verläufe ein.

Die folgenden Aspekte beschreiben den neuen Blick auf die Medizin, auf das Einmalige, das System und die Komplexität:

1. *Einmalig:* Die Medizin beschäftigt sich mit einem einzelnen Menschen. Damit hat sie ein individuelles, einmaliges System vor sich. Sie sucht die Systemordnung und Selbstorganisation; sie fahndet nach Bifurkationen und historischen Entscheidungen des Systems, die sich auf die klinischen Phänomene anwenden lassen. Dies erklärt die Varianz der Symptome ebenso wie die breite Therapieantwort und die Offenheit der Prognose. Die Einmaligkeit des medizinischen Objektes lässt sich nicht auf ewige physikalische Gesetze reduzieren. Es kommen zusätzliche Prinzipien und Mechanismen zum Tragen, die lokal wirken können und lokal modulierbar sind. Damit ist das Wissen der Medizin relativ und nicht universal. Diese lokalen Effekte sind relevant für die Entstehung und Aufrechterhaltung von Krankheiten und können im günstigsten Fall als Prinzipien erfasst und formuliert werden. Diese Prinzipien können aber auch im Verborgenen bleiben oder sich erst im Nachhinein offenbaren – dies, weil es für ihr Auffinden keine Begriffe, keine Methode ihrer Identifikation gibt oder sie hinter klinischen Erscheinungen verborgen bleibt. Dann gilt es, auch das prinzipielle Nicht-Wissen und Nicht-Verstehen als Grenze des Blicks auf die Medizin zu respektieren und zu berücksichtigen. Auch diese Grenze ist der Medizin aufgegeben; Versuche, sie zu überschreiten, können nur behutsam und vorsichtig erfolgen und sind dann offen in ihrem Ausgang.

2. *Systembezogen:* Den Bezugsrahmen, in dem sich die Krankheiten manifestieren, stellt das System dar. Nur ein System kann erkranken, kein Molekül und auch kein Gen. Krankheiten können auch von Sub-Systemen getragen werden in Bezug auf den Gesamtorganismus. Es wäre von diesem Standpunkt aus denkbar, ein medizinisches System als eine Einheit zu charakteri-

sieren, die Träger einer Krankheit sein kann. Umgekehrt bilden Einheiten oder Teile kein medizinisches System, wenn sie nicht eine Krankheit entwickeln können. Diese Überlegungen ergeben sich aus den Systemprinzipien, nämlich emergente Eigenschaften auszubilden, eine Historie zu entwickeln und sich selbst zu organisieren.

3. *Komplex*: Dies beschreibt zunächst den Aufbau des Systems, das sich von den einfachen mechanischen durch seine Komplexität unterscheidet. Seine Bestandteile interagieren in vielfältigen Beziehungen miteinander, auch über positive und negative Rückkopplungen. Die Komplexität ist dabei der Boden für die Adaptationsmöglichkeiten und die Veränderbarkeit des Systemverhaltens. Komplexität erfordert aber auch, den Organismus und die Krankheiten multidimensional zu betrachten. Das bedeutet, die verschiedenen Ebenen des krankhaften Geschehens, von der klinischen Symptomatik bis hin zu den molekularen und pathologischen Befunden, in die ärztlichen Überlegungen einzubeziehen.

Im Umgang und in der Beherrschung von Komplexität in einem humanitären Sinne besitzt die Medizin einen großen Erfahrungsschatz und einen Erfahrungsvorsprung vor den Naturwissenschaften. Diesen Schatz gilt es, in den neuen Medizin-Diskurs einzubringen. In einem radikaleren Schritt dreht sich die Reduktionsrichtung somit gleichsam um; die Wissenschaften müssen von der Medizin lernen. Damit ist die Medizin nicht ein Sonderbereich der Physik, der diese reduktionistisch erklärt. Im Gegenteil steht die Heilkunde, die sich mit komplexen Phänomenen beschäftigt, an der Spitze der Wissenschaften: Das adelt die Klinik als letzte Instanz und Krone der Medizin.

Vor diesem Hintergrund muss sich die Medizin auf die Reise machen, um die Gesetze der Netze und Systeme zu erkunden, die das Leben ordnen und steuern; in ihrem Rahmen können sich Veränderungen und Offenheit organisieren, die der Arzt fördern und befördern muss, um zu helfen, zu heilen und zu lindern.

Literatur

Aas, J. A., B. J. Paster, L. N. Stokes, I. Olsen and F. E. Dewhirst. Definig the normal bacterial flora of the oral cavity. J. Clin. Microbiology, 43 (11), 5721-5732, 2005.

Adami, H-O. and Trichopoulos, D. Obesity and mortality from cancer. N. Engl. J. Med., 348, 1623-1624, 2003.

Anand, P., Kunnumakara, A. B., Sundaram, C., Harikumar, K. b., Tharakan, S. T., Lai, O. S., Sung, B. and Aggarwal, B. B. Cancer is a preventable disease that requires major lifestyle changes. Pharmaceutical Research, 25 (9), 2097-2115, 2008.

Anonymus. Richtlinien zur Diagnostik der genetischen Disposition für Krebserkrankungen, Deutsches Ärzteblatt, 95 (22), A 1396-1403, 1998.

Anonymus. Richtlinien zur prädiktiven genetischen Diagnostik, Deutsches Ärzteblatt, 100 (19), A 1297-1305, 2003.

Bäckhed, F., Ding, H., Wang, T., Hooper, L. V., Koh, G. Y., Nagy, A., Semenkovich, C. F. and Gordon, J. I. The gut microbiota as an environmental factor that regulates fat storage. Proc. Natl. Acad. Sci., 101, 15718-15723, 2004.

Bäckhed, F., Ley, R. E., Sonnenburg, J. L., Peterson, D. A. and Gordon, J. I., Host-Bacterial mutualism in the human intestine. Science, 307, 1915-1919, 2005.

Bhavsar, A. P., Guttman, J. A. and Finlay, B. B. Manipulation of host-cell pathways by bacterial pathogens. Nature, 449, 827-834, 2007.

Bajzer, M. and Seeley, R. J. Obesity and gut flora. Nature, 444, 1009-1010, 2007.

Balkwill, F. and Mantovani, A. Inflammation and cancer. Back to Virchow? The Lancet, 357, 539-545, 2001.

Barabasi, Albert-Laszlo and Oltvai, Zoltan N. Network biology: understanding the cell's functional organization. Nat. Rev. Genetics, 5, 101-113, 2004.

Barker, David J. P., Osmond, Clive, Forsen, Tom J., Kajantie, E. and Eriksson, J. G. Trajectories of growth among children who have coronary events as adults. N. Engl. J. Med., 353, 1802-1809, 2005.

Bastiaan, T. H., Tobi, E. W., Stein, A. D., Putter, H., Blauw, G. J., Susser, E. S., Slagboom, P. E. and Lumey, L. H. Persistent epigenetic differences associated with prenatal exposure to famine in humans. Proc. Natl. Acad. Sciences, 105 (44), 17046-17491, 2008.

Bateson, P., Barker, C., Clutton-Brock, T., Deb, D., DÚdine, B., Foley, R. A., Gluckman, P., Godfrey, K., Kirkwood, T., Mirazon Lahr, M. , McNamara, J., Metcalfe, N. B., Monaghan, P., Spencer, H. G. and Sultan, S. E. Developmental plasticity and human health. Nature, 430, 419-421, 2004.

Beliveau, Richard und Gingras, Denis. Krebszellen mögen keine Himbeeren. Nahrungs-mittel gegen Krebs. Das Immunsystem stärken und gezielt vorbeugen. Kösel-Ver-lag, München. 10. Auflage, 2008.

Bertalanffy, L. v. General System Theory. London: Allen Lane Penguin Press, 1971.

Blake, W. J., KAErn, M., Cantor, C. R. and Collins, J. J. Noise in eukaryotic gene expres-sion. Nature, 422 (6932), 633-637, 2003.

Brandis, H., Eggers, H. J., Köhler, W. und Pulverer, G. Lehrbuch der Medizinischen Mi-krobiologie. Stuttgart, Jena, New York: G. Fischer, 1994.

Broad, C. D. The minds and its place in nature. London; Routledge & Kegan, 1925.

Calle, E. E., Rodriguez, C., Walker-Thurmond, K. and Thun, M. J. Overweight, Obesity, and Mortality from Cancer in a Prospectively Studied Cohort of U.S. Adults. N. Engl. J. Med., 348, 1625-1638, 2003.

Camus, Albert. Der Mythos von Sisyphos. Ein Versuch über das Absurde. Rowohlt Ta-schenbuch Verlag GmbH, Hamburg, 1959.

Capra, Fritjof. Lebensnetz. Ein neues Verständnis der lebendigen Welt. Darmstadt: Wis-senschaftliche Buchgesellschaft, 1996.

Carrier, Martin. Reduktion. In: J. Mittelstraß (Hrsg.), Enzyklopädie Philosophie und Wis-senschaftstheorie (Bd. 3, S. 516-520). Stuttgart, Weimar: J. B. Metzler, 1995.

Carrier, Martin und Finzer, Patrick. Explanatory Loops and the Limits of Genetic Reduc-tionism. International Studies in the Philosophy of Science. 20, 3. 267-283, 2006.

Carrier, Martin und Finzer, Patrick. Theory and Therapy: On the Conceptual Structure of Models in Medical Research. In: Science in the Context of Application (M. Carrier and A. Nordmann, eds.). Boston studies in the Philosphy of Science, Vol. 274, Springer Dordrecht, Heidelberg, London, New York. 85-100, 2011.

Chan, J. M., Gann, P. H. and Giovannucci, E. L. Role of diet in prostate cancer develop-ment and progression. J. clin. Oncol., 32, 8152-8160, 2005.

Chang, J. C., Wooten, E. C., Tsimelzon, A., Hilsenbeck, S. G., Gutierrez, M. C., Elledge, R., Mohsin, S., Osborne, C. K., Chamness, G. C., Allred, D. C. and O'Connell, P. Gene expression profiling for the prediction of therapeutic response to docetaxel in patients with breast cancer. The Lancet, 362 (2), 362-369, 2003.

Coffey, Donald S. Self-organization, complexity and chaos: The new biology for medi-cine. Nature Medicine, 4 (8), 882-885, 1998.

Costanzo, Michael, A. Baryshnikova, J. Bellay, Y. Kim et al. The genetic landscape of a cell. Science, 327, 425-431, 2010.

Coussens, L. M. and Werb, Z. Inflammation and cancer, Nature, 420, 860-867, 2002.

Cowey, S. and Hardy, R. W. The metabolic syndrome. A high-risk state for cancer? Am. J. Pathol., 169, 1505-1522, 2006.

Czihak, G., Langer, H., Ziegler, H. (Hrsg). Biologie. Ein Lehrbuch. 3., völlig neubearb. Aufl. Springer-Verlag Berlin, Heidelberg, New York, 1981.

Davidson, E. H. Davidson, E. H., Rast, J. P., Oliveri, P., Ransick, A., Calestani, C., Yuh, C.-H., Minokawa, T., Amore, G., Hinman, V., Arenas-Mena, C., Otim, O., Brown, C. T., Livi, C. B., Lee, P. Y., Revilla, R., Rust, A. G., Pan, Z. j., Schilstra, M. J., Clarke, P. J. C., Arnone, M. I., Rowen, L., Cameron, R. A., McClay, D. R., Hood, L. and Bolouri, H. A genomic regulatory network for development. Science, 295, 1669-1678, 2002.

Davidson, N. O. Genetic testing in colorectal cancer: who, when, how and why. Keio. J. Med., 56, (1), 2007.

Dethlefsen, L., McFall-Ngai, M. and Relman, D. A. An ecological and evolutionary perspective on human-microbe mutualism and disease. Nature, 449, 811-818, 2007.

Dolinoy, D. C., Huang, D and Jirtle, R. L., Maternal nutrient supplementation counteracts bisphenol A-induced DNA hypomethylation in early development. Proc. Natl. Acad. Sci. USA, 104, 13056-13061, 2007.

Dolinoy, Dana C. and Jirtle, Randy L. Environmental epigenomics in human health and disease. Environ. Mol. Mutagen, 49, 4-8, 2008.

Donlan, R. M. and J. W. Costerton. Biofilms: survival mechanisms of clinically relevant microorganisms. Clinical Microbiology reviews, 15 (2), 167-193, 2002.

Driesch, H. Analytische Theorie der organischen Entwicklung. Leipzig, 1894.

Easton, D. F., Ford, D. and Bishop, D. T. Breast Cancer Linkage Consortium: breast and ovarian cancer incidence in BRCA1-mutation carriers. Am. J. Hum. Genet., 56, 265-271, 1995.

Eckart, Wolfgang U. Rudolf Virchows „Zellenstaat" zwischen Biologie und Soziallehre. In: P. Kemper (Hrsg.), Die Geheimnisse der Gesundheit. Frankfurt a. M., Leipzig: Insel Verlag, 239-255, 1994.

Eckart, Wolfgang U. und Jütte, Robert. Medizingeschichte. Eine Einführung. Böhlau Verlag & Cie. Köln, Weimar, Wien. 2007.

Eigen, M. Selforganization of Matter and the Evolution of Biological Macromolecules. Die Naturwissenschaften, 58, 465-523. 1971.

Eigen, M. The Hypercycle. A Principle of Natural Self-Organisation. Die Naturwissenschaften, 543, 1977.

Engel, G. L. The need for a new medical model: a challenge for biomedicine, Science, 196, 129-136, 1977.

Engel, G. L. The clinical application of the biopsychosocial model. The Journal of Medicine and Philosophy, 6, 101-123, 1981.

Fearon, E. R. and Vogelstein, B. A genetic model for colorectal tumorigenesis. Cell, 61, 759-767, 1990.

Feyerabend, Paul. Wider den Methodenzwang. Suhrkamp, Frankfurt a. M., 1986.

Finzer, P. Zum Verständnis biologischer Systeme. Reduktionen in der Biologie und Biomedizin. Centaurus, Herbolzheim, 2003.

Finzer, P., Krueger, A., Stöhr, M., Brenner, D., Soto, U., Kuntzen, C., Krammer, H. P. and Rösl, F. HDAC-inhibitors trigger apoptosis in HPV-positive cells by inducing the E2F-p73 pathway. Oncogene, 23, 4807-4817, 2004.

Finzer, P., Kuntzen, C., Soto, U., zur Hausen, H. and Rösl, F. Inhibitors of histone deacetylase arrest cell cycle and induce apoptosis in cervical carcinoma cells circumventing human oncogene expression. Oncogene, 20, 4768-4776, 2001.

Finzer, P., Ventz, R., Kuntzen, C., Seibert, N., Soto, U. and Rösl, F. Growth arrest of HPV-positive cells after histone deacetylase inhibition is independent of E6/E7 oncogene expression. Virology, 304, 265-273, 2002.

Foucault, Michel. Die Geburt der Klinik. Eine Archäologie des ärztlichen Blicks. Fischer Taschenbuch Verlag, Frankfurt a. M., 1988.

Garcia, M. J. and Benitez, J. The Fanconi anaemia / BRCA pathway and cancer susceptibility. Searching for nes therapeutic targets. Clin Transl. Oncol., 10 (2), 78-84, 2008.

Gill, S. R., Pop, M., DeBoy, r. T., Eckburg, P. B., Turnbaugh, P. J., Samuel, B. S., Gordon, J. I., Relman, D. A., Fraser-Liggett, c. M. and Nelson, K. E. Metagenomic analysis of the human distal gut microbiome. Science, 312, 1355-1359, 2006.

Haken, H. Entwicklung der Synergetik, I. Naturwissenschaften, 75, 163-172, 1988.

Hall-Stoodley, Luanne and Stoodley, Paul. Evolving concepts in biofilm infections. Cellular Microbiology. 11 (7), 1034-1043, 2009.

Hall-Stoodley, Luanne, J. W. Costerton and P. Stoodley. Bacterial Biofilms: From the natural environment to infectious diseases. Nature Reviews in Microbiology. 2, 95-109, 2004.

Hanahan, D. and Weinberg, R. A. The Hallmarks of Cancer, Cell, 100, 57-70, 2000.

Hawking, S. W. Eine kurze Geschichte der zeit. Die Suche nach der Urkraft des Universums. Hamburg, Rowohlt, 1988.

Hempel, Carl G. und Oppenheim, Paul, Studies in the logic of explanation. Philos. Sci., 15, 135-175, 1948.

Hempel, Carl G., Aspekte wissenschaftlicher Erklärung. Berlin, New York: de Gruyter, 1977.

Hof, H., Dörries, R. und Müller, R. L. Mikrobiologie. Georg Thieme Verlag Stuttgart, 2000.

Hood, Leroy, Heath, J. R., Phelps, M. E. and Lin, B. System biology and new technologies enable predictive and preventative medicine. Sciene, 306, 640-643, 2004.

Hoover, Robert N. Cancer – nature, nurture, or both. N. Engl. J. Med., 343 (2), 135-136, 2000.

Jacob, F. Die Maus, die Fliege und der Mensch. Über die moderne Genforschung. Berlin: Berlin Verlag, 1998.

Jacob, F. The Logic of Life: A History of Heredity. Princeton, NJ: Princeton University Press. 1993.

Jemal, A., Siegel, R., Ward, E., Murray, T., Xu, J. and Thun, M. J. Cancer Statistics, 2007. CA Cancer J. Clin., 57, 43-66, 2007.

Jenuwein, T., Allis, C. D. Translating the histone code. Science, 293, 1074-1080, 2001.

Jeong, H., Tombor, B., Albert, R., Ottvai, Z. N. and Barabasi, A.-L. the large-scale organization of metabolic networks. Nature, 407, 651-654, 2000.

Judson, H. Der 8. Tag der Schöpfung. Sternstunden der neuen Biologie. Meyster Verlag GmbH, Wien, München, 1. Aufl., 1980.

Karin, M., Cao, Y., Greten, F. R. and Li, Z-W., NF-kB in cancer: from innocent bystander to major culprit. Nat. Rev. Cancer, 5, 749-759, 2002.

Kay, L. E. Das Buch des Lebens. Wer schrieb den genetischen Code? Carl Hanser Verlag, München, Wien, 2001.

Keller, E.F. Das Leben neu denken, Metaphern der Biologie im 20. Jahrhundert. Verlag Antje Kunstmann GmbH, München, 1998.

Laughlin, R. B. and Pines, David. The Theory of Everything. Proc. Natl. Acad. Science, 97, 1, 28-31, 2000.

Laughlin, Robert B. Abschied von der Weltformel. Die Neuerfindung der Physik. Piper Verlag GmbH, München, Zürich, 2007.

Leaf, C. The war on cancer. Fortune, March 22, 77-97, 2004.

Lewin, B. Genes V. Oxford University Press, Oxford, New York, Tokyo, 860-864, 1994.

Lewis, K. Riddle of biofilm resistance. Antimicrobial agents and chemotherapy, 45 (4), 999-1007, 2001.

Ley, R. E., Bäckhed, F., Turnbaugh, P., Lozupone, C. A., Knight, R. D. and Gordon, J. I. Obesity alters gut microbial ecology, Proc. Natl. Acad. Sci., 11070-11075, 2005.

Ley, R. E., Turnbaugh, P. J., Klein, S. and Gordon, J. I. Microbial ecology: human gut microbes associated with obesity. Nature, 444, 1022-1023, 2006.

Lichtenstein, P., Holm, N. V., Verkasalo, P. K., Iliadou, A., Kaprio, J., Koskenvuo, M., Pukkala, E., Skytthe, A. and Hemminki, K. Environmental and heritable factors in the causation of cancer. NEJM, 343 (2), 78-85, 2000

Liu, Edison T. Systems biology, integrative biology, predictive biology. Cell, 121, 505-506, 2005.

Livio, M.. Ist Gott ein Mathematiker? Warum das Buch der Natur in der Sprache der Mathematik geschrieben ist. Verlag C. H. Beck oHG, München, 2001.

Loeffler, Friedrich. Untersuchung über die Bedeutung der Mikroorganismen für die Entstehung der Diphtherie beim Menschen, bei der Taube und beim Kalbe. In: Mittheilungen aus dem kaiserlichen Gesundheitsamte 2, 421-499, 1884.

Lombardi, Federico. Chaos theory, heart rate variability, and arrhythmic mortality. Circulation, 101, 8-10, 2000.

Macfarlane Sandra and J. F. Dillon. Microbial biofilms in the human gastrointestinal tract. Journal of Applied Microbiology, 102, 1187-1196, 2007.

Macfarlane, Sandra. Microbial biofilm communities in the gastrointestinal tract. J. Clin. Gastroenterol., 42, Supp. 3 (1), 141-143, 2008.

Marre, R., Mertens, T., Trautmann, M. and Vanek, E. Klinische Infektiologie. Urban & Fischer, München, Jena. 2000.

Matthaei, J. H. and Nirenberg, M. W. Characteristics and stabilization of DNAse-sensitive protein synthesis in E. coli extracts. Proc. Nat. Acad. Sciences, 47, 1580-1588, 1961.

Maturana, H. R. Erkennen: die Organisation und Verkörperung von Wirklichkeit. Braunschweig, Wiesbaden: Vieweg, 1985.

Mayr, Enrst. Das ist Biologie. Die Wissenschaft des Lebens. Heidelberg, Berlin. Spektrum, Akad. Verl., 1998.

Mazzocchi, Fulvio. Complexity in biology. Exceeding the limits of reductionism and determinism using complexity theory. EMBO report (9) 10-14, 2008.

Misteli, Tom. Self-organization in the genome. Proc. Natl. Acad. Sci. USA, 106 (17), 6885-6886, 2009.

Misteli, Tom. The concept of self-organization in cellular architecture. J. Cell Biol., 155 (2), 181-185, 2001.

Mitchell, Sandra. Komplexitäten. Warum wir erst anfangen, die Welt zu verstehen. Edition Unseld, Suhrkamp Verlag Frankfurt a. M., 2008.

Monod, Jacques. Zufall und Notwendigkeit. Philosophische Fragen der modernen Biologie. Deutscher Taschenbuch Verlag GmbH & Co. KG, 7. Auflage, 1985.

Mueller, M. M. and Fusenig, N. E. (2004) Friends or foes – bipolar effects of the tumour stroma in cancer. Nat. Reviews Cancer, 4, 839-849.

Nagel, E. The structure of science. Problems in the logic of scientific explanation. New York, Chicago, San Francisco, Atlante: Harcourt, Brace & World, Inc., 1961.

Nirenberg, M. W. and Matthaei, J. H. The dependence of cell-free protein synthesis in E. coli upon naturally occurring or synthetic polyribonucleotides. Proc. Nat. Acad. Sciences, 47, 1588-1602, 1961.

Oppenheim, Paul and Putnam, Hilary. Unity of science as a working hypothesis. In: H. Feigl, M. Scriven und G. Maxwell (Hrsg.), Minnesota Studies in the Philosophy of Science. Vol. II. Concepts, Theories, and the Mind-Body Problem (S. 3-36). Minneapolis: University of Minnesota Press., 1958.

Ornish, D., Magbanua, M. J. M., Weidner, G., Weinberg, V., Kemp, C., Green, C., Mattie, M. D., Marlin, R., Simko, J., Shinohara, K., Haqq, C. M. and Carroll, P. R. Changes in prostate gene expression in men undergoing an intensive nutrition and lifestyle intervention. Proc. Natl. Acad. Sci., 105, 8369-8374, 2008.

Otto, M. Staphylococcus epidermidis – the „accidental" pathogen. Nat. Rev. Microbiology, 7, 555-567, 2009.

Ozanne, S. E. and Hales, C. N. Lifespan – catch-up growth and obesity in male mice. Nature, 427, 411-412, 2004.

Paget, S. The distribution of secondary growths in cancer of the breast. Lancet, 1, 571-573, 1889.

Platon. Sämtliche Werke (übersetzt von Friedrich Schleiermacher), hrsg. von Burghard König, Band 1, Rowohlt Taschenbuch Verlag GmbH, Reinbeck bei Hamburg, 1994.

Pool, Robert. Is it healthy to be chaotic? Science, 243, 604-607, 1989.

Popper, K. R. Scientific Reduction and the essential incompleteness of all science. In F. J. Ayala und T. Dobzhansky (Hrsg.), Studies in the Philosophy of Biology. Reduction and Related Problems. The Macmillan Press Limited, 259-282, 1974.

Porter, Roy. Die Kunst des Heilens. Eine medizinische Geschichte der Menschheit von der Antike bis heute. Spektrum Akademischer Verlag, Heidelberg, Berlin, 2000.

Prigogine, I. und Stengers, I. Dialog mit der Natur. Neue Wege naturwissenschaftlichen Denkens. München, Piper, 1981.

Ravasz, Erzsebet and Barabasi, Albert-Laszlo. Hierarchical organization in complex networks. Physical Review, E 67, 026112, 2003.

Rickles, D., Hawe P. and Shiell, A. A simple guide to chaos and complexity. J. Epidemiol. Community Health, 61, 933-937, 2007.

Rothschuh, Karl Eduard. Konzepte der Medizin in Vergangenheit und Gegenwart. Stuttgart, 1978.

Schadt, E. E., Friend, S. H. and Shaywitz, D. A. A network view of disease and compound screening. Nat. Rev. Drug Discovery, 8, 286-295, 2009.

Schaffner, Kenneth F. Philosophy of Medicine. In: M. H. Salmon, J. Earman, C. Glymour, J. G. Lennox, P. Machamer, J. E. McGuire, J. D. Norton, W. C. Salmon and K. F. Schaffner (Hrsgs.), Introduction to the Philosophy of Science.Prentice. Englewood Cliffs, New Jersey, Prentice-Hall. 310-345, 1992.

Schipperges, Heinrich. Homo patiens. Zur Geschichte des kranken Menschen. Piper, München, Zürich, 1985.

Schlegel, Hans Günter. Geschichte der Mikrobiologie. Deutsche Akademie der Naturforscher Leopoldina e. V. 2. korr. Auflage, 2004.

Schmidt, R. F. und Thews, G. (Hrsg). Physiologie des Menschen. 23. Aufl., Berlin, Heidelberg, New York, London, Paris, Tokyo: Springer Verlag, 1987.

Schrödinger, Erwin. Was ist Leben? Die lebende Zelle mit den Augen des Physikers betrachtet. München, Zürich. Piper, 1999.

Siegel, R., Ma, J., Zou, Z. and Jemal, A. Cancer statistics, 2014. CA Cancer J Clin., 64 (1), 9-29, 2014.

Sloterdijk, Peter. Der ästhetische Imperativ. Schriften zur Kunst. Philo & Philo Fine Art, EVA, Hamburg, 2007.

Sloterdijk, Peter. Sphären III. Schäume. Suhrkamp Verlag, Frankfurt a. M., 2004.

Socransky, S. S. and A. D. Haffajee. Dental biofilms: difficult therapeutic targets. Periodontology 2000, 28, 12-55, 2002.

Socransky, S. S. and A. D. Haffajee. Periodontal microbial ecology. Periodontology 2000, 38, 135-187, 2005.

Srere, P. A. Why are enzymes so big? Trends in Biochem. Sciences, 9, 387-390, 1984.

Stryer, L. Biochemie. 4. Aufl., Heidelberg; Berlin; Oxford: Spektrum, Akad. Verl., 1996.

Tada, T. The immune syste as a supersyste. Annu. Rev. Immunol., 15, 1-13, 1997.

Tang, Y., Zhao, W., Chen, Y., Zhao, Y. and Gu, W. Acetylation is indispensable for p53 activation. Cell, 133 (4), 612-626, 2008.

Thieffry, D. and Sarkar, S. Forty years under the central dogma. Trends in Biochem. Science, 23, 312-316, 1998.

Thomas, Lothar (Hrsg). Labor und Diagnose: Indikation und Bewertung von Laborbefunden für die medizinische Diagnostik. TH-Books-Verlags-Gesellschaft: Frankfurt a. M. 6. Auflage, 2005.

Thorlacius, S., Struewing, J. P., Hartge, P., Olafsdottir, G. H., Sigvaldason, H., Tryggvadottir, L., Wacholder, S., Tulinius, H. and Eyfjörd, J. E. Population-based study of risk of breast cancer in carriers of BRCA2 mutation. The Lancet, Vol. 352, 1998.

Turnbaugh, P. J., Ley, R. E., Hamady, M., Fraser-Liggett, C. M., Knight, R. and Gordon, J. I. The Human Microbiome Project. Nature, 449, S. 804-810, 2007.

Turnbaugh, P. J., Ley, R. E., Mahowald, M. A., Magrini, v., Mardis, E. R. and Gordon, J. I. An obesity-associated gut microbiome with increased capacity for energy harvest. Nature, 444, 1027-1031, 2006.

Turner, B. Chromatin and gene regulation: mechanisms in epigenetics. Blackwell Science Ltd., 2001.

Turner, B. Defining an epigenetic code. Nat. Cell Biol., 9(1), 2-6, 2007.

Uexküll T. v. und Wesiack, W. Theorie der Humanmedizin: Grundlagen ärztlichen Denkens und Handelns. München, Wien, Baltimore: Urban und Schwarzenberg, 1991.

Van't Veer et al., Gene expression profiling predicts clinical outcome of breast cancer. Nature, 415 (6871), 530-536, 2002.

Vogelstein, B., Lane, D. and Levine, A. J. Surfing the p53 network. Nature, 408, 307-310, 2000.

Wagner, Claus D. and Persson, Pontus B. Chaos in the cardiovascular system: an update. Cardiovascular Research, 40, 257-264, 1998.

Walsh, T., Casadei, S., Coats, K. H., Swisher, E., Stray, S. M., Higgins, J., Roach, K. C., Mandell, J., Lee, M. K., Ciernikova, S., Foretova, L., Soucek, P. and King, M. C.

Spectrum of mutations in BRCA 1, BRCA 2, CHEK 2, and TP53 in families at high risk of breast cancer. JAMA, 295 (12), 1379-1388, 2006.

Weinberg, Robert A. Krieg der Zellen. Krebs: Ursachenforschung und Heilungsmöglichkeiten. Droemersche Verlagsanstalt Th. Knaur Nachf., 1998.

Wiehl, R. Ontologie und pathische Existenz. Zur philosphisch-medizinischen Anthropologie Viktor von Weizsäckers, in: Zeitschrift für Klinische Psychologie, Psychopathologie, Psychotherapie, 38, 263-288, 1990.

Wieland, Wolfgang. Diagnose: Überlegungen zur Medizintheorie. Walter de Gruyter, Berlin und New York, 1975.

Wolff, George L., Kodell, Ralph L., Moore, Stephen r. and Cooney, Craig A. Maternal epigenetics and methyl supplements affect agouti gene expression in A^{vy} / a mice. FASEB J. 12, 949-957, 1998.

Wolffe, A. and J. C. Hansen. Nuclear visions: functional flexibility from structural instability. Cell, 104, 631-643, 2001.

Ziegler, R. G., Hoover, R. N., Pike, M. C., Hildesheim, A., Nomura, A. M., West, D. W., Wu-Williams, A. H., Kolonel, L. N., Horn-Ross, P. L., Rosenthal, J. F. and Hyer, M. B. Migration patterns and breast cancer risk in Asian-American women. J. Natl. Cancer Inst., 85, 1819-1827, 1993.

Abbildungs- und Tabellenverzeichnis

Abbildung 1: Verlauf 11
Abbildung 2: Vogelstein-Schema der KRK-Entstehung 20
Abbildung 3: Schichtaufbau der Welt 27
Abbildung 4: Die Diagnose: Wechselspiel zwischen Medizin und
Naturwissenschaft 37
Abbildung 5: Bénard-Zellen 59
Abbildung 6: Selbstorganisation: der Laser 62
Abbildung 7: Rückkopplungsmechanismus 63
Abbildung 8: Hyperzyklus 65
Abbildung 9: Lineare und nicht-lineare Funktionen 68
Abbildung 10: Mendelsche Vererbungsregeln 86
Abbildung 11: Das Zentrale Dogma 87
Abbildung 12: Splicing 88
Abbildung 13: Editing 89
Abbildung 14: Genregulation 91
Abbildung 15: NF-kB-Signaltransduktion 92
Abbildung 16: Epigenetik. 94
Abbildung 17: Nicht-determinierende Genetik 95
Abbildung 18: Agouti-Mäuse 97
Abbildung 19: Biofilm 106
Abbildung 20: Parodontitis-Pyramide 108
Abbildung 21: Krebshemmende und -fördernde Einflüsse 114
Abbildung 22: Krebs und Entzündung 115
Abbildung 23: Netzwerk 123
Abbildung 24: p53-Netzwerk 125
Abbildung 25: Schema zur Identifizierung und Validierung von
Biomarkern 127
Abbildung 26: Systembiologisches Vorgehen 129
Abbildung 27: Teil-Ganzes-Kontinuum 153
Abbildung 28: Teil-Ganzes Kontinuum im medizinischen Kontext 158
Abbildung 29: Symptomatik und Krankheitsbild 170

Tabelle 1:   Struktur und Organisation. 76
Tabelle 2:   Klinische Bedeutung systemtheoretischer Begriffe 148

Abbildungs- und Tabellenverzeichnis